生态文明建设丛书

林家彬 顾 问
李家彪 主 编 **王宇飞** 副主编

生态文明与
水资源管理实践

高娟　王化儒　向龙　等著

上海科学技术文献出版社
Shanghai Scientific and Technological Literature Press

图书在版编目（CIP）数据

生态文明与水资源管理实践 / 高娟等著 . —上海：上海科学技术文献出版社, 2021
（生态文明建设丛书）
ISBN 978-7-5439-8411-0

Ⅰ.①生⋯　Ⅱ.①高⋯　Ⅲ.①水资源管理　Ⅳ.
①TV213.4

中国版本图书馆 CIP 数据核字（2021）第 175569 号

选题策划：张　树
责任编辑：苏密娅　姚紫薇
封面设计：留白文化

生态文明与水资源管理实践
SHENGTAI WENMING YU SHUIZIYUAN GUANLI SHIJIAN
高　娟　王化儒　向　龙　等著
出版发行：上海科学技术文献出版社
地　　址：上海市长乐路 746 号
邮政编码：200040
经　　销：全国新华书店
印　　刷：常熟市人民印刷有限公司
开　　本：720mm×1000mm　1/16
印　　张：21.75
字　　数：356 000
版　　次：2021 年 10 月第 1 版　2021 年 10 月第 1 次印刷
书　　号：ISBN 978-7-5439-8411-0
定　　价：128.00 元
http://www.sstlp.com

《生态文明与水资源管理实践》编写者

高　娟　王化儒　向　龙　吕平毓
杨　琛　马如国　杨永川　庞明月
张守平　张莹光　王彦兵　司建宁

丛书导读

生态文明这一概念在我国的提出，反映了我国各界对人与自然和谐关系的深刻反思，是发展理念的重要进步。生态文明建设是建设中国特色社会主义"五位一体"总布局的重要组成部分。其根本目的在于从源头上扭转生态环境恶化趋势，为人民创造良好的生活环境；使得全体公民自觉地珍爱自然，更加积极地保护生态。可以说，生态文明建设是不断满足人民群众对优美生态环境的需要、实现美丽中国的关键举措，也是现阶段重构人与自然关系、实现人与自然和谐相处的主要方式。在新冠肺炎疫情引发人们重新审视人与自然关系的背景下，上海科学技术文献出版社推出的这套"生态文明建设丛书"可谓正当其时。

本套丛书有9册，系统且全面地介绍了当前我国生态文明建设中的一些重要主题，如自然资源管理、生物多样性、低碳发展等。在此对这9册书的主要内容分别作一简短概括，作为丛书的导读。

《自然资源融合管理》（马永欢等著）构建了自然资源融合管理的理论体系。在理论研究过程中，作者们在继承并吸收地球系统科学等理论的基础上，构建了自然资源融合管理的"5R+"理论模型，提出了自然资源融合管理的三种基本属性（目标共同性、行为一致性、效应耦合性），概括了自然资源融合管理的基本特征，设计了自然资源融合管理的五条路径，提出了自然资源融合管理支撑"五位一体"总体布局的战略格局，从自然资源融合管理的角度解释了生态文明建设。

水资源是自然资源管理的难点。《生态文明与水资源管理实践》（高娟、王化儒等著）一册对生态文明建设背景下水资源管理的实践工作进行了系统而翔实的介绍，提出了适应于生态文明建设需求的水资源管理的理论和实践方向。包括生态文明与水资源管理、水资源调查、水资源配置、水资源确权、水资源管理的具体实践等五部分内容，分别介绍了水资源管理的总体概念与核心内涵，水资源调查、配置和确权的关键环节与具体方法，以及宁夏生态流量管理的案例。

《陆海统筹海洋生态环境治理实践与对策》（李家彪、杨志峰等著）一册，主要对建设海洋强国背景下的海洋生态环境治理进行了研究。其中，陆海统筹是国家在制定和实施海洋发展战略时的一个焦点。本册包括我国海洋生态环境现状与问题、典型入海流域的现状与问题、国际海洋生态环境保护实践与策略、陆海统筹海洋生态环境保护的基本内容以及陆海统筹重点流域污染控制策略等。可以说，陆海统筹，其实质是在陆地和海洋两大自然系统中建立资源利用、经济发展、环境保护、生态安全的综合协调关系和发展模式。有助于读者理解我国"从山顶到海洋"的"陆海一盘棋"生态环境保护策略以及陆海一体化的海洋生态环境保护治理体系。

《环境共治：理论与实践》（郭施宏、陆健、张勇杰著）一册重点探讨了环境治理中的府际共治和政社共治问题。就府际共治问题，介绍了环境治理中的纵向府际互动关系，以及其中出现的地方执行偏差和中央纠偏实践；从"反公地悲剧"的视角分析了跨域污染治理中的横向府际博弈，以及府际协同治理模式。就政社共治问题，着重关注了多元主体合作中的社会治理与政社关系，以及当前环境治理中的社会参与情况。基于对国内外社会参与环境治理的长期田野调查，发现社会参与对于化解环境危机具有不可忽视的作用，社会参与在新媒体时代愈加活跃和丰富。这对于构建现代环境治理体系既是机遇也是挑战。

《生态文明与绿色发展实践》（王宇飞、刘昌新著）一册主要从政策试点入手，以小见大，解释了我国生态文明建设推进的一个重要特点，即先通过试点创新，取得成效后再向全国推广。本书主要分析了低碳城市试点、国家公园体制试点以及其他地区一些有典型意义的案例。低碳城市试点是我国为应对气候变化所采取的一项重要措施，试点城市在能源结构调整、节能减排以及碳排放达峰等方面都有探索和创新。这是我国实施"碳达峰、碳中和"战略的重要基础。国家公园是我国自然保护地体制改革的代表，也反映了我国近几年来生态文明体制改革的进程。这部分以三江源、钱江源等试点为案例，揭示了自然保护地的核心问题，即如何妥善处理保护和发展之间的矛盾。最后一部分介绍了阿拉善SEE基金会的蚂蚁森林公益项目、大自然保护协会在杭州青山村开展的水信托生态补偿等案例经验。这些案例很好地揭示了生态环境保护需要依赖绿色发展，要使各方均能受益从而促进共同保护。

《生态责任体系构建：基于城镇化视角》（刘成军著）一册重点关注了城镇化进程中生态问题的特殊性。作者从政府的生态责任是什么、政府为什么要履行生态责任以及政府如何履行生态责任三个方面展开研究。城镇化是一个动态的过程，在此过程中产生的生态环境问题有其独特的复杂性。本书审视了中国城镇化的历史和现状，探讨了中国城镇化进程中的生态环境问题，并将马克思主义关于生态环保的一系列重要思想观点融合到对相关具体问题和对策的分析与论证之中，指出了马克思主义生态观对中国城镇化生态环境问题解决的具体指导作用；对我国城镇化进程中存在的生态问题、政府应承担的生态责任、国内外政府履行生态责任的实践及我国政府履行生态责任的途径等问题进行了论述。

《生态文明与环境保护》（罗敏编著）收录了"大气、水、土壤、核安全、国家公园"五方面内容，针对当下公众关注的污染防治三大攻坚战役、核安全健康与发展、自然保护地体系下的国家公园建设进行了介绍。三大攻坚战部分，分析了大气、水、土壤污染防治的政策、现状，从制度体系构建、技术应用、风险评估等方面，结合具体实践和地方经验，对如何打好污染防治攻坚战进行探讨。核安全部分围绕核安全科技创新、核能发展、放射性药品生产活动监管、放射源责任保险、公众心理学、法规标准等内容对我国核安全领域的重点内容和发展规划进行分析。国家公园体制建设部分，从法律实现、国土空间用途管制、治理模式、适应性管理、特许经营管理等方面探索自然保护地体系下国家公园建立的路径。

《企业参与生物多样性案例研究和行业分析》（赵阳著）主要以"自然资本核算"在不同行业的应用为切入点，系统地介绍了《生物多样性公约》促进私营部门参与的要求、机制和资源，分享了识别、计量与估算企业对生态系统服务影响和依赖的成本效益的最新方法学，并辅之以国内外公司的实际案例，研判了不同行业的供应链所面临的生物多样性挑战、动向及趋势，为我国企业参与生态文明建设提供了多元化的视角和参考资料。

《绿色"一带一路"》（孟凡鑫等编著）围绕气候减排、节约能源、水资源节约等生态环境问题，针对"一带一路"沿线典型国家、典型节点城市，从碳排放核算、能效评估、贸易隐含碳排放及虚拟水转移等方面进行了可持续评估研究。从经济学视角，延伸了"一带一路"倡议下的对外产业转移绿色化及全球价值链绿色化的理论；从实证研究视角，识别了我国企业对外直接投资的影响因素及区位分异特征，并且剖析了"一带一路"倡议对我国钢铁行业出口贸易的影响，解析了"一带一路"沿线国家环境基础设施及跨国产业集群之间的相关性；梳理了全球各国践行绿色发展的典型做法以及中国推动绿色"一带一路"建设的主要政策措施和行动，提出了我国继续深入推动绿色"一带一路"建设的方向和建议。

"生态文明建设丛书"结合了当下国内外最新的相关理论进展和政策导向，对我国生态文明建设的理念和实践进行了较为全面的解读和分析。丛书既反映了我国过去生态文明建设的突出成就，也分析了未来生态文明建设的改革趋势和发展方向，有比较强的现实指导意义，可供相关领域的学术研究者和政策研究者参考借鉴。

林家彬

2021年8月

序

  党的十九大报告指出,建设生态文明是中华民族永续发展的千年大计,功在当代,利在千秋。生态文明建设是我国今后发展的重要方向。由上海科学技术文献出版社组织、李家彪院士主编的"生态文明建设"丛书,是一部系统地探讨生态文明理论与实践方面的学术专著。丛书共包含 9 册,分别是《陆海统筹海洋生态环境治理实践与对策》《绿色"一带一路"》《环境共治:理论与实践》《生态文明与绿色发展实践》《生态文明与水资源管理实践》《自然资源融合管理》《企业参与生物多样性案例研究和行业分析》《生态文明与环境保护》《生态责任体系构建:基于城镇化视角》等。作者是来自清华大学、北京师范大学等知名高校的教师,中国科学院等研究院所的研究人员及自然资源部、生态环境部的专家学者。丛书主要反映了十八届三中全会以来,我国在生态文明建设领域理论和实践的最新研究方向、政策走向和实践经验,逻辑清晰、内容丰富,具有较高的学术价值和文献价值,并且充分反映了时代精神,符合新时代发展主旋律。

  《生态文明与水资源管理实践》是作者结合自身多年从事水资源管理和自然资源管理工作的理论和实践,与高校水资源领域的专家们一起,通过对水资源管理政策和实践的梳理,从生态文明视角分析水资源的调查、价值、确权、配置等关键问题,探索在全国水资源确权管理和生态水量调控分配等过程中的应用,回应了近些年来生态文明建设在水资源领域研究和实践的焦点和热点,是系统和全面讲述中国故事的参考资料。

张建云

2021 年 9 月

前　言

生态文明建设是关系中华民族永续发展的千年大计。水是生命之源、生产之要、生态之基，水资源的科学管理是生态文明建设的重要组成与基础保障。水生态文明建设是人类遵循人水和谐理念、实现水资源可持续利用、支撑经济社会和谐发展、保障生态系统良性循环的主要调节措施，是生态文明建设系统决策的关键之一。近些年，随着可持续发展的理念日益深入人心，水资源的分配需求发生了根本转变。"以水定城、以水定地、以水定人、以水定产"，充分体现了水资源对生态文明建设的制约。实施水资源的科学管理是为了兼顾水资源开发利用过程中的当前与长远利益、不同地区与部门间的利益；平衡水资源开发利用中的社会、经济和环境利益，以及兼顾生态文明建设综合效益在不同受益者之间的公平分配。

本书系统梳理了水生态文明建设的内涵与水资源科学的管理理论，从理论和实践角度阐明了生态文明视角下水资源的价值、需求、配置、确权、定量管理等关键问题，分析了水资源对生态文明建设的重要性，系统性提出了水资源管理的方法论，介绍了其在全国水资源确权管理和生态水量调控分配等过程中的应用。

本书分为五篇十六个章。第一篇"生态文明与水资源管理"（第一至第三章），介绍了生态文明建设的理论、背景及评估体系等相关概念、生态文明建设在水资源管理制度建设实践中的几项重要体现，并提出了在当前生态文明建设的时代背景下对水资源管理的新需求。第二篇"生态文明视角下的水资源调查"（第四、五章），对水资源调查评价现状进行分析，并对生态文明视角下的水资源调查体系进行探索重构，提出了新时期水资源调查的定位与技术方法创新。第三篇"生态文明视角下的水资源配置"（第六、七章），介绍了水资源配置现状、进展及趋势以及水资源配置，研究了水资源配置体系重构的原理、模型和方法论。第四篇"生态文明视角下的水资源确权"（第八至第十一章），介绍了水资源确权的相关概念和水资源确权体系，包括目标、总体思路、基本原则、主题和对象、程序和方法及建议,并构建了生态用水确权体系,提出了生态用水确权模型。第五篇"生态水量管理实践"(第十二至第十六章),分享了宁夏回族自治区和苦水河、葫芦河、沙湖、星海湖4个流域的生态水量管理实践,系统地分析了水资源供需配置管理下的生态优先策略,从生态需水论证到生态水量管理全过程对宁夏各水资源单元内的生态水量调查、评估、配置保障及管理实践进行了细致的分析。

本书由高娟、王化儒、向龙设计并执笔、统稿,各章节内容由从事各相关领域研究与管理的核心专家执笔:第1章由杨琛、向龙、杨永川、庞明月执笔;第2章由向龙、高娟执笔;第3章由向龙、吕平毓、杨永川、庞明月、高娟、杨琛执笔;第4章由高娟、向龙执笔;第5章由吕平毓、高娟、向龙执笔;第6章由向龙执笔;第7章由张守平执笔;第8章由杨琛执笔;第9章由杨琛、张莹光执笔;第10章由杨永川、庞明月执笔;第11章由杨琛、张莹光、高娟执笔;第12—16章由王化儒、马如国、王彦兵、司建宁执笔。高娟、王化儒、向龙对全书进行了校对。本书的撰写过程得到了国务院发展研究中心王宇飞博士的大力支持。中国水利水电科学研究院王浩院士、王建华副院长、严登华副所长、冯杰处长、赵进勇博士、张海涛博士、杨志勇博士、秦景博士,江苏省自然资源厅冯志祥处长为本书中的观点提供了宝贵的建议和指导。笔者对所有为本书出版作出贡献的同事和朋友致以衷心的感谢!

感谢张建云院士的倾力指导并为本书作序,王小军博士、金君良博士为本书提出了非常宝贵的意见。感谢水利部原水资源司高而坤司长、孙雪涛司长、许文海司长、郭孟卓副司长、颜勇副巡视员、管恩宏副主任、毕守海处长等多年来对作者亦师亦友的帮助和培养,书中诸多水资源管理政策和实践都是在您们的带领下诞生并逐步走向成熟的!感谢自然资源部自然资源确权登记局冷宏志局长、杨祝晖副局长、申胜利处长、王亦白处长、尚宇副处长、杨飞同志对笔者的帮助和指导,书中水资源确权的探索与经验,都是在您们的引领和实践中摸索出来的。感谢自然资源部调查监测司苗前军司长、冯文利副司长、翟义青副司长、张炳智副司长、吉建培副司长、闫宏伟副巡视员、李兵处长、杨地处长、姜开勤处长、何超英处长、王鹏处长、张阳武副处长、牛春盈副处长等领导和同事们对笔者一如既往的关心、指导和帮助。新时代生态文明建设对水资源调查提出的新要求,正期待着我们去完成。感谢中国地质调查局李文鹏首席科学家、孙晓明教授、邢丽霞主任、吴爱民副主任、郑跃军主任、李长青主任对笔者的大力支持。特别感谢韩双宝工程首席、刘坤主任对笔者自始至终的帮助和支持。感谢中国国土勘测规划院戴建旺研究员、吴海平教授,自然资源部卫星遥感应用中心尤淑撑研究员对笔者的大力支持。真心希望通过这本书能够引发更多的人从生态文明建设的视角关注并思考水资源调查与监管工作,共同探寻协调解决我国当前水资源开发利用与生态保护修复等问题的有效路径。

虽然本书作者们具有长期从事水资源管理相关的科学研究和管理实践的经历,但限于水平,难免有不妥之处,望读者批评指正。

谨以此书献给我们永远热爱并将为之奉献一生的水资源事业!

作者
2021 年 9 月

目 录

第一篇 生态文明与水资源管理

第一章 生态文明相关概念 ………………………………………… 2
1.1 生态文明理念及内涵 ……………………………………………… 2
1.2 生态文明建设的背景与发展 ……………………………………… 4
1.3 生态文明建设的评价体系 ………………………………………… 7

第二章 生态文明建设与水资源管理 ……………………………… 13
2.1 水生态文明建设 …………………………………………………… 13
2.2 水生态文明建设与最严格水资源管理 …………………………… 18
2.3 水生态文明建设与"水十条"管理 ……………………………… 22
2.4 水生态文明建设与河湖长制 ……………………………………… 25
2.5 水生态文明建设与水资源承载力 ………………………………… 27

第三章 生态文明视角下的水平衡需求 …………………………… 30
3.1 水资源的价值需求 ………………………………………………… 30
3.2 水资源的调查需求 ………………………………………………… 33
3.3 水资源的合理配置需求 …………………………………………… 33
3.4 水资源的确权需求 ………………………………………………… 41
3.5 水资源的生态修复需求 …………………………………………… 42

第二篇 生态文明视角下的水资源调查

第四章 水资源调查评价现状分析 ………………………………… 48
4.1 全国水资源调查评价概述 ………………………………………… 48

1

4.2 我国历次水资源调查评价解析 ………………………… 50
4.3 第三次全国水资源调查评价 …………………………… 53
4.4 与水资源调查相关的几个问题 ………………………… 57

第五章 生态文明视角下水资源调查体系重构 …………… 62
5.1 生态文明建设对水资源调查提出新的需求 …………… 62
5.2 新时期水资源调查的定位 ……………………………… 63
5.3 重构水资源调查体系的几点建议 ……………………… 65
5.4 水资源调查技术方法创新 ……………………………… 66
5.5 以水资源为核心要素的自然资源综合调查体系 ……… 67

第三篇 生态文明视角下的水资源配置

第六章 水资源配置现状、进展及趋势 …………………… 70
6.1 水资源配置现状 ………………………………………… 70
6.2 水资源配置进展 ………………………………………… 71
6.3 水资源配置发展趋势 …………………………………… 72

第七章 生态文明视角下的水资源配置 …………………… 74
7.1 生态文明视角下的水资源配置决策机制 ……………… 74
7.2 生态文明视角下的水资源配置调控指标 ……………… 76
7.3 生态文明视角下的水资源配置基本原则 ……………… 77
7.4 生态文明视角下的水资源配置方法 …………………… 78

第四篇 生态文明视角下的水资源确权

第八章 水资源确权的相关概念 …………………………… 82
8.1 水资源及其产权的相关概念界定 ……………………… 82
8.2 水资源确权登记 ………………………………………… 85

第九章 水资源确权体系 ... 89

9.1 水资源确权体系与目标 ... 89
9.2 水资源确权的总体思路和基本原则 ... 95
9.3 水资源确权的主体和对象 ... 97
9.4 水资源确权的程序和方法 ... 100
9.5 建议与对策 ... 107

第十章 生态用水确权体系构建初探 ... 109

10.1 生态用水确权概念 ... 109
10.2 生态用水确权体系 ... 110
10.3 生态用水确权模型 ... 112

第十一章 水资源确权登记的实践 ... 118

11.1 国外水资源确权登记案例分析 ... 118
11.2 我国水资源确权登记实践 ... 120
11.3 存在问题及建议 ... 121

第五篇 生态水量管理实践

第十二章 宁夏生态水量管理实践 ... 126

12.1 生态水量管理背景及意义 ... 126
12.2 宁夏主要河湖水系概况 ... 130
12.3 湖泊空间分布及历史演变 ... 164
12.4 宁夏主要河湖功能定位与需水分析 ... 166

第十三章 苦水河生态水量管理 ... 174

13.1 流域概况 ... 174
13.2 水资源及其开发利用状况 ... 179
13.3 水生态环境现状调查与评价 ... 192
13.4 生态水量综合核算 ... 198
13.5 生态水量保障对策措施 ... 218

第十四章 葫芦河生态水量管理 ········· 223
14.1 流域概况 ········· 223
14.2 水资源及其开发利用状况 ········· 228
14.3 水生态环境现状调查与评价 ········· 237
14.4 生态水量综合核算 ········· 241
14.5 生态水量保障对策措施 ········· 253

第十五章 沙湖生态水量管理 ········· 259
15.1 流域概况 ········· 259
15.2 沙湖生态现状调查与评价 ········· 267
15.3 沙湖湖泊水面面积演变分析 ········· 272
15.4 生态水量综合核算 ········· 278
15.5 生态水量保障对策措施 ········· 293

第十六章 星海湖生态水量管理 ········· 297
16.1 流域概况 ········· 297
16.2 星海湖生态现状调查与评价 ········· 301
16.3 星海湖湖泊水面面积演变分析 ········· 306
16.4 生态水量综合核算 ········· 308
16.5 生态水量保障对策措施 ········· 316

参考文献 ········· 320

第一篇

生态文明与水资源管理

第一章

生态文明相关概念

1.1 生态文明理念及内涵

生态文明是人类文明经历了原始文明、农业文明、工业文明发展到一个新阶段的文明形态。"生态兴则文明兴,生态衰则文明衰"。自20世纪以来,人类社会也从工业文明社会向生态文明社会过渡,随着经济社会的不断发展,全球化的生态环境破坏、生态资源短缺等一系列的生态问题日益凸显,面对世界范围内逐渐出现的生态危机,人类也逐渐意识到生态文明建设的重要性,生态文明理念在人类文明发展历程中应运而生。

1.1.1 生态文明的由来

生态文明是继农业文明和工业文明之后人类新的文明阶段。理解生态文明的科学内涵,就要把握它在整个人类文明史中的重要脉络。20世纪,以环境污染、生态破坏和资源短缺为表现的生态危机成为全球性问题。21世纪,金融危机、信贷危机和社会危机全球性爆发。全球性危机对人类生存和文明进步提出严峻挑战。"危机"一词既表示"危险",又蕴含着"机会",马克思在《资本论》中说,危机表示转折,社会文明也步入新的历史时期。

1.1.2 生态文明的内涵

"文明"是"生态文明"的上位概念,有狭义和广义之分。狭义的"文明"是指人的行为有文化素养,如保护环境、尊老爱幼;广义的"文明"是指社会形态,如物质文明、精神文明。"文明"一词在2000年版《辞海》中的解释是指人类社会进步状态,与"野蛮"相对。"生态文明"一词要结合生态学这门自然科学来解释,生态学是探索生物与环境、生物与生物等因素相互联系、相互作用的科学;

将生态与文明结合起来看,生态是文明建设的自然基础,是支撑文明发展的重要力量;文明建设创造新的生态联系,推动人与自然和谐共生,二者有机统一,不断发展。

针对生态文明的科学内涵,学者们也进行了多角度的探讨,我国最早阐述生态文明的专著是张海源的著作《生产实践和生态文明》,此书将环境保护上升到生态文明建设的高度,作者提出"根据环境污染的现实,保护环境已成为每个国家的政府、社会公民共同的紧迫任务。完成这个任务的前提和结果就是建设新时代的生态文明"。此观点着重谈论的是实践层面的问题,但未明确定义生态文明的内涵;周琳在《当代中国生态文明建设的理论与路径选择》一书中对生态文明的解释是"用生态学来指导建设的文明,从而谋求人与自然和谐共生、协同进化的文明"。此观点结合了生态学理论对生态文明进行论述,但缺少实践层面上的分析。杨玫等人在《生态文明与美丽中国建设研究》一书中提出"所谓生态文明,是指人类在经济社会活动中,遵循自然规律、积极改善和优化人与自然的关系,而进一步的目标则是为了实现经济、社会、自然三者的和谐"。此观点较为综合地概况了生态文明的内涵。

结合学术界对生态文明内涵的探讨,笔者认为,生态文明的本质是人与自然、社会和谐共生的一种社会文明形态。它是人类为保护和建设美好生态环境而取得的物质成果、精神成果和制度成果的总和,是贯穿于经济建设、政治建设、文化建设、社会建设全过程和各方面的系统工程,反映了一个社会的文明进步状态。

1.1.3 生态文明理念在我国的发展历程

中国古代思想文化包含丰富的生态文明理念,其中"天人合一"思想所代表的和谐、整体的生态观是中国古代生态智慧最为集中的体现。儒家的生态文明思想里是以人类为中心去考察生态有关的问题,例如《中庸》里记载"万物并育而不相害,道并行而不相悖。小德川流,大德敦化。此天地之所以为大也"。《荀子》里记载"万物各得其和以生,各得其养已成"。儒家提倡"天人合一",体现了人与自然和谐共生的关系;道家提倡的道法自然,例如老子曾提出:"故道大、天大、地大、人亦大。域中有四大,而人居其一焉。人法地、地法天、天法道、道法自然。"老子认为道生万物,人类源于自然,也必须在尊重自然规律的基础上才能生存下来谋得发展;因此人类应该顺应自然,尊重自然的本性不加以干涉,摒弃人类对自然采掘的欲望,返璞归真,无为而治。

新中国成立以来,党和国家历来高度重视生态文明建设,对生态文明理念进行倡导并不断完善,将生态文明建设作为关系人民福祉、关乎民族未来的长远大计。毛泽东思想与生态文明建设的实践主要从植树造林入手,强调发展林业、兴修水利、治理水患等工作,然而对生态环境应有的保护在当时还未引起足够重视。邓小平同志从20世纪80年代环境污染的现实出发,要求在转变经济增长方式的同时开展环境保护立法工作,我国当时的生态文明建设从植被保护、植树造林等活动中起步。

党的十七大提出了实现全面建设小康社会奋斗目标的新要求,并首次把"生态文明"这个概念写入了中国共产党全国代表大会的报告,强调要"共同呵护人类赖以生存的地球家园",将生态建设上升到文明的高度。

党的十八大站在历史角度,进一步把生态文明建设提升到前所未有的地位和高度,不仅论述了生态文明建设的地位、作用和重要性,更对如何推进生态文明建设进行了全面的战略部署,将其作为中国特色社会主义伟大事业总体布局的五大建设之一。

"绿水青山就是金山银山"的生态文明观,是中国化的马克思主义认识论。党的十八大把生态文明建设纳入中国特色社会主义事业总体布局,使生态文明建设的战略地位更加明确,有利于把生态文明建设融入经济建设、政治建设、文化建设、社会建设各方面和全过程,实现以人为本、全面协调可持续的科学发展。

在此基础上,党的十九届四中全会站在国家战略的高度,将生态文明建设上升到制度体系,作为制度建设和国家治理体系的重要内容加以论述,进一步体现了生态文明建设对于中国特色社会主义事业与推进国家治理体系和治理能力现代化的重要意义,在总结历史、立足现实和面向未来的基础上,将生态文明制度体系建设推向了一个新的历史高度。

1.2 生态文明建设的背景与发展

在全球生态危机凸显的背景下,经济社会发展失衡,资源约束趋紧,环境污染严重,生态系统退化加剧,发展与人口资源环境之间的矛盾日益突出,已成为经济社会可持续发展的重大瓶颈,生态文明建设迫在眉睫。我国高度重视生态文明建设,先后出台了一系列重大决策部署,推动生态文明发展步入良性循环。

1.2.1 全球性的生态危机蔓延

全球化进程的加快将世界上的各个国家紧密相连,在生态环境上任何国家都难以独善其身。随着工业化的迅速发展,高耗能、高污染的发展方式仍是国家发展的主流发展方式,生态问题突出,国际生态环境仍在持续恶化。仅仅占全球人口四分之一的发达国家却消费了世界能源的80%。而且,随着世界人口持续增长以及实现国家之间能源公平的压力增大,必然导致一次能源总需求持续上涨,其严重后果使全球气候变暖问题加剧、生态环境压力持续增加。

1.2.2 资源环境污染问题凸显

随着人口数量的增加,工业的不断发展和城市化进程的逐步加快,资源短缺、水源破坏、环境污染等生态问题日益严峻。由于各地区发展水平的差异和污染防治方面的法治意识不同,资源监控能力建设不足,社会公众对生态文明建设的认知和对资源可持续利用认识各不相同,加之各级政府部门之间关于资源管理的边界模糊等原因,使资源环境污染问题尚未得到很好的解决,例如宁夏清水河曾经污染较为严重,水土流失严重。

图1-1 宁夏回族自治区清水河航拍图

1.2.3　生态文明制度建设的发展

改革开放以来,我国的生态文明制度化建设的进程进入快速发展阶段。国家提出了依靠法制保护生态环境的主张,为生态文明制度建设奠定了思想和法律基础;在党的十八大报告中,首次提出要加强生态文明的制度建设,要求保护生态环境必须依靠制度,要把资源消耗、环境损害、生态效益纳入经济社会发展评价体系,建立体现生态文明要求的目标体系、考核办法、奖惩机制。建立国土空间开发保护制度,完善最严格的耕地保护制度、水资源管理制度、环境保护制度。深化资源性产品价格和税费改革,建立反映市场供求和资源稀缺程度、体现生态价值和代际补偿的资源有偿使用制度和生态补偿制度。积极开展碳排放权、排污权、水权交易试点。加强环境监管,健全生态环境保护责任追究制度和环境损害赔偿制度。这标志着我国的生态文明制度建设思想逐渐成熟。

党的十八大之后致力于建立系统的生态文明制度体系,以习近平同志为核心的党中央高度重视生态文明制度建设,并强调将生态文明制度建设体系化,建立一个系统完整的生态文明制度体系以促进生态文明建设的良好发展。2013年11月十八届三中全会《中共中央关于全面深化改革若干重大问题的决定》明确提出:"建设生态文明,必须建立系统完整的生态文明制度体系,实行最严格的源头保护制度、损害赔偿制度、责任追究制度,完善环境治理和生态修复制度,用制度保护生态环境。"并提出健全自然资源资产产权制度和用途管制制度、划定生态保护红线、实行资源有偿使用制度和生态补偿制度、改革生态环境保护管理体制等重要制度建设要求。十八届四中全会通过的《中共中央关于全面推进依法治国若干重大问题的决定》从依法治国的角度对生态文明制度建设作了全新的阐述,指出"用严格的法律制度保护生态环境",将生态文明制度建设推进到依法治国的高度。2015年3月,中共中央政治局召开会议,审议通过《关于加快推进生态文明建设的意见》,意见指出,"生态文明建设是中国特色社会主义事业的重要内容,关系人民福祉,关乎民族未来,事关'两个一百年'奋斗目标和中华民族伟大复兴中国梦的实现。要加快建立系统完整的生态文明制度体系,引导、规范和约束各类开发、利用、保护自然资源的行为,用制度保护生态环境"。

1.2.4 生态文明建设的全民共建

党的十九大报告指出着力解决突出环境问题，坚持全民共治，这也是全面参与生态保护的新起点。生态文明被纳入社会主义核心价值体系，其理念逐渐深入人心，公众的生态环境保护意识和参与生态文明建设的意愿也日益增强。企业和公众作为生态文明行为的主体，在生态文明建设中的参与意愿也更加强烈。

企业在生产发展时更加注重承担生态责任，发展绿色经济、循环经济，例如建筑行业在发展绿色建筑、促进建筑节能方面已取得良好成效。通过不断完善建筑节能新技术、降低建设改造成本，利用太阳能技术、小型风力发电技术、水资源再生利用技术等，促进建筑节能减排。

社会公众也更加积极参与到生态文明建设中，环境保护社会行动体系逐步构建。从实践行动上来看，以"节水、节电、节地"为核心的绿色家庭、绿色社区建设开始发展起来，各类生态保护行动不断推陈出新，例如"地球一小时"日活动等。自2009年来，北京、上海、大连等多城市共同行动，积极响应节能号召，节能减排深入民心。

生态文明知识的普及和宣传教育力度不断加大。注重人才培养的同时，形成社会合力，建立了包含学校、党政机关和社会企业培训为一体的国民教育及宣传体系，民众节能环保意识得到了普遍提高。公众在生态文明建设中的知情权、决策权、监督权和收益权也得到维护。公众参与生态环境保护的途径日益增多，生态文明观念在社会树立得更加牢固。

1.3 生态文明建设的评价体系

随着生态文明建设工作的不断推进，学者们针对国家、省、市、县、农村不同尺度构建了生态文明建设评价指标体系，进行了大量案例实证研究。虽然还没有形成公认的统一的指标体系，但对于不同尺度的生态文明建设评价来说，主要涵盖了国土空间优化、资源环境保护、绿色发展和机制体制建设四个方面。不同尺度的评价指标体系里用来反映生态环境保护、资源利用、绿色发展等方面的具体指标重复度较高，用于机制体制建设、生态文化等方面的定量指标较少，且差异性较大。此外，目前用于生态文明建设评价的方法众多，但存在一定缺陷还未形成公认统一的评价指标集及方法论，需要进一步完善并丰富生态文明建设的评估方法，为进一步推进生态文明建设提供理论支撑和科学依据。

1.3.1 建设评价必要性

生态文明是人类文明演进的必然趋势，是建立在工业文明基础之上的更高层次的文明，反映的是人与人、人与自然、人与社会间的和谐与协调。党的十八大将生态文明建设纳入中国特色社会主义事业"五位一体"总布局，生态文明建设成为我国社会主义现代化建设的重要组成部分；党的十九大报告中再次指出，建设生态文明是中华民族永续发展的千年大计。《中共中央关于全面深化改革若干重大问题的决定》《关于加快推进生态文明建设的意见》《生态文明体制改革总体方案》等一系列文件的出台实施，不仅彰显了生态文明建设的重要性，也对我国生态文明的建设提出了更加明确而具体的要求。

在这样的背景下，需要有科学的评价指标体系和评价方法对我国生态文明建设的成果和现状进行评价，以明晰未来探索方向，保障后续生态文明建设的稳健性和持续性，供相关研究者、决策者运用，为我国生态文明建设提供理论依据。20世纪90年代以后，学术界关于可持续发展评价指标体系、循环经济评价指标体系等领域做了大量的研究，但以"生态文明建设"作为专门评价对象的指标体系研究，主要集中在我国对生态文明建设提出新的要求之后，特别是党的十八大之后。因生态文明具有中国特色，学术界有关生态文明建设评价的研究也主要集中在我国。此外，国家政府各部门在相关文件中也颁布了一系列用于评估生态文明建设的指标体系。

1.3.2 建设评价指标

(1) 学术评价指标

国内学者针对生态文明建设评价进行了大量的研究，构建了不同的评价指标体系。从评价尺度上来说，这些指标体系可分为国家层面、省域层面、城市层面、县域层面和农村层面5个尺度，其中以省域和城市为主，如表1-1所示。

表1-1 不同行政尺度的生态文明建设评价体系

评价尺度	评价内容	评价指标	评价方法	文献
国家	生态环境友好、社会经济和谐、体制机制完善、公众意识觉悟	单位GDP能耗、人均GDP、环境决策机制、公众环境参与度等28个指标	—	白杨等，2019
	绿色环境、绿色生产、绿色生活、绿色基础设施	生态质量指数、工业优化指数、城—乡协调指数、污染控制指数等9个指标	主成分分析法	Zhang et al.，2016
省域	生态质量、经济和谐、社会发展	森林覆盖、工业固体废物综合利用率、人均GDP等25个指标	层次分析法	魏晓双，2013
	生态活力、环境质量、社会发展、协调程度	森林覆盖率、地表水体质量、人均GDP、工业固体废物综合利用率等22个指标	相对评价算法	严耕等，2013
	生态系统压力、生态系统健康状态、生态环境管理水平	人口密度、人口自然增长率、水资源净化倍数、单位国土面积林业投资强度等39个指标	主成分分析法	张欢等，2014
	空间优化、资源管理、环境保护、绿色转型发展、生态制度	建成区占辖区面积比重、建成区人均绿地面积、水资源开发保障倍数、单位GDP能耗等24个指标	集对分析方法	王然，2016
城市	国土空间优化、资源能源节约利用、生态环境保护、生态文明制度建设	森林覆盖率、单位GDP能耗、自然保护区面积占辖区面积比例、资源节约和生态环保投入比重等20个指标	熵值法、灰色关系分析和TOPSIS结合的方法	许力飞，2014
	生态环境的健康度、资源环境消耗强度、面源污染的治理效率、居民生活宜居度	城区环境空气二氧化硫含量、单位GDP能耗、工业粉尘去除率、森林覆盖率等20个指标	层次分析法和熵值法结合	张欢等，2015
县	生态活力、经济活力、社会活力、协调程度	森林覆盖率、人均收入、城市人口密度、环境污染治理投资占GDP比例等28个指标	层次分析法	赵好战，2014
	绿色生态文明、经济生态文明、社会生态文明	森林覆盖率、第三产业占总产值比重、城镇化率等27个指标	层次分析法	孔雷等，2016
农村	农村生态系统压力、农村生态系统状态、农村生态系统响应	人均GDP、人均水资源量、水土流失程度、生态文明意识水平等18个指标	灰色关联模型	李昌新等，2017

由上表1-1可知,针对生态文明建设评价体系一般由总指标、评价内容、具体指标3个层次构成,即由一级指标、二级指标、三级指标3个层次构成。对不同尺度的生态文明建设来说,都主要涵盖了国土空间优化、资源环境保护、绿色发展和机制体制建设4个方面。从具体指标来说,除农村之外各个尺度的评价体系都涉及了森林覆盖率、人均GDP、单位GDP能耗、城市生活垃圾无害化率、工业固体废物综合利用率等用于反映生态环境保护、资源利用、绿色发展等方面状况的指标。

(2)制度评价指标

为推进我国各地进行生态文明建设,各部委相继颁布实施了一系列用于评估生态文明建设的指标体系,如表1-2所示。2013年,原环境保护部颁布了《国家生态文明建设试点示范区指标(试行)》。同年,国家发展改革委联合财政部、国土资源部等6部门颁布了《国家生态文明先行示范区建设方案(试行)》。两个文件均构建了生态文明建设的目标体系,分别用于指导各地生态文明试点和首批100个生态文明先行示范区的建设。

2016年,国家发展改革委等4部门制定了《绿色发展指标体系》和《生态文明建设考核目标体系》,作为生态文明建设评价考核的依据。其中,《绿色发展指标体系》通过构建评价指标体系,采用综合指数法测算生成绿色发展指数,以动态评价各地区年度生态文明建设进展。《生态文明建设考核目标体系》则是采用目标打分制综合考核各地区5年内目标完成情况,兼顾了评价的长期性和动态性。

表1-2 国家有关部门构建的生态文明建设评价指标体系对比

颁布时间和部门	体系名称	评价内容	评价指标	评价方法
2013年,原环境保护部	国家生态文明建设试点示范区指标(试行)	生态经济、生态环境、生态人居、生态制度和生态文化建设	资源产出增加率、单位工业用地产值、再生资源循环利用率等29个指标	层次分析法
2013年,国家发展改革委等6部门	国家生态文明先行示范区建设方案(试行)	经济发展质量、资源能源节约利用、生态建设与环境保护、生态文化培育和体制机制建设	人均GDP、国土开发强度、林地保有量等51个指标	加权平均打分法

续表

颁布时间和部门	体系名称	评价内容	评价指标	评价方法
2016年,国家发展改革委等4部门	绿色发展指标体系	资源利用、环境治理、环境质量、生态保护、增长质量、绿色生活、公众满意程度	能源消费总量、化学需氧量排放总量减少、地级及以上城市空气质量优良天数比例等56个指标	综合指数法
2016年,国家发展改革委等4部门	生态文明建设考核目标体系	资源利用、生态环境保护、年度评价结果、公众满意程度和生态环境事件	单位GDP能源消耗降低、地级及以上城市空气质量优良天数比率等23个指标	目标打分法

从表1-2可以看出,政府部门颁布的各生态文明建设评价指标体系主要适用于省、市、区、县各行政区域的生态文明建设的静态或动态评估,也基本涵盖了国土空间优化、资源环境保护、绿色发展和机制体制建设4个方面,可以综合评估我国不同地区生态文明建设的成果。

1.3.3 评价方法

生态文明建设评价涉及生态环境保护、经济发展、机制体制建设等多个方面,其中,指标的选择与量化是评价的关键。表1-3总结和分析了主要的评估方法。目前,用于生态文明建设评价的方法众多,主要包括主成分分析法、层次分析法、熵值法、综合指数法和灰色关联模型等。

表1-3 生态文明建设评价方法对比分析

方法	含义	优势及不足
主成分分析法	利用数理统计的方法找出系统中的主要因素和因素之间的相互关系,将系统的多个指标转化为较少的几个综合指标	能将系统中的多个指标转化为较少的几个综合指标,但多为目标的单指标复合形式的物理意义难以明确
层次分析法	将问题分解成不同的组成因素,通过定性指标模糊量化方法算出权数和总排序	主观性强,数据依赖性小,主要取决于决策者的判断经验,但无法估计不确定性
熵值法	用熵值来判断某个指标的离散程度,计算出各个指标的权重,为多指标综合评价提供依据	客观真实性强,不受主观判断影响,但容易忽视决策者的主观意愿

续表

方法	含义	优势及不足
综合指数法	选用单项和多项指标	方法较为直观、简便,但评价指标体系及等级划分标准较难确定
灰色关联模型	定量阐述因素之间关联程度大小、类型等	对系统中因素量纲、绝对值要求少,可分析因素之间的潜在联系,但当系统因素参数较少时,可能造成一定误差

第二章
生态文明建设与水资源管理

2.1 水生态文明建设

水是生命之源、生产之要、生态之基。水生态文明建设是生态文明建设的重要组成与基础保障,是生态文明建设的资源基础、重要载体和显著标志。

2.1.1 水生态文明建设的内涵

水生态文明是指人类遵循水生态系统特有的自然规律,科学合理开发、利用水资源,对水资源实行优化配置、全面节约与有效保护;它是指人类遵循人水和谐理念,以实现水资源可持续利用,支撑经济社会和谐发展,保障生态系统良性循环为主体的人水和谐文化伦理形态。它是生态文明的重要部分和基础内容,应从思想基础、基本宗旨、发展目标和实现途径等方面深刻把握水生态文明建设的内涵。

第一,科学发展观是水生态文明建设的思想基础。科学发展观的第一要务是发展,核心是以人为本,基本要求是全面协调可持续发展,根本方法是统筹兼顾。科学发展观是指导我国经济社会发展的根本指导思想,也是水生态文明建设的思想基础。

第二,公正和谐是水生态文明建设的基本宗旨。公正就是各项治水活动既要保障人的权益、也要尊重自然的权益。既要保障当代人的权益、也要尊重后代人的权益;和谐就是尊重自然、顺应自然、保护自然、合理利用自然,做到与自然和谐共处。仅仅把水生态文明理解为"保护水生态"是不全面的。水生态文明的核心是"和谐",包括人与自然、人与人、人与社会等所有关系的和谐。

第三,水利可持续发展是水生态文明建设的发展目标。加快推进水生态文明建设,是实现经济社会与生态环境和谐发展的基本要求,实现二者和谐发展要求必须转变经济发展方式，必须转变用水方式。加快推进水生态文明建设，就是要正确处理经济社会发展和水资源利用的关系，实现水利可持续发展。

第四，知行合一是水生态文明建设的实现途径。水生态文明是水环境和水生态不断改善的体现，需要社会各界和广大民众共同参与才能取得实效。营造和创新水文化氛围，传播与弘扬水文化，广泛引导全社会参与建设生态文明社会和水生态文明城市。通过水生态文明宣传教育，全面增强节约意识、环保意识、生态意识，营造爱护生态环境的良好社会风气，让水生态文明理念深入人心。

2.1.2 水生态文明建设的目标

水生态文明建设的基本目标是实现"山青、水净、河畅、湖美、岸绿"的水生态修复和保护。结合相关文献及党的十八大报告，水生态文明建设的主要目标为：

（1）确保水安全。一是优化国土空间开发格局，控制开发强度，调整空间结构，促进生产空间集约高效、生活空间宜居适度、生态空间山清水秀，给自然留下更多修复空间，给农业留下更多良田，给子孙后代留下天蓝、地绿、水净的美好家园。二是加快水利建设，增强城乡防洪抗旱排涝能力；三是强化水、大气、土壤等污染防治，以解决损害群众健康的突出环境问题为重点。

（2）节约水资源。一是为大幅度降低能源、水、土地消耗强度，提高利用效率和效益，要节约集约利用水资源，推动水资源利用方式根本转变，加强全程节约管理；二是建设节水型社会，加强水源地保护和用水总量管理，推进水循环利用。

（3）保护水生态。加大自然生态系统和环境保护力度，实施重大水生态修复工程，增强生态产品供给能力，推进荒漠化、石漠化、水土流失综合治理，扩大森林、湖泊、湿地面积，增加生物多样性。

3.1.3 水生态文明建设的原则与内容

水生态文明建设必须坚持树立科学发展观，按照国家关于生态文明建设战略部署，把生态文明理念融入水科学及管理的各方面，坚持"节水优先、生态优先"和最严格水资源管理制度推进水生态文明建设，提高全国生态文明水平。水生态文明建设的基本原则是：坚持人水和谐，科学发展；坚持保护为主，防治结合；坚持统筹兼顾，合理安排；坚持因地制宜，以点带面。

水生态文明建设主要工作内容包括水资源节约、水环境保护、水安全维护、水文化弘扬和水制度保障。"五位一体"的水生态文明建设系统布局是一个相互联系、相互影响、相互作用、相互协调、相互促进、相辅相成的有机统一体。

(1) 节约水资源是水生态文明建设的基础

党的十八大报告提出"节约资源是保护生态环境的根本之策""加强水源地保护和用水总量管理，推进水循环利用，建设节水型社会"。可见推进水生态文明的重点工作是厉行水资源节约，构建节水型社会，这是建设水生态文明的重中之重。

(2) 保护水环境是水生态文明建设的条件

良好的生态环境是人类社会经济可持续发展的前提条件，优良的水生态环境既是人类生存发展的需要，也是水生态系统良性循环的内在要求。水生态文明是人类能够自觉地把一切经济社会活动都纳入"人与自然和谐相处"的体系中，是包含人口、资源和环境的可持续发展，是包容经济、社会与自然协调的和谐发展，是覆盖优化生态、安居乐业、幸福生活的科学发展，是体现新型工业文明转型的绿色经济发展。因此要高度重视水生态环境保护，正确处理治理开发与保护的关系。

(3) 维护水安全是水生态文明建设的根本

生态文明依赖于健康的流域，没有安全的生态系统，生态文明就会失去载体，优良的水生态环境既是人类生存发展的需要，也是水生态系统良性循环的内在要求。要逐步实现从事后治理向优先保护的转变，逐步建立起人与自然协调发展的水生态环境保护体系和最严格的水生态环境保护制度。通过水利工程对水资源进行合理开发、优化配置、节约利用、有效保护和科学管理，实现用水安全，增强水利对经济社会可持续发展的保障能力，实现人水和谐，是践行生态文明建设的根本。

(4) 弘扬水文化是水生态文明建设的灵魂

水文化建设包括社会和公民科学自然伦理观的培养，水利史、水利遗产、水利工程、治水与水利历史人物，以及水利风景区、水生态文明城市及生态旅游地的建设与管理等宣传活动。开展水资源与水文化理论研究，是水生态文明建设的一项重要基础工作，要从理论上认真研究分析水资源时空分布与变化情况、水生态系统的保护程度、水环境的承载能力、水文化形成的成因,为地区水资源与水文化的综合开发、利用、保护、规划及管理提供基础依据。

知行合一是水生态文明建设的实现途径。通过宣传、教育,使人们在水利改革和发展中树立起符合自然生态平衡法则的科学文化价值观,通过政策措施使人类在各项治水活动中都选择既满足自身需要、又不损害自然,既满足当代人需要、又不损害后代人发展的可持续水利发展模式。

(5)践行水管理是水生态文明建设的保证

保护生态环境必须依靠制度,水生态文明法制体系建设有利于解决日趋严重的水环境问题。水制度建设包括完善涉水相关法律法规、技术标准体系、监督监控体系、规划体系、体制机制、能力建设、考核管理等内容。要以水生态文明建设为引领,强化水利立法顶层设计,完善水利政策、法律、法规和规章等制度,对现有水法规体系中涉及水生态文明建设的相关制度进行梳理,分析与水生态文明建设新标准、新要求密切相关及不相适应的内容,逐步建立有利于促进水生态文明建设和水利可持续发展的法制体系,不断夯实民生水利发展基础,为水生态文明建设提供坚实法制保障。

2.1.4 水生态文明城市建设

"山川秀美,关键在水。"水生态文明是生态文明的核心组成,水生态文明建设是生态文明建设最重要、最基础的内容,也是美丽中国建设的重要内容之一。水生态文明建设是通过科学配置,节约利用和有效保护水资源以实现水资源的永续利用,通过有效保护和综合治理水环境以提升水环境质量,通过有效保护和系统修复水生态以增强水生态服务功能的系统工程。由于没有充分考虑水环境承载能力,部分地区快速发展造成水生态损害、水环境污染的问题不断凸显,人民群众对优美水生态环境的渴望更加强烈,需求更加多元。迫切需要大力推进水生态文明城市建设,并将之作为生态文明建设的先行领域、重点领域和基础领域。

2013年水利部印发了《关于加快推进水生态文明建设工作的意见》,明确水生态文明建设的指导思想、总体目标和主要任务;积极开展水生态文明城市建设试点探索与实践,制定《水生态文明城市建设评价导则》《河湖健康评价技术导则》,全面健全水生态文明建设技术和政策规范。生态文明理念逐步融入水资源开发、利用、治理、配置、节约、保护的各方面以及水利规划、建设、管理的各环节。水生态文明建设的推进,让一系列困扰生产、生活的水难题得以破解。

2013年以来,水利部分两批深入推进全国105个水生态文明城市建设试点工作,各地以水系为脉络,系统整治江河流域,打造了系统完整、空间均衡的现代城市生态格局。目前,水生态文明城市建设试点工作已经基本完成验收,探索形成了一批可借鉴、可推广的建设模式,水生态文明品牌效应逐渐显现。

2015年以来,水利部会同财政部下达中央补助资金103亿元,支持地方实施了237个以水生态修复为主的江河湖库水系连通项目,有效提升了河湖健康状况,推动了区域城镇群经济社会协调发展。一条条河流,重新恢复生机。水生态保护与修复推动流域生态系统得到初步恢复。2019年8月16日,塔里木河流域管理局启动第20次向塔里木河下游进行生态输水,至今已累计下泄生态水量77亿立方米,彻底结束了我国最大内陆河下游河道连续干涸近30年的历史,尾闾台特马湖水域面积最大时达到200多平方千米,绿色走廊焕发生机。从1999年至今,在连续来水偏枯的情况下,黄河实现连续20年不断流;从2004年至今,黑河尾闾湖东居延海实现连续15年不干涸,额济纳绿洲面积增加近200平方千米。全国水功能区水质达标率由2012年的63.5%,提高到2017年的76.9%。与2012年相比,2018年Ⅰ～Ⅲ类水河长占比上升14.6个百分点,劣Ⅴ类水河长比例下降10.2个百分点,水生态改善,城乡居民幸福感提升。

图2-1　黄河上游生态状况实景图

2.2 水生态文明建设与最严格水资源管理

2.2.1 最严格水资源管理制度

最严格水资源管理制度是水资源开发利用与保护底线思维的具体化。2012年1月,国务院发布了《关于实行最严格水资源管理制度的意见》,这是继2011年中央1号文件和中央水利工作会议明确要求实行最严格水资源管理制度以来,国务院对实行这项制度做出的全面部署和具体安排,最严格水资源管理制度是一种以水资源配置、节约和保护为重点,强化用水需求和用水过程管理,通过健全制度、落实责任、提高能力、强化监管等手段,对水资源开发利用的取水、用水和排水环节进行最严格管理的行政管理制度。严格控制用水总量,全面提高用水效率,严格控制入河湖排污总量,促进水资源可持续利用和经济发展方式转变,推动经济社会发展与水资源水环境承载能力相协调,保障经济社会长期平稳较快发展。

《关于实行最严格水资源管理制度的意见》提出了实行最严格水资源管理制度"五个坚持"的基本原则。(1)坚持以人为本,着力解决人民群众最关心、最直接、最现实的水资源问题,保障饮水安全、供水安全和生态安全;(2)坚持人水和谐。尊重自然规律和经济社会发展规律,处理好水资源开发与保护关系,以水定需,量水而行,因水制宜;(3)坚持统筹兼顾,协调好生活、生产和生态用水,协调好上下游、左右岸、干支流、地表水和地下水关系;(4)坚持改革创新,完善水资源管理体制和机制,改进管理方式和方法;(5)坚持因地制宜,实行分类指导,注重制度实施的可行性和有效性。

最严格水资源管理制度的主要内容概括来说,就是以"三条红线"为核心的"四项制度",即用水总量控制制度、用水效率控制制度、水功能区限制纳污制度以及水资源管理的责任和考核制度。

"三条红线"管理:(1)确立水资源开发利用控制红线:到2030年全国用水总量控制在7000亿立方米以内。水资源开发总量控制红线是对取水环节的控制,界定了基于水资源承载能力的经济社会系统取耗水的外部边界,针对的是水资源过度开发的问题,体现了水资源配置管理要求。(2)确立用水效率控制红线:到2030年用水效率达到或接近世界先进水平,万元工业增加值用水量降低到 40 立方米以下,农田灌溉水有效利用系数提高到 0.6 以上。用水效率控制红线是对用水环节的控制,界定了约束供给条件下的水资源利用的内部边界,针对的是水资源低效利用和浪费的问题,体现了水资源节约管理要求。(3) 确立水功能区限制纳污红线:到 2030 年主要污染物入河湖总量控制在水功能区纳污能力范围之内,水功能区水质达标率提高到 95% 以上。水功能区限制纳污红线是对排水环节的控制,界定的是特定水功能区目标下的向水体排放污染物的外部边界,针对的是超量排污和水体污染的问题,体现了水资源保护管理要求。

"四项制度"管控:(1) 用水总量控制制度:加强水资源开发利用控制红线管理,严格实行用水总量控制,包括严格规划管理和水资源论证,严格控制流域和区域取用水总量,严格实施取水许可,严格水资源有偿使用、严格地下水管理和保护,强化水资源统一调度。(2) 用水效率控制制度:加强用水效率控制红线管理,全面推进节水型社会建设,包括全面加强节约用水管理,把节约用水贯穿于经济社会发展和群众生活生产全过程,强化用水定额管理,加快推进节水技术改造。(3) 水功能区限制纳污制度:加强水功能区限制纳污红线管理,严格控制入河湖排污总量,包括严格水功能区监督管理,加强饮用水水源地保护,推进水生态系统保护与修复。(4) 水资源管理责任和考核制度:将水资源开发利用、节约和保护的主要指标纳入地方经济社会发展综合评价体系,县级以上人民政府主要负责人对本行政区域水资源管理和保护工作负总责。

"三条红线"管理覆盖了水生态文明建设的几个重要环节,对严格水资源管理具有重要的指导作用,但"三条红线"过于笼统,仅仅为水资源管理指明了大方向,需要对其进行具体细化,从水资源管理与节约上进行指导和落实;"四项制度"是实现"三条红线"管理的制度保障,根据"四项制度"的具体要求和工作目标,分别将"四项制度"进行分解和细化,详见图 2-2。

2.2.2 水生态文明建设与最严格水资源管理

最严格水资源管理和水生态文明建设,是近年来水利工作领域一系列重大决策和重要部署,既一脉相承,又各有侧重。最严格水资源管理制度是保障水生态文明建设的制度基础,实行最严格水资源管理制度,是加快推进生态文明建设的迫切需要,也是水生态文明建设的核心关键。最严格水资源管理制度与水生态文明建设都是以水资源、水环境承载能力刚性约束经济社会发展,人

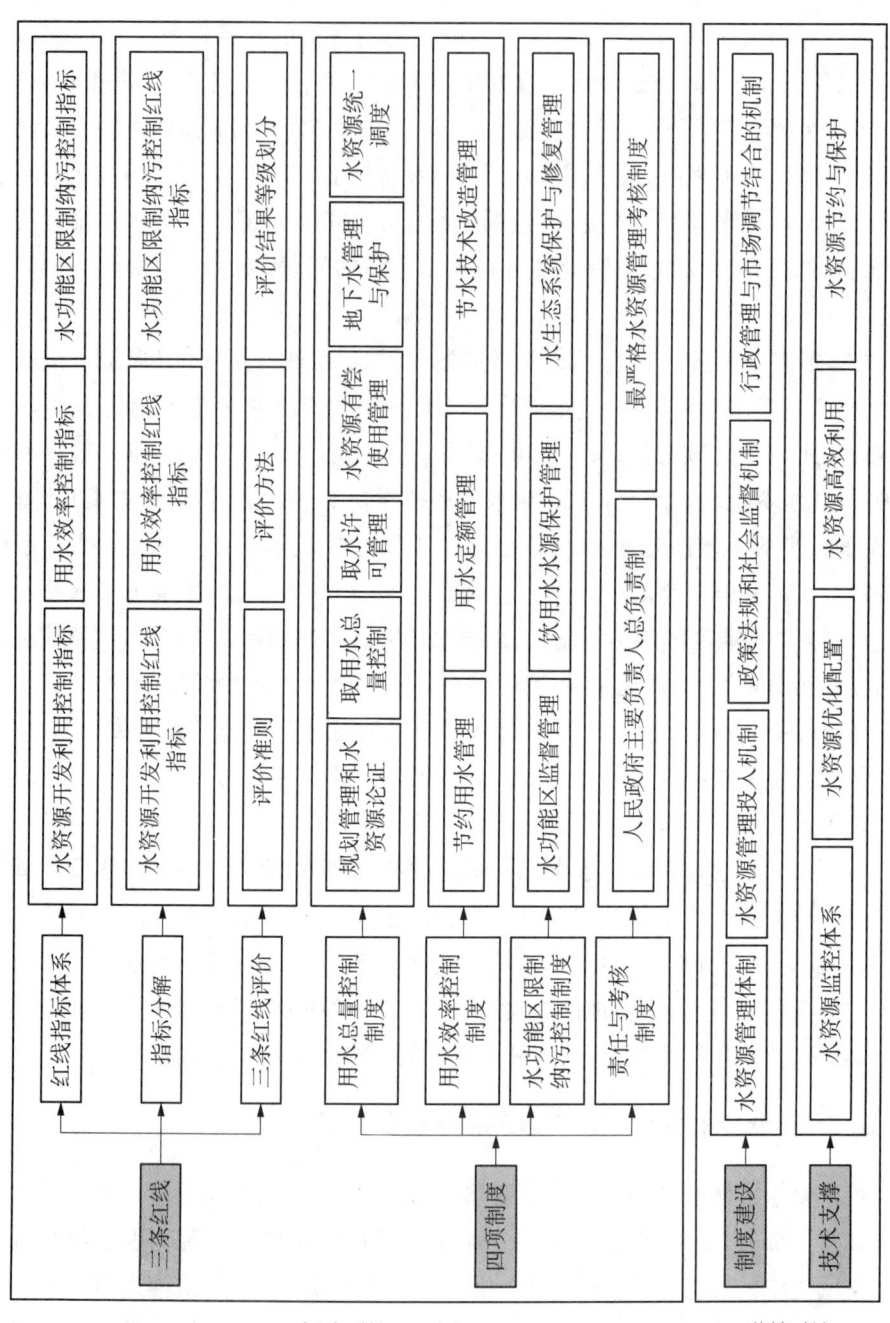

图 2-2 实行最严格水资源管理制度的工作内容框架图

与自然和谐相处为根本出发点。实行最严格水资源管理制度是规范供水、用水、排水行为,保护和改善水环境水生态系统的根本措施,是水生态文明建设的核心内容之一。

(1) 相同之处

① 指导思想:都是新时期治水思路不断深化和转变的重要产物,都以科学发展观为指导,遵循人与自然和谐理念,以实现水资源可持续利用,支撑经济社会可持续发展为主要目标。

② 背景形势:最严格水资源管理与水生态文明建设都立足于我国人多水少、水资源时空分布不均的基本国情和水情。随着我国工业化、城镇化、农业现代化加快推进,水资源短缺、水污染严重、水生态环境恶化等问题日益严峻,已成为制约经济社会可持续发展的主要瓶颈。解决我国日益复杂的水资源问题,实现水资源高效利用和有效保护,根本上要靠制度、靠政策、靠改革。最严格水资源管理、水生态文明建设,总体上都是保障我国水安全的战略举措,都是为了促进水资源合理开发利用和节约保护,保障经济社会可持续发展。

③ 工作性质:最严格水资源管理与水生态文明建设都属于水资源管理工作。

(2) 不同之处

① 时间有先后:2012 年发布《关于实行最严格水资源管理制度的意见》,进一步明确水资源管理"三条红线"的主要目标;2013 年发布《关于加快推进水生态文明建设工作的意见》,提出加快推进水生态文明建设。

② 政策有侧重:两者侧重不同。最严格水资源管理在节水的基础上提出"三条红线,四项制度""以水定需,量水而行",保安全,促优化,顾全局;水生态文明建设,要求落实最严格水资源管理,进一步对水资源配置与水安全、河湖水生态保障、水资源管理保护体制建设提出要求。

③ 考核有差异:最严格水资源管理制度对水资源开发利用全过程实施管控,除了红线控制指标逐级分解、水资源要素纳入约束性、控制性、先导性指标外,最主要的是规定国务院对各省、自治区、直辖市落实最严格水资源管理制度情况进行考核,各省级人民政府是实行最严格水资源管理制度的责任主体,政府主要负责人对本行政区域水资源管理和保护工作负总责。

2.3 水生态文明建设与"水十条"管理

2.3.1 水污染防治行动计划("水十条")

2015年4月16日国务院印发《水污染防治行动计划》(又称《水十条》)。针对水污染防治的紧迫性、复杂性、艰巨性、长期性,"水十条"提出以改善水环境质量为核心,坚持系统治理、改革创新的理念,按照"节水优先、空间均衡、系统治理、两手发力"的原则,贯彻"安全、清洁、健康"方针,强化源头控制,水陆统筹、河湖兼顾,突出重点污染物、重点行业和重点区域,注重发挥市场机制的决定性作用、科技的支撑作用和法规标准的引领作用,加快推进水环境质量改善。具体内容详见图2-3。

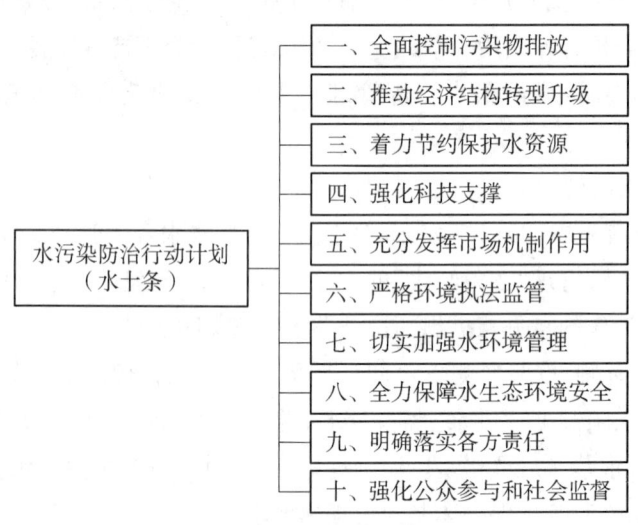

图2-3 "水十条"具体内容

"水十条"的目标是:(1)到2020年,全国水环境质量得到阶段性改善,污染严重水体较大幅度减少,饮用水安全保障水平持续提升,地下水超采得到严格控制,地下水污染加剧趋势得到初步遏制,近岸海域环境质量稳中趋好,京津冀、长三角、珠三角等区域水生态环境状况有所好转。具体指标是到2020年,长江、黄河、珠江、松花江、淮河、海河、辽河等7大重点流域水质优良(达到或优于Ⅲ类)比例总体达到 70% 以上;地级及以上城市建成区黑臭水体均控制在 10% 以内;地级及以上城市集中式饮用水水源水质达到或优于Ⅲ类比例高于 93%;全国地下水质量极差的比例控制在 15% 左右;近岸海域水质优良(Ⅰ、Ⅱ类)比例达到 70% 左右;京津冀区域丧失使用功能(劣于Ⅴ类)的水体断面比例下降 15% 左右,长三角、珠三角区域力争消除丧失使用功能的水体。

(2) 到 2030 年,力争全国水环境质量总体改善,水生态系统功能初步恢复。到 2050 年,生态环境质量全面改善,生态系统实现良性循环。具体指标是到 2030 年,全国 7 大重点流域水质优良比例总体达到 75% 以上,城市建成区黑臭水体得到消除,城市集中式饮用水水源水质达到或优于Ⅲ类比例为 95% 左右。

"水十条"的解析:(1) 突出改革创新。水十条从自然资源用途管制、水节约集约使用、划定生态保护红线,建立资源环境承载能力监测预警机制、资源有偿使用、生态补偿;发展环保市场、吸引社会资本的市场化机制、完善监管所有污染物的制度,独立环境监管和行政执法、陆海统筹的生态修复和污染防治区域联动机制、加大信息公开,强化社会监督、完善排污许可制度、实行损害赔偿依法追究刑事责任等方面提出了改革创新要求。(2) 坚持系统治理。水十条从促进转型、节约水资源、控制排污三个相辅相成的角度,同时注重部门合作,系统性地推进山水林田湖保护、治理和修复。(3) 发挥市场作用。"水十条"开篇即明确提出"政府统筹、企业施治、市场驱动、公众参与"的"16 字方针",开宗明义地指"水十条"不光是政府层面治理水体污染的措施,更是强调市场机制,运用经济手段带动治污产业、高新环保产业发展,对拉动经济增长,带动环保产业发展将是一个重大的利好。"水十条"特别强调政府、市场两手发力,简政放权、放管结合,推动水环境管理从过去的以行政审批为抓手、由政府主导,转向以市场和法律手段为主导,更好发挥政府在制定规划和标准等方面的规范引导作用。(4) 强化刚性约束。一是明确目标要求:水环境质量"只能更好、不能变坏"是地方政府环保责任红线;二是严格考核问责:对未通过年度考核的,约谈、环评限批,追究责任,终身追责;三是倒逼发展转型:以水定城、以水定地、以水定人、以水定产;四是实施水质排名:国家每年公布水环境质量最差、最好的 10 个城市名单。(5) 确保有效可行。"水十条"分区、分级、分类,提出不同要求落实责任主体,其中 238 项具体措施都落实到具体的牵头部门或者参与部门。

2.3.2 水生态文明建设与"水十条"行动计划

生态文明建设包括生态经济建设、生态政治建设、生态文化建设、生态社会建设和生态产品建设。"水十条"指出了水生态经济建设、水生态政治建设、水生态文化建设、水生态社会建设和水生态产品建设5大基本路径的具体措施。

（1）水生态经济建设。生态经济建设的关键是产业生态化和生态产业化。产业生态化旨在降低单位经济效益所耗费的生态成本，生态产业化则旨在提升单位生态效益所产生的经济效益。产业生态化和生态产业化的结合就是绿色发展，这不仅能有效降低经济发展的资源消耗和环境污染，还能提供更具经济竞争力的生态产品和服务，实现环保与发展的双赢。"水十条"强调发展环保产业、环保市场，健全价格、税收、税费政策等经济手段在治水中的作用，明确提出"坚持政府与市场协同，注重改革创新"。

（2）水生态政治建设。"水十条"任务责任分工明确，35项具体举措，每条、每款、每项都落实到了相应的牵头负责部门及参与部门，共涉及12个牵头部门和34个参与部门。"水十条"提出各级地方人民政府是实施责任主体，严格目标任务考核，签订水污染防治目标责任书，落实"一岗双责"；分流域、分区域、分海域对行动计划实施情况进行考核，并将之作为对领导班子和领导干部综合考核评价的重要依据；对未通过年度考核的，要约谈省级人民政府及其相关部门有关负责人，提出整改意见；对不顾生态环境盲目决策，造成水环境质量恶化等严重后果的领导干部，给予组织处理或党纪政纪处分，离任的也要终身追究责任。

（3）水生态文化建设。"水十条"指出要整合现有科技资源，加强基础研究和前瞻技术研发，特别是要加快研发重点行业废水深度处理、生活污水低成本高标准处理、海水淡化和工业高盐废水脱盐、饮用水微量有毒污染物处理、地下水污染修复、危险化学品事故和水上溢油应急处置等技术；完善环保技术评价体系，加强共享平台建设，推广示范先进适用技术等。这对水资源化的技术标准规范和管理进程起到积极引导作用。

（4）水生态社会建设。"水十条"提出要强化公众参与和社会监督。"水十条"提出要通过多种形式公开环境信息，通过多种渠道满足公众对环境信息的需求，公众共同监督环境，才能创造公平的基础和平台。它要求构建全民行动格局，树立"节水洁水，人人有责"的行为准则，加强宣传教育，支持民间环保机构、志愿者开展工作,倡导绿色消费新风尚等。

(5) 水生态产品建设。"水十条"指出要全面控制污染物排放;强化饮用水水源环境保护;防治地下水污染;深化重点流域污染防治、加强良好水体保护和近岸海域环境保护;采取控源截污、垃圾清理、清淤疏浚、生态修复等措施整治城市黑臭水体;加强河湖水生态保护,限期恢复侵占自然湿地等水源涵养空间;保护海洋生态,实施海洋生态修复。一方面,要调整产业结构和能源结构,优化国土空间利用布局,调整区域流域经济布局,培育壮大节能环保产业、清洁生产产业、清洁能源产业和循环利用产业,实现生产系统之间以及生产系统和生活系统的循环链接,推进资源全面节约和循环利用;一方面,要发展森林康养、湿地养生、生态旅游等绿色产业,力求以营利的方式加强生态环境建设。

2.4 水生态文明建设与河湖长制

2.4.1 河湖长制建设

(1) 河湖长制的缘起

河长制是指由地方各级党政主要领导担任本行政区域内河流的"河长",落实地方政府环境保护主体责任,负责相关河流水资源保护、水域岸线管理、水污染防治和水环境管理工作,为维护河湖健康生命、实现河湖功能永续利用提供制度保障。河长制被认为是中国地方政府在面对流域水环境污染危机时所采取的一项创新制度。现有的河长制度难以兼顾湖泊的有效管理保护,针对这些问题,2018年1月中共中央办公厅、国务院办公厅引发了《关于在湖泊实施湖长制的指导意见》,在河长制的基础上进行了及时和必要的补充,"湖长制"应运而生。

(2) 河湖长制的发展

河长制的发展经历了4个主要阶段:创制阶段、局部扩散阶段、全面推行阶段和全面建设阶段。

① 创制阶段:河长制最初是无锡市为有效解决水环境问题而提出并实施的。2007年4月太湖出现了严重的富营养化问题,引发大规模水污染危机,在应对过程中,无锡市出台了一系列水处理创新举措,包括河长制,并指定各级党政领导分别担任无锡市内64条河道的河长,负责组织督办河道清淤、水污染防治等方面的工作,取得了一系列实效。

② 发展阶段：随后，无锡市的创新河湖管护理念"河长制"被其他地区效仿和借鉴，并得到了广泛应用，效果显著。这一阶段称之为发展阶段。

③ 全面推行阶段：2016年12月11日中共中央办公厅、国务院办公厅联合印发了《关于全面推行河长制的意见》，要求各地区各部门结合当地实际认真贯彻落实，两年之内全面建立河长制。河长制上升到国家层面，由此河长制在全国各地全面推广开来。

④ 全面建设阶段：2019年12月，根据《关于全面推行河长制意见》及实施方案、《全面推行河长制湖长制总结评估工作方案》有关要求，从"有名""有实"两个方面对全面推行河长制湖长制情况进行总结评估，并进一步强化河湖长制建设的长效运行机制。

(3) 河湖长制的基础框架

根据河长制的概念及其内涵，河长制的主要任务及理论基础框架见图2-4。

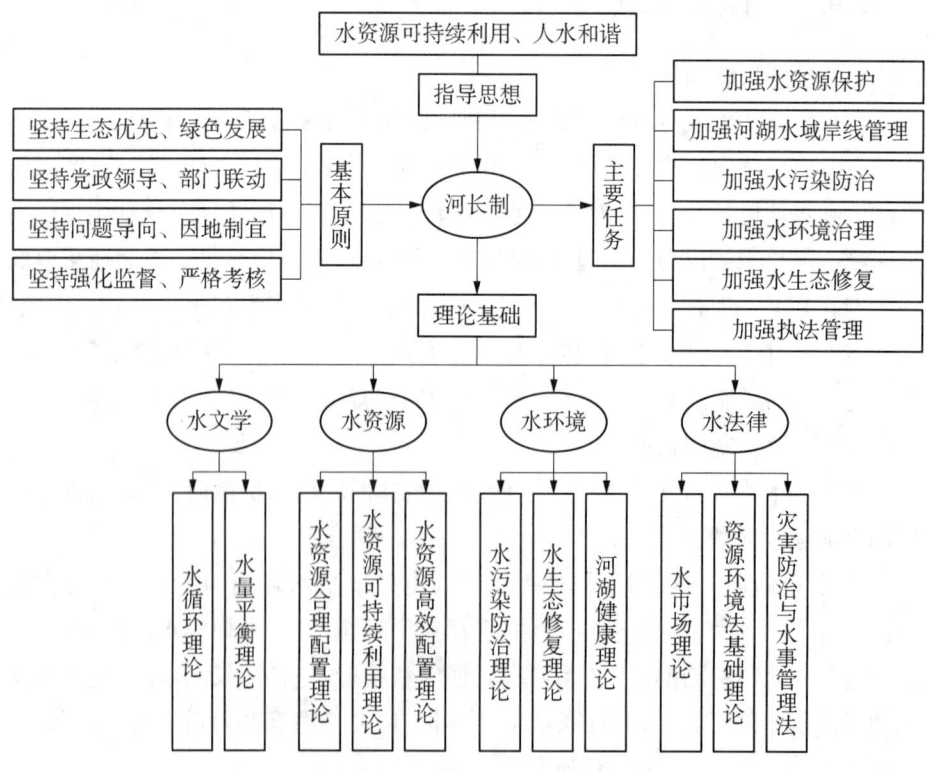

图2-4 河长制的主要任务及理论基础框架

2.4.2 水生态文明建设与河湖长管理

水生态文明建设的根本目的是有效提升人民生活水平及幸福度,同时保障地区水资源的可持续利用。全面推行河长制是国家治理现代化体系中的一个重大探索和进步,推行"河长制"有利于构建责任明确、协调有序、严格监管、保护有力的河湖管理保护机制,将为落实水污染防治行动计划,推进水生态文明建设提供制度保障。

(1) 河湖长制组织体系是水生态文明建设的行政管理基础。全面推进河道管理"河长制",建立健全河长组织体系、加强河道管理基础工作、抓好河道管理考核工作、加强职工培训。

(2) 河湖长制一河一策是水生态文明建设的重点内容。加强河道资源管理保护,严格按照先规划后保护、后开发利用的原则,根据不同河道的功能定位,编制出科学的重点河道的保护规划。

(3) 河湖长制长效管理是水生态文明建设的管理基石。落实经费保障,将河道巡查经费、保洁经费等经常性支出费用纳入各级财政预算。

(4) 河湖长制度建设是水生态文明建设的管理制度核心。加强组织领导,逐步建立健全相关会议制度、信息通报制度、工作督办制度、考核制度等相应制度。

2.5 水生态文明建设与水资源承载力

2.5.1 水资源承载力

水资源是自然资源的重要组成部分,制约着区域经济社会的协调发展。联合国教科文组织于1980年首先引入了资源承载力的概念:"资源承载能力指的是在可预见时期内,利用本地区的能源和其自然资源以及智力、技术等条件,在保证满足其社会文化准则的物质生活水平条件下,这个国家或地区能够持续维持的人口数量。"随着近年来对于水资源保护的研究与发展,许多专家学者又对其加以细分,定义水资源承载力。

随着水资源开发利用与社会发展之间的矛盾加大,社会生活各方面的发展与区域水资源承载力的联系愈发紧密,所以可以从水环境的纳污能力、自然资源变量以及社会经济规模等方面来定义水资源承载力。(1)社会经济规模:区域水资源承载力反映了水资源系统满足社会经济系统的能力。其一,经济技术水平决定区域水资源开发程度、投资管理水平;其二,合理的水资源配置是区域水资源承载力的保障;其三,水资源承载力的作用对象是人类社会,水资源承载力的大小制约着区域经济规模及人口数量。(2)自然资源变量:水资源承载力具有资源属性。我国水资源时空分布不均导致区域水资源承载力具有明显地域性内涵,主要表现为空间内涵和时间内涵。不同地域根据当地水资源利用情况表现出不同的水资源承载力,称之为空间内涵;不同时间段的不同水资源利用水平所导致的不同负载状况,称之为时间内涵。(3)水环境纳污能力:水资源承载力同时具有环境属性。狭义水环境承载力也可称为"水环境容纳量"或者"水体纳污能力"等,即在某一区域中,水体能够保持良好的生态环境系统的前提下,所能够容纳污染物的最大能力。

目前,水资源承载力评价方法多从水质、水量、水生态、社会、经济等各个方面与水资源承载力有联系的因素入手,建立适合的综合评价模型进行承载力的分析,如刘童根据Logistic集对分析模型选择敏感度高的指标对水资源承载型的16个评价指标,并构建了指标体系和综合评价模型;李娟芳等通过构建水质—水量—水生态—社会—经济的水资源承载力评价指标体系,计算出不同区域各水平年的水资源承载力;赵义平从"量、质、域、流"4个维度出发,筛选22个评价指标,建立基于正态云理论的水资源承载能力评价模型;白夏等从生态环境、社会、经济以及水资源4个角度筛选出典型的16个评价指标,并构建了指标体系和综合评价模型;甘富万等构造隶属度函数进行多层次模糊综合评价,将熵权法和云理论有机结合,选取人口密度、城镇化率、人口自然增长率等20项指标进行评价。随着研究的融合与深入,水资源承载力分析逐渐演变成生态文明建设评估指标与方法的关键组成部分。

2.5.2 水生态文明建设与水资源承载力的关系

水生态文明是指遵循人、水、社会和谐发展客观规律,以实现水资源可持续利用,生态系统良性循环,推动经济社会发展与水资源承载力相协调的一种人水和谐的文明形态,是生态文明十分重要的组成部分和基础。水资源是基础性的自然资源和战略性的经济资源,也是生态环境的控制性要素。水资源承载能力成为关系社会发展和人类生存的关键因子。

水资源与能源的过度开发，使得水环境污染与资源短缺问题越发严重，水资源承载力就会承受压力。为了更好地缓解水体污染、河湖萎缩、水资源短缺等问题，应加强对流域水资源的治理，建设流域特色水生态文明，保障流域水生态系统的结构与功能完整，提升水生态系统的自净能力，使得流域能够在社会经济发展中发挥更大的作用。"以水定城、以水定地、以水定人、以水定产"充分体现了承载力分析的重要性，这成为生态文明建设的重要前提要求，水资源承载力分析已成为水资源制约生态文明建设方向的重要依据。

第三章

生态文明视角下的水平衡需求

生态文明建设是我国政府面临当前资源约束趋紧、环境污染严重、生态系统退化等突出问题，而提出的要树立尊重自然、顺应自然、保护自然的关乎人民福祉和人类未来的长远大计，它将可持续发展提升到绿色发展的高度，要求建立自然资源资产产权制度，把"绿水、青山、蓝天、白云"作为宝贵财富，摸清自然资源资产家底、明确产权，从而实现最优化的配置与保护。

水资源作为不可替代的影响人类生存与发展以及生态环境保护的重要自然资源要素，起着关键性制约和支撑的作用。水资源的地表与地下、数量、质量、空间分布等变化，会直接影响其他自然资源的种类与分布，开发利用适合的种类与规模。可以说，水与各类自然资源有着相互关联、共同作用的内在联系，水资源在生产、生活和生态中发挥保障性和制约性作用，是生态文明建设中最迫切需要解决的核心所在。把水资源作为最大的刚性约束，就是要通过对水资源及各类自然资源进行系统调查、分析水平衡需求，将不同区域、不同生态空间特点的水平衡需求调查评价清楚，从而实现"以水定城、以水定地、以水定人、以水定产"。

3.1 水资源的价值需求

所谓资源价值，是伴随着资源所内含的应有价值属性所产生的。目前关于自然资源价值的理论存在多种，如效用价值论、劳动价值论、生态价值论、环境价值论、哲学价值论等，而其中占据主流的是西方国家的效用价值论和马克思的劳动价值论。

效用价值论，是从资源的效用层面对水资源价值进行的厘定。所谓效用，指的是一种物品或资源所能满足人的需要的能力，亦可以称之为有用性。效用价值论的主要立论为：首先，有效用的物品才存在一定价值。其次，价值取决于边际效用量。所谓边际效用,是指不断地增加某一物品取得的一系列递减效用中最后一个单位所带来的效用。简单来说,在一般情况下,人们对物品的心理欲望是随着不断满足而逐渐递减,如果物品是可以无限并无条件获得的,那么人对其欲望就会降到最低点,甚至为零。而在有限的物品中,自然使得人对该种物品的欲望会随该物品的增加而逐渐递减,这样对该物品的欲望会在得到满足时的某一点停下来,这就是边际欲望,至此边际效用亦在此时得以显现。最后,物品除了效用性外,应还具有有限性,即稀缺性,两者相互结合才能最终体现物品的价值。因此,通过效用价值理论即可推出水资源具有相应的价值。水资源作为人类生产生活的必需品,可以满足人们的特定需要,甚至在实践中上处于"必不可少"的地位,对人类亦不可或缺。同时,水资源在一般情况下属于一次性消耗品,不能狭义地认为其是"取之不尽,用之不竭"的,实际上可供人类利用的水资源(尤其是淡水资源)十分有限,水资源的供给已远远无法满足人类对水资源的需求。总之,在效用价值论的理念下,水资源的效用与其有限性结合起来,决定了水资源存在价值,而边际效用即为衡量其价值量的标准。

　　劳动价值论,由马克思提出并进行阐述,其核心观点在于"物品的价值是由其所消耗的社会必要劳动时间所决定的"。此意味着人类赋予水资源的劳动消耗量决定水资源的价值。在马克思的劳动价值理论中,一种物品的价值本质在于其凝结了人类的一般劳动,而价格又围绕劳动量大小(价值)进行上下波动,劳动量一般与劳动时间成正比。所以为了获取更大的利润收入,在一定的社会必要劳动时间内增加劳动强度,产出更多的物品数量或者提高技术缩减社会必要劳动时间是最终走向。自然资源,常被理解为人和社会以外的物质世界,是指那些能为人类提供生存和发展所需的自然物质与自然条件,以及这些物质和条件相互作用而形成的自然生态系统。因而结合自然资源的特点来看,目前仍有观点认为自然资源属于天然产物,并未含有人类所必要的社会劳动,不具有典型的价值属性,水资源当然亦不例外。但是,此种观点具有较强的片面性,在现代社会,人类的命运与自然资源已密不可分,人类在追求发展与进步的过程中,对自然资源投入了大量的社会劳动。可以说,基本上现在所使用的每一项含有自然资源要素的物品均脱离不了人类的社会必要劳动,正如"劳动是财富之父"之所论,而这同时与马克思所述的"价值是无差别的人类劳动的单纯凝结,即不管以哪种形式进行的人类劳动力耗费的单纯凝结"相契合。反过来看,正是由于人类毫无节制的活动,才导致了现在自然资源所面临的困境,水资源作为自然资源中的具体一类,既可以体现水资源领域的独特性质,又兼具自然资源的一般属性。因此,劳动价值理论在水资源价值方面具有一定的适用性和合理性,应正确对待。

水资源作为一种客观存在,不仅为人类提供直接的生活资料、生产资料,还为人类提供赖以生存的环境空间,因此,水资源是有价值的,这是一个不争的事实。从水资源价值的内涵来看,"价值"一词出自经济学之中,因此实践中往往将水资源的经济价值视为其主要内涵,而忽视水资源其他的价值所在。从水资源的功能与作用方面简单来看,其可以体现在三方面:(1)水资源能够满足人类生活与生产的用水需要;(2)水资源通过循环系统可以维持整个生态系统的稳定;(3)水资源环境可以给人类带来感官上的享受并提供文学创作、科学研究的要素来源。因此,水资源功能的多样性决定了其价值内涵的多样性。首先,水资源是生产、生活的必需品,居民用水、农业灌溉、工业生产以及航运、水力发电等均离不开水资源,而上述社会活动的完成均需使用人对水资源的获取或利用付出一定的成本,因此水资源具有一定的经济价值。其次,水资源对人类的精神生活有益,具体是指科学研究、旅游、文化、教育等价值。从人类早期文明起源的近江河、近海洋特点,至古人"寄情山水"创造出灿烂文化,再至现代水资源科学研究、旅游的多种功能,均体现出水资源的社会价值。最后,自水资源出现之时起,其就作为构成整个生态系统的要素,通过物质循环规律,对于生态系统的稳定起着不可替代的作用,这是水资源生态价值的应有体现。生态价值从形态上来说表现为一种整体价值,即这种价值并非如经济价值一样具有可分性,而是表现为一种整体价值。甚至可以肯定地认为,生态价值贯穿整个水资源的"前世今生",其比以人类为中心、以社会关系为基础的水资源经济价值、社会价值更为重要,毕竟生态价值不以人类经济社会的发展程度为衡量要素,它伴随水资源形成与利用的全过程。综上,水资源价值既是自然资源价值与环境资源价值的统一,也是经济价值、社会价值和生态价值的有机统一。水资源作为自然资源的一种,是经济、社会发展的重要基础,亦是制定水资源规划的重要前提。效用价值论与劳动价值论均为水资源价值的正当性提供了理论基础,水资源价值的内涵应体现在经济价值、社会价值和生态价值三个方面。目前我国水资源调查与评价中未体现出资源价值的内在属性,基于资源价值实现的水资源调查与评价的对策建议在于:在政策与法律层面确立水资源调查与评价,应对资源价值予以考量;在水资源的调查与评价报告中体现水资源价值的内容;合理平衡与解决水资源调查与评价中不同价值之间的冲突。这些也是进行水资源配置的可比价基础。

3.2 水资源的调查需求

面对山水林田湖草系统保护、系统修复和综合治理的需求,只有从系统性、全局性出发,开展以水资源为核心要素的自然资源综合状况调查,摸清自然资源数量、质量、生态状况、结构布局等本底特征,把握自然资源尤其是水资源这一关键约束性要素的演变规律和内在驱动机理,以及自然资源综合状况的数据,以支撑生态文明要求下的资源开发管控与空间布局,进而为生态保护与高质量发展提供关键基础。

长期以来,我国自然资源调查监测存在概念不统一、内容有交叉、指标相矛盾等问题,以往水、土、林、草、湿等资源调查职责分属不同部门,标准不统一、数据交叉矛盾、缺少系统性综合调查,导致管理与保护难以有效执行,成果难以满足推进国家治理体系和治理能力现代化的迫切要求。《深化党和国家机构改革方案》明确,将土地、矿产、海洋、森林、草原、湿地、水资源调查职责整合到新组建的自然资源部。党的十九届四中全会明确提出"加快建立自然资源统一调查、评价、监测制度"。

自然资源统一调查不是对现有各类调查监测的简单延续和物理拼接,而是要适应生态文明建设和自然资源管理的需要,按照科学、简明、可操作要求,进行改革创新和系统重构。比如水资源调查,过去主要侧重于满足开发利用需要,更多关注的是地表、地下液态水的动态变化,现在要支撑生态文明建设,要提高对水资源生态价值的认识,将冰川、冻土、土壤水等纳入水资源调查范畴。

3.3 水资源的合理配置需求

3.3.1 水资源合理配置的内涵

我国是一个水资源大国,水资源总量居世界第 6 位,但由于人口基数大,水资源人均占有量仅为世界水平的 1/4。水资源短缺和水环境恶化已严重影响了我国经济社会的可持续发展,实现国民经济可持续发展的一个关键条件就是

"如何处理好经济发展与水资源之间的关系"。我国水资源优化配置概念在20世纪90年代被提出,最早是为了解决水资源短缺地区用水的竞争问题,随着可持续发展概念的深入,其含义不再仅仅针对水资源短缺地区,对于水资源丰富的地区也应该考虑水资源合理配置问题。

对于水资源合理配置的含义,不同阶段有不同学者提出自己的解释。其中,《全国水资源综合规划技术大纲》给出了较为权威的解释,水资源配置是指在流域或特定的区域范围内,遵循公平、高效和可持续利用的原则,通过各种工程与非工程措施,考虑市场经济的规律和资源配置准则,通过合理抑制需求、有效增加供水、积极保护生态环境等手段和措施,对多种可利用水源在区域间和各用水部门间进行的调配。

在生态文明建设的要求下,水资源分配需求发生了根本转变。实施水资源合理配置,是为了兼顾水资源开发利用的当前与长远利益、不同地区与部门间的利益、水资源开发利用的社会、经济和环境利益,以及兼顾效益在不同受益者之间的公平分配。可以看出当前的水资源配置问题,不是简单的用户间水量分配,而是从流域和区域整体出发,在分析区域水资源条件和水资源供需特点的基础上,综合统筹不同情况和需求,确定各类可利用的水资源在供水设施、运行管理等各类约束条件下在不同区域各类用水户间的有效合理分配。水资源配置中必须考虑水量的需求与供给、水环境的污染与治理、水与生态这三重平衡关系。配置的准则也必须符合生态文明建设的标准和可持续发展的理论体系。

3.3.2 水资源合理配置的原则

(1) 公平性原则

公平性原则是水资源合理配置中的重要前提,首先水资源是公共资源,属于国家所有,但每个人都有使用的权利;其次,公平合理地处理区域之间的水权益关系、承担水资源保护义务能够协调不同流域之间和流域内部不同区域之间的水资源利用程度,满足不同社会个体对生产、生活用水的需要,实现国民经济的更好发展。

(2) 有效性原则

有效性是在保证社会、经济以及环境协调发展的基础上进行的,有效性原则是指要求保障水资源的利用效率以及水资源产生的效益,追求水资源合理配置后的效益最大化。有效性原则不仅是水资源合理配置过程中需要遵守的重要原则,同时也是核算水资源合理配置成本的重要依据。有效性原则是建立在公平性原则的基础上的,所以公平性原则具有优先性。

(3) 可持续发展原则

可持续发展原则是水资源合理配置中的根本原则,是实现水资源合理配置长效性的保障,同时也关系到后代对水资源的开发和利用,所以水资源合理配置需要在不对生态环境造成破坏的基础上,公平高效地实施水资源配置,从而发挥水资源在社会经济发展中的重要作用。可持续发展原则的实质就是追求在一定时空范围内的经济、环境、人口和资源之间能够协调永续发展,在对水资源进行开发利用时必须保持在它的承载范围之内,保障水资源的持续使用和维持自然生态系统的更新能力。

3.3.3 水资源合理配置的任务

水资源合理配置的任务是根据特定地域水资源生态系统的自然和社会状况,采用科学的技术方法和合理的管理体制对水资源开发利用和水患防治系统进行改造、规划、设计、组合和布局的安排和管理,以期达到可持续发展的要求和水资源持续利用的目的,具体可概括为以下8个方面:

(1) 水资源需求分析

对当前水资源利用结构以及水资源利用效率的现状进行分析,同时要对优化水资源利用结构、提高水资源利用效率的策略与技术进行研究,并对生活用水、生产用水以及生态保护产生的水资源需求做出科学的预测。

(2) 水资源供需平衡分析

通过对不同区域水工程开发和利用模式以及经济发展模式的掌控来实现对供水量的分析,在保障水资源合理分配过程中实现水资源的供需平衡。

(3) 水资源开发利用评价

针对现状和规划工程评价,为水利工程的建设起到指导作用,以实现各类水资源的合理调配。

(4) 水资源保护与治理

评价现状水环境质量,研究工农业生产及生活所造成的不同程度的水环境污染程度,制定合理的水环境保护和治理标准,分析各经济部门在生产过程中各类污染物的排放率及排放总量,预测河流水体中各主要污染物的浓度和环境容量。

(5) 供水效益分析

进行水资源合理配置以及开发利用的成本核算,根据区域内实际情况对水资源配置后产生的工业效益、农业效益以及生态效益进行综合分析。

(6) 生态环境评价与预测

对区域内水环境与生态环境进行科学评价,制定合理保护水环境以及生态环境的标准与政策,科学预测水资源开发利用与环境保护的关系。

(7) 水资源的综合管理

研究与水资源合理配置相适应的水资源科学管理体系,包括建立科学的管理机制和管理手段,制定有效的政策法规,确定合理的水资源费、水费计收标准和实施办法,培养合格的水资源科学管理人才等。

(8) 水资源配置技术与方法

水资源合理配置分析模型开发研究,如评价模型、模拟模型、优化模型的建模机制及建模方法,决策支持系统、管理信息系统的开发,如 GIS 高新技术的应用。

3.3.4　水资源合理配置的主要理论

水资源合理配置研究主要采用大系统理论、不确定性理论、多目标规划理论以及动态规划理论等。在不确定性理论中,通过应用模糊优化模型的方式,对水资源的最佳分配方案进行确定,并通过动态层次分析法对水资源进行系统分析,取得了较好的成果;多目标管理模型对系统态势、目标间的竞争性以及冲突性进行了总体的把握和规划,对社会水资源、经济环境等因素进行综合考虑并进行联合优化,最终确定最佳的配置;动态规划理论运用地下水量和地表水的模型,采用线性规划和动态规划、模拟技术等相结合的方式,实现水资源的合理配置。

3.3.5　水资源合理配置的模式

(1) 市场配置模式

市场配置模式根据我国市场经济的要求和特点,通过建立科学的水价分层机制,使水资源向更高效率的用水领域转变,从而实现水资源开发利用的高效性和有效性,其主要特点是发挥市场在资源配置中的作用。市场配置能在一定程度上维护水资源所有者与经营者的长远利益,刺激所有者与经营者共同维护水资源的积极性,客观上有利于更好地管理和配置水资源,但是该种模式下很难做到公平,不仅影响了全体用水户的基本用水量,而且由于水价过低,部分用水者很难感受到水资源的稀缺性,浪费水资源的现象较为严重。

(2) 行政配置模式

行政配置是指由行政权力确定水资源的分配,并通过配额、行政定价等手段实施,政府相关部门充分发挥自己的职能,制定与水资源相关的法律和法规,实现生活、生产以及生态用水的管理和协调,其主要特点是政府的宏观调控。

(3) 混合配置模式

混合配置模式又称之为综合配置模式,是指行政模式和市场配置模式结合进行综合配置。混合配置模式吸收了市场配置模式及行政配置模式的优势,应用水市场调节、宏观调控以及民主协商等多种手段,使水资源配置更加高效和合理。但是该模式下未能建立多渠道、多层次、多元化的水利投资体系,由于水价太低,节水灌溉工程难以及时更新和维修,一些先进的灌溉技术和设备由于资金的缘故难以及时引进,用水户不珍惜水资源、不愿意在节水灌溉设备和技术上投资的现象较为普遍。

3.3.6 水资源合理配置的研究历程

我国针对不同阶段水资源合理配置过程中出现的问题,开展了不同类型的理论方法与对策措施研究,形成了几个具有代表性的阶段。结合相关文献,总结我国水资源合理配置发展历程见图 3-1。

(1)"就水论水配置"阶段

20 世纪 60 年代初,我国开始了以水库优化调度为先导的水资源分配研究;20 世纪 80 年代初,华士乾教授课题组研究了水量区域分配、水资源利用效率等要素在国民经济发展中的作用,奠定了我国水量合理分配研究的雏形。"就水论水"这一阶段奠定了区域水量配置的理念,实现了流域水循环体系下的水量配置。在分析思路上总体是"以需定供"模式,以解决经济用户缺水最小、用户水量配置最均衡等问题为主,通过配置为水利工程规划建设服务。这一阶段虽然形成了流域范围配置的概念,但仍然以水资源本身对确定性的用户分配为主,对于影响配置的社会经济因素缺乏互动性的分析。

阶段	配置理念及方法	研究基础	代表性研究成果	主要应用实例
就水论水	区域配置；以供定需	水资源评价；四水转化	地表水地下水联合配置模型	华北平原、胶东半岛、北京
宏观经济配置	多目标分析；系统工程；人工智能算法	优化算法；水资源配置效益成本分析	宏观经济配置模型、多目标优化配置模型等	华北地区、黄河流域、邯郸、安阳
面向生态配置	生态需水与生态服务功能；博弈论	二元水循环；生态用水效益；生态经济均衡	西北地区生态水量配置、净效益最大配置模型、基于博弈的配置模型	西北内陆河流域、汉江流域、黄河流域、郑州等
广义配置	全口径水源配置；耗水（ET）控制	全口径水资源评价；真实节水概念	广义水资源配置模型、目标ET计算方法、基于ET控制的配置模型	海河流域、宁夏、天津
大系统配置	复杂水资源系统模拟；系统仿真理论	三次平衡分析；外调水水价与工程运行机制	区域调水时空优化配置理论、补偿式调水配置模型、AHP-LP配置方法等	黄淮海流域、南水北调受水区、松花江、辽河流域等
量质一体化配置	水动力学模拟；量质双重平衡	量质联合模拟研究；污染物迁移转化模拟	水量水质联合评价模型、分质供水供需平衡、水量水质联合配置模型	太湖流域、东江流域、唐山、南水北调受水区

图3-1 我国水资源合理配置的研究历程

（2）"宏观经济配置"阶段

随着水资源开发利用与区域经济发展模式更为密切，国家"八五"科技攻关专题"华北地区宏观经济水资源规划理论与方法"重点探索了水与国民经济的关系，提出基于宏观经济的区域水资源优化配置理论，以及在区域水资源优化配置理论指导下的多层次、多目标群决策方法。这一阶段的水资源配置目标主要是结合区域经济发展水平、考虑水资源供需动态平衡，并实现经济效益最大化，不再是单纯着眼于水资源系统本身，而是从社会经济整体出发，将水资源作为资源条件，形成水与经济的动态双向反馈机制，在此基础上建立供需动态适应模式。

(3)"面向生态配置"阶段

20世纪80年代起,水资源过度开发利用带来了各种生态问题,由于河道水量衰减甚至断流、地下水位下降等水生态问题呈现全国性的蔓延趋势,生态水量配置成为社会的共识。基于以上背景,国家"九五"科技攻关专题"西北地区水资源合理配置和承载能力研究"以生态问题最突出的西北内陆河流域为例,将水资源的范畴进一步拓展"社会经济—水资源—生态环境系统",提出面向生态的水资源配置方法,并对"八五"攻关提出的基于宏观经济的水资源合理配置理论进行了升华和拓展。

在实际应用中,面向生态的配置不仅需要考虑河道内生态需求,也需要考虑改善区域生态环境的河道外生态用水,从减少生态负面影响和增加生态效益两方面衡量,从而增加了决策复杂性,因此用于解决复杂决策问题的博弈论也逐步引入并应用到流域水资源配置中。并且不同类型的生态水量配置方法都需要比较生态效益和经济效益,而目前仍然存在水的生态服务功能或者效益难以评价的问题,这成了面向生态水资源配置的难点。生态用水效益的度量包括两方面:一是水量配置发挥的生态效益与经济效益比较的问题;二是从最低到适宜不同范围的生态配置水量的效益函数问题,即不同的生态配置水量自身效益比较的问题,涉及生态水文节律。

(4)"广义水资源配置"阶段

国家科学技术部西部开发重大项目"宁夏经济生态系统水资源合理配置"研究中提出了广义水资源配置的概念,并提出了全口径配置指标,将大气有效降水、土壤水和再生水纳入水源范围,同时重视污水处理、中水回用等再生性水资源利用。广义水资源配置以满足经济、生态用水,维系区域社会—社会—生态系统的可持续发展为目标。

广义水资源配置理念较为先进,而目前的水量配置工作一般基于现有的水资源评价口径开展,缺乏有关大气降水、土壤水等非常规水源基础数据的积累,因此在实际使用中存在较大困难。

(5)"跨流域大系统配置"阶段

南水北调工程是跨流域大系统配置研究的重要推动因素,由于南水北调涉及长江、淮河、黄河、海河4大流域,水量分配存在多水源、多用户、多阶段、多目标、多决策主体现象。水资源合理配置是确定南水北调工程规模的基础。

考虑跨流域工程运行受需求、工程和水价成本、本地水与外调水关系等多个因素影响,系统仿真理论、供应链管理理论、"水银行"、多目标线性规划等分析方法也被引入到跨流域调水的配置和调度分析中,并在南水北调受水区得到广泛应用。

(6)"量质一体化配置"阶段

可持续发展要求以水资源可持续利用来支撑和保障经济社会的可持续发展,量质一体化配置源于实际需求,由于不同用户对水质的要求不同,从而推动了结合水质条件的水量配置。相关研究经历了水利工程水量水质联合调度、分质供水、联合模拟配置等不同阶段,目前仍是水资源配置领域的研究重点之一。

3.3.7 水资源合理配置的主要措施

(1)优化水资源配置模式

对当前水资源配置模式进行优化,应充分发挥政府配置和市场配置双重作用,建立以两级政府为主、市场调节的水资源配置机制。

由于水资源配置不仅要满足人民生活、社会稳定和维系生态系统平衡的基本需求,还要协调各用水竞争领域的利益和目标,发挥水资源最大的综合效益。因此要充分发挥政府配置和市场配置的双重作用,保障水资源配置的合理性。公益用水领域优先原则是指在水资源配置中要优先考虑满足人民生活、维系生态系统、保障社会稳定、保证粮食安全等公益性的基本用水需求。竞争用水领域的公平原则就是在满足公益性用水领域基本需求的基础上,转变以往采用的需求预测加供给的水量分配模式,对竞争用水领域实行公平配置水资源。竞争用水领域的公平原则是水资源配置中的一条重要原则。

(2)完善方案综合评价指标

所建立的水资源合理配置指标应全面、简捷、可操作,具有独立性、灵活性,在指标的内容和范围方面能够全面反映水资源配置方案各个方面的因素,既要考虑近期的要求,又要研究长远的影响因素;既要注重局部的影响因素,又包含整体的影响因素;既要分析直接的影响因素,又要考虑间接的影响因素,并尽可能地明确每个指标在综合评价中的作用。

(3)提高水资源利用效率

以农业为例,加强农田灌溉需水分析力度,大力推广节水灌溉;以工业为例,加强工业需水预测力度,大力提高水资源重复利用率。水资源的利用应与水资源保护紧密结合，从经济角度出发，只有提高水资源利用效率、降低排污系数，才能实现水资源的持续利用。

（4）完善水网络系统

水资源网络系统的完善是一个需要长期努力的任务，其中包括水源工程、输水工程、排水工程以及水处理工程的完善。水网络的完善能够将水资源工程很好地连接起来，便利水资源的配置工作。所以各个区域内水利部门应该从当地的实际情况出发，不断进行水网络工程体系建设，为进行水资源的合理配置奠定基础。

（5）完善健全水资源法律法规

水资源的法律法规建设包括对水资源开发利用以及配置工作中的监督与管理等执法措施的建设，水资源法律法规的健全能够为水资源的合理配置提供制度保障，同时也能够在水资源的合理配置工作中做到有法可依。所以相关部门应该在对当前水资源合理配置中可能出现的问题进行总结，并不断对相关问题的规范进行完善，减少因为法律法规的滞后性而引发的水资源配置不合理问题。

3.4 水资源的确权需求

水资源产权关系呈现明显的空间立体和流动变化特征，从水本身延展到水面、水中、水下、水底、水盆等各个层面，水资源的这种立体交叉关系，使得水资源产权界定更为困难，比其他自然资源产权制度更为复杂，因此水资源产权制度中的一个重要环节就是水资源调查与确权，赋予水资源调查以全新的概念，基于当前生态文明体制改革的目标和任务，为全面摸清我国水资源"家底"，行使全民所有水资源资产所有者的职责，站在山水林田湖草是一个生命共同体的角度，充分体现水资源的资源属性、资产属性和生态属性的水资源调查，从而在水权确权和水体确权两个方面构建水资源确权制度，在水资源产权的前提下更强调资产化，即稀缺性和市场化，同时通过资产化实现对水资源生态属性的保护。通过建立起明晰的产权并实现产权的可流转，使水资源的利用、保护和发展走上良性轨道。

3.5 水资源的生态修复需求

3.5.1 生态修复的紧迫性

改革开放以后,我国人口的快速增长和经济社会的高速发展,导致了高强度的资源利用,不仅带来了资源耗竭、环境污染、气候变化、健康损害等突出问题,也使得森林、草地、湿地、河流等遭到破坏,自然生态系统严重退化,生物多样性显著降低。党的十九大报告指出,我国社会的主要矛盾已转化为人民日益增长的美好生活需要和不平衡不充分的发展之间的矛盾,反映了人民群众在新时代对美好环境的新期待。立足于"绿水青山就是金山银山"的发展理念,对生态系统进行保护和修复,实现格局优化、系统稳定、功能提升,是我国生态文明建设的必然选择,不仅关系美丽中国建设进程,也关系国家生态安全和中华民族永续发展。

所谓生态修复,就是在遵循自然规律的前提下,通过各种手段,把退化的生态系统恢复或重建到既可以最大限度地为人类所利用又保持了系统的必要功能并使系统达到自维持的状态。事实上,生态修复并不意味着也没有必要将受损的生态系统完全恢复到原先的状态,而应该通过各种努力,逐步建立人口、资源、环境与经济社会协调和可持续发展的模式,坚持人类与自然的和谐共处,达到并维持新的生态系统的动态平衡。对不同的生态要素,修复包括恢复、维持、改善和建设。水资源是影响生态环境变化的关键要素,同时也是生态修复的关键要素。本节将针对流域生态修复所需要的水资源量进行详细阐述。

3.5.2 生态修复目标和指导原则

(1) 生态修复目标

确定流域生态修复的总体目标,是计算生态修复需水量的主要依据。通过全面分析流域内各湿地、河流、森林等生态要素的现状和演变过程,科学规划、合理配置、节约和高效利用水资源,采取水土保持等修复措施,遏制流域生态系统的退化趋势,恢复或重构生态系统的健康,如在一定时间段内恢复河流与湿地,遏制深、浅层地下水超采,改善城市河湖水环境,使河水变清,以及基本完成水土流失治理,使流域生态总体恢复到历史某个时间水平。

(2) 生态修复指导原则

① 遵循自然规律原则：流域生态修复应立足于恢复生态系统的动态平衡和良性循环，结合当地的气候属性和河流水文特性，针对造成生态系统退化的关键因子，提出顺应自然规律的修复措施，以恢复生态系统自然性为原则。

② 社会、经济与生态环境效益并重原则：从实际出发，生态修复应遵循经济社会发展的公平性原则，确定合理适度、现实可行的生态修复目标，以同步实现生态修复的生态环境效益、社会效益和经济效益。

③ 坚持科学治水原则：以流域统一规划，同时按照社会主义市场经济规律办事。协调好"三生"用水关系，切实保障生态环境合理用水，探索各种技术手段，实现节约用水、减轻污染、保护资源和水环境，恢复自然生态系统。

④ 生态修复工作长期性原则：生态退化是长期形成的，生态修复也是一项长期工作，应顺应自然，坚持不懈，不能搞大规模急功近利的生态建设，否则，可能会造成对生态系统的又一次破坏。

3.5.3 生态恢复需水量

流域生态修复需水量包括河流生态需水、湿地生态需水、城市河湖需水量、水土保持需水量等。对于不同生态要素的生态需水量来说，计算方法各有不同。

(1) 河流生态需水量

河流生态需水量包括为维持河道不断流的基本生态需水量、汛期河道输沙需水量以及保护河口湿地生态系统的入海水量。其中，河流基本生态需水量是指维持水生生物正常生长及保护特殊动物和珍稀物种生存所需要的水量。

① 基本生态需水量：月保证率法是一种水文学方法，是针对我国北方河流所提出的计算方法，在传统水文学方法的基础上，将月保证率与河流生态需水量等级相联系，同时考虑河道生态需水量的季节变化。保证率的设定可综合考虑研究区域的气候特征、径流的年内变化特征、河流形态等因素来确定。此外，Tennant 是一种国际上较为普遍的河道生态需水量计算方法，以平均天然径流量的百分比作为河流推荐流量，其中，多年平均流量的 10%确定为维持水生生物生存的最小流量，多年平均流量的 30%作为适宜水生生物的中等流量，多年平均流量的 60%确定为最佳生态需水量，该方法可以用来检验月保证率法的计算结果。

② 输沙需水量计算是根据收集到的水文泥沙资料，采用最大月平均含沙量法计算输沙需水量，计算公式为：

$$W_s = S_t / C_{max} \qquad 公式(3.1)$$

其中，W_s 为输沙需水量（立方米）；S_t 为多年平均输沙量（千克）。

$$C_{max} = \frac{1}{n} \sum_{i=1}^{n} \max(C_{ij}) \qquad 公式(3.2)$$

其中，C_{max} 为多年最大月平均含沙量的平均值（千克/立方米）；C_{ij} 为第 i 年第 j 月的月平均含沙量（千克/立方米）；n 为资料序列长度。

③ 河口入海水量：根据已有的数据资料情况，基于历史流量的保证率法来计算入海需水量。要满足入海水量需求，需要综合考虑流域上下游的关系，将其从入海口断面向上游各个断面逐个计算其生态下泄水量。

(2) 湿地生态需水量

湿地的耗水主要是蒸散和渗漏消耗，减去水面降水，即可得到净耗水需水量，也就是各湿地需要由径流补充的水量。其中，水面蒸散消耗总量和水面降水总量与水面面积有关，因此首先要确定所需的水面面积，即生态恢复的目标水面面积。因此，湿地生态需水量可由公式(3.3)得到：

$$W = \sum_{i=1}^{12} [A_i \times (E_i - P_i)] + L \qquad 公式(3.3)$$

式中：W 为以耗水量计的湿地生态需水量；A_i 为 i 月生态恢复的目标水面面积；E_i 和 P_i 分别为 i 月蒸发量和降水量；L 为年渗透量。然后，将流域内各个湿地所需要的水资源量加和即为流域湿地生态需水量。

(3) 城市河湖生态需水量

一般来说，可通过水面生态效益法、定额法、水量损失法、换水法来计算城市河湖的需水量。水面生态效益法是根据水和土的物理特性，由水面面积理论上是城市面积的 1/6 确定；定额法采用不同水平年的"城市规划人口"和"规划市区面积"，按照不同生态环境要求确定人均定额；水量损失法仅考虑河湖蒸发渗透损失，不计一次性灌水量；换水法可用于容积固定、便于监测的湖泊，按实际或可能换水次数乘容积计算。

（4）水土保持需水量

用定额法计算生态需水量：治理水土流失主要在山区，需水量最终反映为对流域下游的径流减少量。根据不同地形地貌特点及水土流失类型计算需水量，再乘以相应的水土流失治理面积为水土保持需水量，考虑各项治理措施发挥作用后对径流的拦截系数，计算水土保持措施对流域下游的径流减少量。

最后，综合恢复或重建以上各生态要素的需水量，即可得到整个流域进行生态修复所需要的水资源量。加强水生态系统保护与修复要充分考虑基本生态用水需求，维护河湖健康生命；从源头防治水污染与水质恶化，注重源头防控—中端控制—终端治理措施并举，加大生态保护力度，综合运用调水引流、截污治污、河湖清淤、生物控制等措施，采取全方位、立体化方式，加强对重要生态保护区、水源涵养区、江河源头区和湿地保护区的保护和修复，打造绿色长廊，涵养水源。推进水土流失综合治理与生态修复，统筹规划建设山水林田湖草生命系统，着重引导水资源在沿江沿河绿化带、小流域生态保护区、生态旅游区建设，构建绿色生态人文环境等。生态修复的水资源需求不仅仅是基本修复的生态水量要求，还有更高层次的水质需求、水动力需求，甚至是特殊的生态系统维持水环境需求。通过水资源的配置保证水资源数量、水利工程和科学管理调度保证水资源质量，才能满足生态文明对水资源的生态修复需求。

第二篇

生态文明视角下的水资源调查

第四章

水资源调查评价现状分析

水资源是基础性的自然资源和战略性的经济资源，是经济社会可持续发展和维系生态平衡、环境优良的重要基础。日益突出的水资源问题已成为经济社会发展和生态环境建设的严重制约因素。我国从20世纪80年代初便开始了全国性的水资源调查与评价工作，基本上以10年为周期开展一次全国性的水资源调查、评价或者普查，为我国水资源开发利用与保护、水生态文明建设等工作提供数据。目前，我国水资源已经完成了第三次全国水资源调查评价的主体工作。

4.1 全国水资源调查评价概述

4.1.1 水资源调查分类

(1) 水资源调查：通过区域普查、典型调查及分析估算等途径，收集与水资源评价有关的基础资料的工作。它是长期定位观测、常规统计及专门试验的补充。

(2) 水资源评价：对某一地区或流域水资源的数量、质量、时空分布特征、开发利用条件、开发利用现状和供需发展趋势做出的分析估价。它是合理开发利用和保护管理水资源的基础工作，为水利规划提供依据。

(3) 水利普查：基于国家基础测绘信息和遥感影像数据，综合运用社会经济调查和资源环境调查的技术与方法，系统开展水利领域的各项具体工作，全面查清河湖水系和水土流失的基本情况，查明水利基础设施的数量、规模和行业能力状况，摸清水资源开发、利用、治理、保护等方面的情况，掌握水利行业能力建设的状况，形成基于空间地理信息系统、客观反映我国水情特点、全面系统描述水治理状况的国家基础水信息平台，为国家经济社会发展提供可靠的基础水信息支撑和保障。

4.1.2 水资源调查评价内容

水资源的调查评价是合理开发利用和科学管理水资源的基础,研究的内容大致包括:水资源的数量、质量、时空分布规律、利用现状、未来的预测及供需平衡分析等几个方面。水资源的问题往往与水资源的地区分布不均、年际和年内变化有密切关系,为了满足各部门用水的需求,必须根据水资源时空分布的特点修建必要的蓄水、引水、提水、调水工程,对天然水资源进行时、空再分配。由于兴修各种水利工程,受到自然经济以及技术条件的限制,可利用水资源的数量及其保证的程度是有一定限制的。在水资源评价工作中,不仅需要对天然水资源数量,而且需要对各种保证率的可利用水资源的数量进行研究,并且还需要对不同发展阶段的用水需求做出科学的预测,通过供需平衡的分析,为水资源的合理开发利用和科学的管理指出方向,这是水资源评价的目的。

(1) 地表水资源调查评价内容

通过调查统计和分析计算,摸清地表水的数量、质量及时空分布规律,估算水资源总量和可利用量,为合理利用和供需平衡提供依据,主要内容有以下几个方面:①水平衡要素分析。对降水、径流、蒸发等水平衡要素的地区分布特点和年际年内变化规律进行分析,是水资源评价的基础工作,也是用水量平衡法估算水资源数量的重要依据。②地表水资源计算。在统计实测径流资料进行还原计算的基础上,分区统计天然年径流量,计算多年平均和不同保证率的年径流量,并给出典型年月分配量。③水质调查分析。收集水质观测和污染监测资料,调查污染源的分布情况、排污量和排污类型,对天然水质和污染状况做出评价。④可利用量估算。除对当地产水量、过境水量、出境水量加以估算外,由于水资源受自然、技术、经济条件的限制不可能被全部利用,须在调查工程现状和水资源利用现状的基础上估算可利用水量。

(2) 地下水资源调查评价内容

①区域水文地质条件。主要包括区域地质概况、水文地质条件、地下水的补给径流、排泄条件和水化学特征等情况。②地下水开发利用现状的调查分析。既是论证可开采量的重要依据,又是验证评价成果的重要依据,内容包括:机(电)井建设现状、实际开采现状、地下水动态分析以及存在问题等。③地下水资源量计算。通过分析计算各项补给量、排泄量以及重复量确定出可采量,

并进行水量平衡分析。④地下水资源评价。从地下水资源的量、质、可开采量、重复计算量等方面做出恰当的评价和建议。

(3) 地表水和地下水的关系以及水资源总量的计算

地表水、地下水为水资源的重要组成部分,是水资源的两种表现形式,它们之间互相联系而又互相转化,河川径流中已包括了一部分地下水的排泄量,地下水的补给量中又包括了一部分地表水的补给量,必须扣除重复量。

4.2 我国历次水资源调查评价解析

4.2.1 第一次全国水资源调查评价概况

第一次全国水资源调查评价工作始于20世纪80年代初。水利部与原地质矿产部历时5年完成了第一次全国水资源调查评价工作,采用1956—1979年系列,首次摸清了我国水资源家底,为经济社会发展奠定了基础。

4.2.2 第二次全国水资源调查评价概况

(1) 开展背景与意义

第二次全国水资源调查评价工作始于2002年。由于第一次水资源调查评价后,气候变化、人类活动影响以及生态环境状况和下垫面等条件的改变,我国水资源情势发生了显著变化。主要表现在:水资源的形成机理和转化关系以及地区分布等变化使得我国水资源的数量及其分布与质量状况均发生了较大的变化;水资源开发利用水平与程度、供用水结构以及取水、供水、用水、耗水、排水之间的关系发生了较为明显的改变;相关的生态环境状况也发生了一定的变化,原有的水资源评价成果已不能反映当时的实际情况,迫切需要对水资源及其开发利用状况做出新的评价。

由国家发展和改革委员会、水利部牵头,会同原国土资源部、原建设部、原农业部、原国家环保总局、原国家林业局和中国气象局等有关部门,完成了第二次全国水资源及其开发利用调查评价工作,采用1956—2000年同步系列,全面评价了20世纪末期下垫面条件下我国水资源及其开发利用状况,是全国水资源综合规划的第一阶段工作,是进行水资源配置、开发、利用、保护和管理的基础,为建立最严格的水资源管理制度奠定了基础。

(2) 主要内容

本次调查评价包括水资源数量评价、水资源质量评价、水资源开发利用情况调查评价、水污染调查评价以及生态环境状况调查评价等主要内容。通过全面收集和系统分析整理了各地区和各部门的相关资料,对不足的资料进行了必要的补充调查和监测,采用典型调查和统计调查相结合的方式对有关资料进行了复核、调查和验证。在全面调查和分析大量实际资料的基础上,按照全国统一的技术要求和口径,采取"自下而上"和"自上而下"相结合的方式,通过多专业和跨学科的协作,采用科学的技术手段和方法,在各有关部门的桶里协作下,经全国、流域和省(自治区、直辖市)三级反复协调与平衡、反复检验和逐级审核,形成全国水资源及其开发利用调查评价成果。

4.2.3 全国第一次水利普查概况

(1) 开展背景与意义

根据《国务院关于开展第一次全国水利普查的通知》(国发〔2010〕4 号)要求,2010—2012 年我国开展了第一次全国水利普查(以下简称"普查")。普查的标准时点为 2011 年 12 月 31 日,时期资料为 2011 年度。

水利普查是一项重大的国情国力调查,是国家资源环境调查的重要组成部分,是国家基础水信息的基准性调查。普查基于最新的国家基础测绘信息和遥感影像数据,综合运用社会经济调查和资源环境调查的先进技术与方法,系统开展了水利领域的各项具体工作,全面查清了我国河湖水系和水土流失的基本情况,查明了我国水利基础设施的数量、规模和行业能力状况,摸清了我国水资源开发、利用、治理、保护等方面的情况,掌握了水利行业能力建设的状况,形成了基于空间地理信息系统、客观反映我国水情特点、全面系统描述我国水治理状况的国家基础水信息平台。为国家经济社会发展提供可靠的基础水信息支撑和保障。普查成果为客观评价我国水情及其演变形势,准确判断水利发展状况,科学分析江河湖泊开发治理和保护状况,客观评价我国的水问题,深入研究我国水安全保障程度等提供了翔实、全面、系统的资料,为社会各界了解我国基本水情特点提供了丰富的信息,为完善治水方略、全面谋划水利改革发展、科学制定国民经济和社会发展规划、推进生态文明建设等工作提供了科学可靠的决策依据。

(2) 主要内容

①全面查清我国江河湖泊的基本情况。通过对我国江河湖泊进行全面系统的调查,查清江河湖泊的数量及其分布,查清我国江河湖泊的水文特征状况。②全面查清我国水利工程基本情况。通过对我国水利工程的普查,查清我国各类水利工程的数量与分布、规模与能力及效益等基本情况。③全面查清我国经济社会用水状况。通过对城乡居民生活用水,农业用水、工业用水、建筑业用水、第三产业用水等国民经济各行业用水以及河道外生态环境用水的调查,全面查清我国经济社会用水状况。④全面查清我国江河湖泊开发治理保护情况。通过对我国江河湖泊取水口、水源地、入河湖排污口、河湖治理情况等普查,查清我国江河湖泊开发治理保护的基本情况。⑤查清我国水土保持情况。通过对全国土壤侵蚀情况、侵蚀沟道、水土保持治理措施等的调查,掌握水土流失、治理情况及其动态变化等。⑥查清我国水利行业能力建设情况。通过对各类水利单位和机构的调查,全面查清水利单位的数量及分布、从业人员数量及结构、资产规模及运营状况等。⑦建立国家基础水信息平台。通过水利普查,进一步完善基础水信息标准和统计调查制度,建立健全基础水信息登记和台账管理系统,建立国家基础水信息数据库(包括普查综合成果空间数据库及属性库,主题空间数据库及属性库)和信息管理系统,建立水信息资源整合和共享机制,形成规范、统一、权威的国家基础水信息平台。

(3) 技术路线

以县级行政区为基本工作单元,采取全面调查、抽样调查、典型调查和重点调查等多种调查形式。普查数据的收集采用清查登记、档案查阅、现场查勘、DEM 和 DLG 数据融合提取技术、遥感分析、估算推算等多种调查技术。整个普查遵循内外业相结合的原则,充分利用已有的基础资料,积极开展部门之间的协作与交流。形成从下到上的信息获取、审核、传输、存储、分析为一体的普查数据处理规范;建立普查数据库体系,构筑"国家—流域—省—地—县"五级水利普查信息管理系统。

根据不同的普查任务和内容,分别采取以下技术方法开展普查:

① 对河湖基本情况普查采取内业提取数据、外业实地调查复核的方法。全国利用 1∶5 万 DEM、DLG、DOM 数据和分辨率为 2.5 米、20 米的影像数据,分析提取河流湖泊的基本特征参数,提出河湖清查图、河湖特征清查表。流域机构和各级普查机构对河湖清查图和特征清查表进行核对并填报,同时填报水文

站水位站、实测和调查最大洪水普查表,并逐级上报汇总,形成河湖基本特征、河流水系特征及湖泊的形态特征成果。

② 对水利工程基本情况、河湖开发治理保护情况、灌区、地下水取水井、水土保持措施和行业能力建设情况普查,通过档案查阅、现场查勘、遥感影像解译、对象访问等方法,按照"在地原则",以县级行政区为基本工作单元,对普查对象进行清查、登记和建档,编制普查对象名录,确定普查表的填报单位,对规模以上的普查对象逐项填报,规模以下的普查对象区分不同情况汇总填报,逐级进行审核、汇总和平衡。

③ 对经济社会用水情况调查,按照"在地原则",以县级行政区为基本工作单元,区分不同用水户情况采用不同的方法确定调查对象名录。采取用水大户逐个调查与一般用水户典型(或抽样)调查相结合的方式,分析计算不同用水行业的用水指标。根据流域和区域经济社会主要指标,分析推算流域和区域城乡居民生活用水、农业和工业等国民经济各行业生产用水和河道外生态用水状况,逐级进行审核、汇总和协调平衡分析。

④ 对土壤侵蚀普查,通过基础资料分析、DEM 信息提取、遥感和野外调查等技术手段的综合运用,获取气象、土壤、地形、植被、土地利用、水土保持措施等主要侵蚀影响因子,利用侵蚀模型定量评价侵蚀强度,综合分析水蚀、风蚀、冻融侵蚀的分布、面积与强度。对侵蚀沟道普查,充分利用已有的基础资料,利用遥感影像与 DEM 提取侵蚀沟道基本信息,通过野外调查进行复核、完善,逐级审核、汇总和平衡。

(4) 工作步骤

普查采取"先试点、后清查、再全面调查"的方式,分为前期准备、清查登记、填表上报、成果发布四个阶段进行。水利普查主要流程见图 4-1。

4.3 第三次全国水资源调查评价

4.3.1 需求及背景

2017 年中央 1 号文件提出,为满足新时期水资源管理、健全水安全保障体系、促进经济社会可持续发展和生态文明建设的需要,实施第三次全国水资源调查评价。

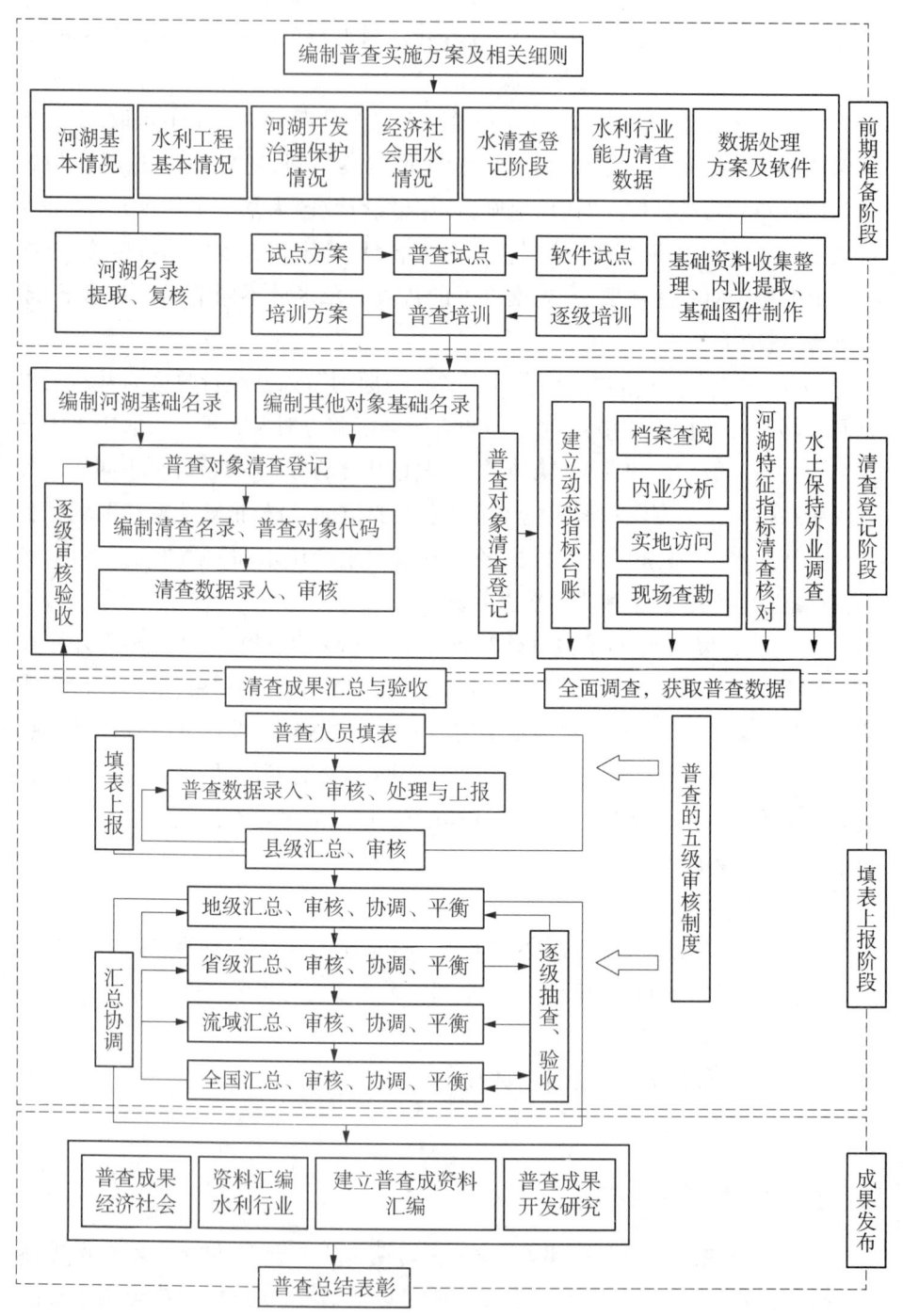

图 4-1 水利普查主要流程

第三次全国水资源调查评价是在第一、第二次全国水资源调查评价,第一次全国水利普查等已有成果基础上,继承并进一步丰富评价内容,改进评价方法,全面摸清60余年来我国水资源状况变化,重点把握2001年以来水资源及其开发利用的新情势、新变化,梳理水资源短缺、水环境污染、水生态损害等新老水问题,系统分析水资源演变规律,提出全面、真实、准确、系统的评价成果,建立国家水资源调查评价基础信息平台,初步形成较为完善的技术体系和规范化的滚动评价机制,实现数据填报规范化、智能化,为满足新时期水资源管理、健全水安全保障体系、促进经济社会可持续发展和生态文明建设奠定基础。

4.3.2 内容与任务

为掌握跨省重要江河流域、生态环境脆弱敏感流域、水事矛盾突出流域、水资源开发利用需求较大流域等重点流域的水资源、水环境、开发利用状况,在水资源分区评价成果基础上,根据需要提出以流域为单元的重点流域评价成果。

(1) 水资源数量评价。分别按照1956—2016年和1980—2016年两个系列资料开展降水、蒸发、径流、地表水资源量等评价;按照2001—2016年系列资料开展地下水资源量评价;分析地表水、地下水转换关系,开展水资源总量和水资源可利用量评价。各流域可结合实际,选取有代表性的水文系列开展补充分析评价。

(2) 水资源质量评价。以2016年为现状代表年,2000—2016年的监测数据为主要依据,按照地表水水质类别、湖泊(水库)富营养化程度、水功能区水质及其达标状况等内容开展地表水资源质量评价,分析评价水功能区水污染负荷变化趋势;以地下水水质类别为主开展地下水质量评价;开展集中式饮用水水源地水质及其合格状况评价。

(3) 水资源开发利用状况调查评价。统计2010—2016年开发利用基础数据,开展各主要供水水源供水量评价,各行业用水量与耗损量分析评价。

(4) 污染物入河量调查分析。以水功能区为单元,城镇生活和工业入河排污口为主,调查统计2016年废污水入河量;依据有关调查和监测数据成果,分析计算主要点源污染物入河量;选择有代表性的区域及河流水系测算面源污染物入河量。

(5) 水生态状况调查评价。通过分析河道径流变化、河流断流、湖泊水位面积变化、河湖空间侵占等情况,评价河流、湖泊水生态变化;在全国地下水超采区评价成果基础上,根据近年来地下水开发利用以及地下水水位等资料,对地下水超采区的范围、面积、超采量等进行复核;分析水生态状况变化成因。

(6)水资源综合分析评价。总结流域和区域气候与下垫面变化,分析水文循环特点和水资源时空变化态势,评价水资源演变情势;总结流域和区域近期水资源开发利用历程,分析用水水平和用水效率,评价经济社会发展对水资源的压力;总结流域和区域水环境状况变化态势,分析水环境损害情况,评价水环境负荷;总结流域和区域水生态状况及其变化,分析水生态挤占程度,评价水生态总体演变态势。

4.3.3 技术与方法

2017年中央1号文件发布后,2017年4月19日,水利部启动第三次全国水资源调查评价工作,实施第三次全国水资源调查评价是今年中央一号文件明确的一项重要任务,是基于近年来我国水资源情势变化、新老水问题相互交织、水安全上升为国家战略的大背景下迫切需要开展的一项重要基础性工作,按照全国统一组织、流域和区域分级负责、各方共同协作的原则,精心组织,密切配合,扎实做好组织实施,力争用2~3年时间完成新一轮全国水资源调查评价工作。全国各地区纷纷响应,展开第三次全国水资源调查评价工作。

第三次全国水资源调查评价技术方法建立详细的基础资料之上,充分利用历史评价、规划、普查等技术成果,结合最新的水文气象、土地利用、经济社会发展、开发利用等监测和统计数据,把已有成果系列延长到现状水平年,通过分析计算、汇总、协调、合理性检验等手段,理清水资源数量、水资源质量、水资源开发利用、水环境、水生态等要素现状实际情况,分析各评价项目的内在关系,并通过系列数据摸清变化态势,从整体上把握当前水资源禀赋条件以及近几十年来水资源情势的演变。

各流域和省(自治区、直辖市)可根据区域特点,针对水资源调查评价工作中涉及的关键性技术问题,开展必要的专题研究,如分析降雨—径流关系、地表—地下水转换关系、供用耗排关系的变化,以及面源污染物估算、水生态空间变化等。运用科技手段揭示水资源中长期演变的规律,探索调查评价的新方法,开发建设水资源调查评价基础信息平台,充分运用现代化信息技术实现数据报送、储存、统计分析与计算、成果汇总等功能,提高评价工作效率,为第三次全国水资源调查评价提供基础理论和技术方法等方面的科技支撑,提升评价结果的科学合理性。

第三次全国水资源调查评价主要包括基础资料收集整理,数据补充监测,资料复核、分析、检验、检查,单项评价,协调平衡与结果修正,方法与机理研究,综合评价,信息技术平台支撑等环节。各环节既相互独立,又必然联系,环节与环节之间相互影响和反馈,形成完整的技术流程。基础数据的收集整理部分,重点应当把握已有数据基础,充分利用前两次评价结果和现有规划、公报等统计结果,原则上应以整合历史和现有数据为主,对于现状数据不足、确因系列连续性和一致性需求而应当补充基础数据的,可适当开展少量补充监测。在分析计算时应当注重对资料的分析与预处理、评价项目关系分析和成果计算与合理性分析检验等,包括对观测系列资料进行还原与修正等和对不同口径调查统计资料进行分析与整合,形成完整的资料基础。

各单项评价中应充分利用已有工作基础,以复核、延伸、综合分析为主,围绕核心内容开展工作。水资源数量评价应注意水资源系列的还原与现状下垫面的一致性修正,以及水资源可利用量的分析确定;水资源质量应重点集中在近几年总体水质现状和变化趋势分析;开发利用评价重点在于把握近年来供用水特点和变化态势,应注意耗损量尤其是非用水消耗量的分析确定;污水及污染物分析重点在采用科学合理的方法估算入河量,同时具有一定程度的覆盖面;水生态评价应加强分析生态演变态势与经济社会发展用水引发的生态环境问题。

汇总协调平衡应注意把握各评价项目和具体要素之间的内在关联,把握地表水和地下水、还原量与耗损量、"供、用、耗、排"、污水与污染物运移、开发利用与生态挤占等因素之间的平衡关系,加强水量平衡分析,对各项评价结果提供合理性分析和反馈。此外,还应特别注重各层次单元之间、行政分区与流域分区之间的协调关系。

综合评价应着眼于宏观问题,注重对评价成果的整体性描述,重点针对水循环特点、资源禀赋条件、水资源与水生态情势的整体演变、经济社会发展对水资源系统的总体荷载强度与变化等问题,有机耦合各要素评价结果,提出兼具系统性、规律性、趋势性和展望性的评价结论。技术路线见图4-2。

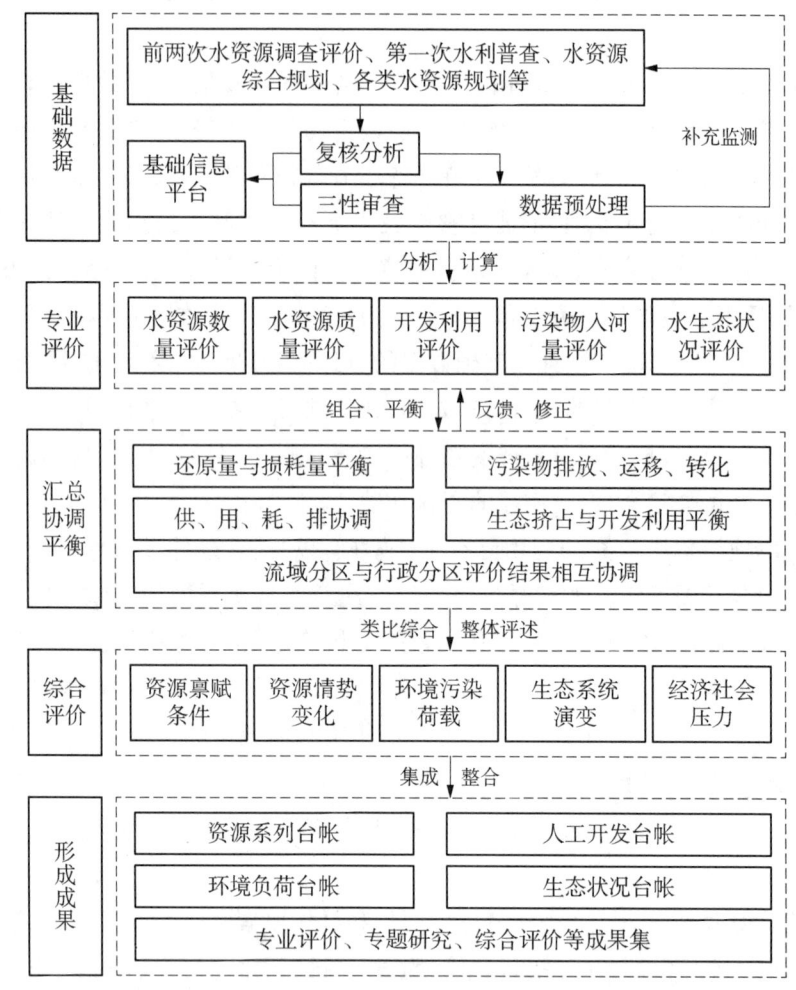

图4-2 第三次全国水资源综合调查评价技术路线图

4.4 与水资源调查相关的几个问题

4.4.1 当前水资源调查遇到的困难

(1) 水文站实测资料的精度有待提高。水文观测资料是水资源调查评价的基础,是提高评价成果质量的关键。目前水文站的测验设施条件仍需改善,测流方案需要重新调整,部分测站仍沿用几十年前的测流方案,不能根据变化了的情况及时调整,使资料成果精度严重下降,难以满足水资源评价工作的需要。

(2) 水文站点布局仍需进一步调整和优化。在进行水资源评价时,水文站的天然水量、雨量站的降雨量是前提,站点布局的合理性直接关系到面上水资源量的计算,如果水文站、雨量站的代表性差,也就不可能得到准确的水资源量。

(3) 调查水量的途径和精度有待提高。调查水量是进行单站区间天然水量还原的基础。目前状况下的水文站实测资料已不能真实反映测流断面以上径流的固有特性,受人类活动影响相当严重,当前水量还原的难点就是调查水量弄不清,引入、引出水量及开发利用量调查的方法途径不一样,得到的结果相差较大,不同部门从不同的利益出发,提供的数据也不一样,在调查时要去伪存真,认真分析。

(4) 降水入渗系数等计算参数需进一步优化调整。计算参数是水均衡方程中各补给项、排泄项计算的重要依据,各地应根据有关的观测实验资料和调查研究成果,确定出适合当地条件的计算参数值。实际工作过程中的"沿用"和"移用"现象较为严重,试验、修正的工作需要加强。

(5) 水质站点布设及监测工作有待进一步加强。目前的水质站点布设仍存在不合理的现象,有部分该控制的断面没有控制的情况。监测资料的精度难以保证,缺乏稳定、可靠的经费、设备和人员保证,水样采集不规范的现象仍然存在。

(6) 成果资料缺乏系列"三性"分析。由于水资源调查评价工作涉及的部门多、范围广,对每一个收集到的资料都要进行合理性分析,计算出的成果更要进行一致性、可靠性、代表性分析,不仅要从面上(横向)进行审查,还要从系列(纵向)上进行审查,并保证与相关因素相协调。

4.4.2 水资源调查与国土调查的区别

国土资源调查和水资源评价都是对我国重要自然资源家底的系统调查评价,目的都是摸清家底、支撑自然资源的管理与开发利用等工作,2018年机构改革后,两项任务都成为自然资源部的职责,比较两项调查,由于国土资源和水资源自身特性的差异,国土资源调查和水资源调查存在两个显著差别:

一是调查资源对象的特征不一样。国土资源调查以静态的存量调查为主,重点反映当前国土资源的状况;水资源由于其随机性、波动性和周期性等固有特征,一般通过过去一段时间的河道断面(或片区)的可更新量(通量)统计特征值(如:多年平均水资源量等)表征,重点反映的是历史序列的状况。

二是调查评价手段和评价单元存在较大差异。国土资源调查中大量应用了遥感影像等技术手段,以行政区为单位进行评价、汇总;水资源评价则以水文站网的长系列监测获取的动态过程数据为基础,结合统计数据进行评价,由于水资源形成的自然特征,评价一般以流域单元为主,采用流域分区套行政分区为基本分区进行评价,分别在流域分区和行政分区进行汇总、复核。

4.4.3 水流自然资源确权工作对水资源调查的新要求

水流确权工作要清晰界定水流资产的所有权主体,推进确权登记法治化,建立归属清晰、权责明确、流转顺畅、保护严格、监管有效的自然资源资产产权制度,是实现山水林田湖草整体保护、系统修复、综合治理的重要基础。2016年11月,水利部、原国土资源部联合印发了《水流产权确权试点方案》,选择宁夏全区、甘肃疏勒河流域、江苏徐州市、陕西渭河、湖北宜都市和丹江口水库等区域和流域开展水流产权确权试点。在总结试点经验的基础上,自然资源部组织相关部门形成了《自然资源统一确权登记暂行办法》《自然资源统一确权登记操作指南》等指导性文件,并于2019年启动了长江干流和太湖的水流确权工作。水资源调查是水流确权工作的必要基础,当前面临以下问题,不能满足水流确权工作的需要。

一是水资源评价范围局限于径流性的地表水资源和地下水资源(蓝水),未纳入植被生长密切相关的土壤水资源等非传统水资源(绿水),导致评价以水资源的社会经济服务功能相关内容为主,水资源的生态服务方面评价缺失的问题,与当前生态文明建设的要求存在一定差距。

二是水资源评价仍以传统的水文监测、调查资料为基础,经过数据整编、报表上报、三级复核分析,最终形成评价成果,主要反映历史序列水资源状况,且复核等过程存在较大的主观性。

三是当前水资源评价中,对于国土资源开发利用对水资源的影响考虑不足,仅通过简单的"还现"进行部分考虑,难以充分反映土地利用变化的重大影响;国土资源和水资源割裂化评价模式,难以满足山水林田湖草湿统一管理的需求。

另外，水流确权在技术上尚处于探索阶段，对江河湖库水体的上下游和左右岸联系考虑尚不充分，部分登记指标与现有监测、调查指标不兼容。水资源调查评价和确权工作涉及自然资源、水利、环保等多个部门，在工作机制、技术标准、基础数据等方面的协同性尚需进一步提高。

第五章
生态文明视角下水资源调查体系重构

5.1 生态文明建设对水资源调查提出新的需求

面对生态文明建设新形势,对标经济社会高质量发展新要求,水资源调查监测领域的主要矛盾是:保护水资源、改善水生态、优化水环境、保障水安全日益增长的高要求与调查监测能力不足之间的矛盾。生态文明建设对水资源调查提出新的需求。

一是生态文明建设要求下的"水资源"内涵亟待拓展,对水的生态价值的认识急需提升。长期以来,对水资源的调查,主要侧重于满足开发利用需要,主要关注地表水与地下水逐年更新的动态水量,对流域尺度大气降水量、蒸发量、土壤水与自然和人工林草覆被生态需水量调查评价不够,对气候变化最为敏感的冰川冻土区水资源的变化重视不够,对地表水与地下水重复量计算协同不够,对深层承压水资源可利用性与地质环境属性等问题存在认识上的分歧。近20年来的两次全国水资源调查评价未考虑储存量及其对生态系统的调节作用,难以满足水资源合理开发与生态保护修复需要。

二是水资源监测基础设施站网建设系统性和全局性有待完善,江河源区和生态脆弱区亟待补充建设。长期以来,水利、自然资源、住房和城乡建设等结合本部门水资源利用需求,分别组织开展了相关水资源监测站网建设,部分地区存在重复建设问题,部分地区监测站点密度不足,尤其是青藏高原、内蒙古高原等生态功能保护区和生态脆弱区水资源监测站点严重不足,不能满足新时代水资源调查评价的需要。

三是水资源调查方法有待创新调查成果难以适应生态文明建设的需要。60年来我国一直沿用传统的"还原还现"水资源评价方法,主要依靠区域降水蒸发、河流断面和地下水位水量等监测数据,结合取用水统计,分区评价水资源量。该方法中取用水量统计受人为因素影响较大,产汇流条件中土地利用和植被覆盖等资料获取受部门职能分工制约,加之水资源具有流动性和动态性特征,如何合理划定评价单元,将水资源评价成果精准落到自然资源"一张图"上,满足"以水定城、以水定地、以水定人、以水定产"国土空间规划和生态保护修复等需求,需要不断创新调查评价技术方法和技术标准。

5.2 新时期水资源调查的定位

5.2.1 新时期自然资源统一调查体系构建

统筹"山水林田湖草沙"系统治理,按照生态系统的整体性、系统性及其内在规律开展生态文明建设,是新时代生态文明建设的重要引领思想之一。2018年中央和国家机构改革将水、林、草、湿地等资源的调查和确权登记管理职责划入自然资源部,由自然资源部对土地、水、林、草、湿地、海洋、矿藏等自然资源统一进行调查、监测、评价,党的十九届四中全会明确提出"加快建立自然资源统一调查、评价、监测制度"。自然资源部2020年初发布了《自然资源调查监测体系构建总体方案》(以下简称《总体方案》),通过系统重构山水林田湖草统一的自然资源调查体系,适应流域和区域整体保护、系统修复和综合治理的需要。从生命共同体视角下的生态文明建设需求出发,开展自然资源调查。

一是系统重构自然资源调查指标体系,适应"山水林田湖草沙"统一管理的需要。有别于从用途出发服务于经济社会发展的调查监测方式,《总体方案》更加注重资源—资产—资本的系统理解,尤其是在习近平生态文明思想的引领下对生态资产有更深入的认识。直观用途属性相对薄弱的荒漠、冰川等自然资源所具有的地表过程参数特征及其潜在自然资本与生态资产属性得以强化。例如将冰川冻土纳入水资源调查范畴,从宜林则林、宜草则草、宜荒则荒的角度评估沙地、裸地、沙漠等自然资源的综合治理需求和潜力。作为新加入的重要调查内容与指标,地表基质及其地球物理化学性质指标成为多门类自然资源之间相互作用和密切联系的纽带。通过调查监测指标体系重构,不仅展现了资源生态属性与生产生活属性的同等重要性,而且凸显了地表过程参数指标在"山水林田湖草沙"统一管理中的基础性地位。

二是立体划分自然资源空间层次,实现"山水林田湖草沙"系统要素的整合。不同于以往对农、林、牧或土地利用类型要素的分门别类独立调查监测方式，本次《总体方案》建立空间位置上重叠的地表基质层、地表覆盖层和管理层，并统筹考虑地下资源层。可以认为，包含地质地貌、土壤属性等要素的地表基质层是"山水林田湖草沙"生命共同体的形成基础，包含耕地、森林、灌木、草地、河流、湖泊、沙漠等要素的地表覆盖层是生命共同体的表现形式，包含矿产资源、地下水资源等要素的地下资源层是生命共同体的潜在特性，而包含各种功能区与控制线在内的自然资源利用管理界线则构筑了生命共同体的外部保障。通过立体组织结构，有效表达自然资源要素之间及其与人类社会要素在空间上的整体联系，形成了对生命共同体思想的系统诠释。

三是全面开展自然资源专项调查，支撑"山水林田湖草沙"整体特征的评估。并列于全国国土调查等对自然资源共性特征的基础调查，《总体方案》以自然资源的数量、质量、结构、生态功能等为内容设置专项调查，为立体反映自然资源综合特征提供定量依据。针对"山水林田湖草沙"不同要素类型，设计具有针对性、相互关联并可以用于建模评估的调查监测指标体系，一方面有助于对作物、水、森林、草原等自然资源要素的认识从单一的数量底线思维走向数量底线和质量底线的结合，另一方面也有助于对自然资源要素的理解从直接观测指标的罗列走向对生命共同体系统组织结构和功能效应的综合评价。在相同空间位置、一致空间尺度上的自然资源专项调查，将为"山水林田湖草沙"系统结构与功能协同治理和优化提供有力工具。

5.2.2 水资源调查体系的定位

自然资源统一调查不是对现有各类调查监测的简单延续和物理拼接，而是要适应生态文明建设和自然资源管理的需要，按照科学、简明、可操作要求，在充分研究各类资源之间内在联系和互馈机理的基础上，进行改革创新和系统重构。作为贯穿整个生态系统，最大的刚性约束指标——水资源，同样需要重构水资源调查监测评价体系。

要丰富水资源调查的内涵，从传统可供人类直接利用的水拓展到自然生态系统中各种形态的水，探索将冰川冻土、土壤水等生态水纳入水资源调查范畴，建立健全生态优先的统一水资源分类与调查技术标准体系；完善水资源监测基础设施布局，突出江河源区和生态脆弱区等水资源监测网络规划建设；创新水资源调查技术方法，掌握全国各基本自然地理单元水资源数量、质量、空间分布、生态状况、动态变化及趋势,构建重点地区自然资源水土资源综合调查和水平衡分析方法体系;建立部门合作共享和上下联动的工作机制,形成水资源周期调查评价与年度更新制度,运用传统的水资源调查评价技术手段与地理国情测绘高新技术相结合的方式,建立完备的水资源调查"一张图",建成国家水资源调查数据与信息共享服务平台。为自然资源确权登记与权益保护、国土空间规划与用途管制、生态保护修复提供准确权威的水资源基础数据支撑。

5.3 重构水资源调查体系的几点建议

第一,在现行水资源调查评价中降水、地表水和地下水的基础上,适度扩大范围,补充土壤水资源存量和通量的调查评价。

水分在大气水、地表水、土壤水和地下水等不同组分间的相互迁移、转化构成了陆地水循环的基本过程,陆面表层的土壤水是连接地表水和地下水的纽带,是天然植被生态耗水的主要水源,科学研究指出不低于50%的降水量最终以土壤水通量的形式返回大气。

第二,在现有水资源本底特征和开发利用评价的基础上,补充复杂社会经济活动中的耗水评价等内容。

水资源短缺和时空分布不均是我国的基本水情,水循环过程中"不可回收的水资源消耗量(广义耗水量)"的控制是资源节水的关键。

第三,将水资源调查与土地资源调查有机结合,将水、土资源间的相互影响、空间匹配性等作为重要内容纳入统一评价体系。

土地资源与水资源是密切相关的,一方面水资源的基础条件很大程度上决定不同国土空间的生态类型,同时国土资源的开发利用一方面受到水资源的制约,另一方面也会对水资源的形成造成显著影响;将土地与水分别评价,将人为割裂山水林田湖草湿自然资源间的内在联系。当前主要面向历史序列的水资源评价和面向现状的土地资源调查,无法满足面向未来的国土空间开发和水资源利用的需求。

第四,统一标准、整合数据,建立完善、统一、可用的水资源数据信息平台与数据库。开展国家、省区、地市等不同层次地表水、地下水调查监测现状及存在问题分析,建立统一、完善、适用于自然资源产权管理等调查监测标准体系及制度,推动水资源调查监测评价工作制度化、规范化。整合全国第三次水资源调查评价数据成果,建立大数据、云平台,实现全国水资源调查数据的汇集、处理及管控,为推进自然资源统一监管提供支撑。

第五,抓紧启动重点地区水资源调查工作。根据国家重大战略部署,分步骤、有侧重地开展长江经济带、黄河流域、京津冀地区、战略储备地区、大型煤炭基地、西北生态脆弱区、高耗水高污染行业、地热水资源等重点区域、领域的水资源调查,通过对不同特征区域、领域水资源及水流空间调查,分行业用水户的调查,提出重点区域、领域水资源评价结果,为水资源开发状况的监管及确权提供支撑。

第六,提高精度、创新技术,加快推进水资源动态监测技术应用。充分利用高分辨率卫星遥感、无人机和地面移动核查终端等手段,高效、及时、准确、客观地监测我国地表水和地下水资源动态变化,是当前建立最严格的生态保护制度的保障,特别是在生态脆弱区、水问题突出地区、战略储备区等,任务尤显紧迫。

第七,系统分析、有机融合,建立山水林田湖草综合监测的水资源动态评价体系。充分研究水与土地、森林、草地、湿地等其他自然资源的内在联系,统筹系统的监测体系和评价方法。建立以流域水资源循环过程为基础的自然资源全要素调查评价框架体系,开展地表水资源多地区多类型生态价值调查评估,为实现生态文明建设提供有力支撑。

5.4 水资源调查技术方法创新

水资源的特点决定水资源调查的技术方法,水资源由于其随机性、波动性和周期性等固有特征,一般通过过去一段时间的河道断面(或片区)的可更新量(通量)统计特征值(如:多年平均水资源量等)表征,重点反映的是历史序列的状况。现行水资源评价主要包括人工统计调查、数据整编、报表上报、三级复核分析、评价成果等工作流程,主要使用地面观测和统计数据。受限于监测站网分布和人工调查数据的准确性,评价工作效率偏低,对水资源变化的反映存在一定滞后性;且由于社会水循环部分监测体系尚未完全建立,部分成果仍具有一定主观性和不确定性。

因此,迫切需要完善监测网络体系,创新水资源调查技术,提高水资源调查的效率和准确性。当前,航天遥感、航空遥感等立体观测技术,大数据分析、人工智能等高新技术手段快速发展,为水资源调查评价提供了大量全新的数据来源,建议进一步整合监测资源,创新监测技术,强化空—地一体化的多圈层立体监测网络建设,同时全面推进人工智能、大数据、区块链等新技术的使用,对自然水循环过程和社会水循环过程进行多角度、全过程、全要素监测,创新发展水资源评价数据体系和评价方法。通过多部门数据共享机制、联合建立空—天—地一体化、自然—社会水循环全覆盖的监测调查体系,建立国家水资源基础数据中心。

5.5 以水资源为核心要素的自然资源综合调查体系

新时期生态文明建设要求下,要充分认识"山水林田湖草沙"是个生命共同体的理念,开展系统调查,就是要开展自然资源综合调查,不是将原有的水、土、林、草、湿等分散、割裂的调查,简单的合并,而是针对以往单一自然资源要素调查数据交叉、时空尺度不匹配、要素之间不匹配,不能满足当前国土空间规划、生态修复等核心工作对自然资源综合调查的需求等不足,构建体现自然资源系统性、完整性的综合调查体系,在调查精度、尺度和模式方面具有重大突破。在调查精度方面,已有成果精度不能满足当前自然资源精细化管理和国土空间规划需求,应该在充分利用与整合原有的水、土、林、草、湿前期调查成果基础上,采用高分遥感、雷达数据、大比例尺测绘数据等进行资源调查和解译土壤含水量,提升自然资源的综合调查精度;在调查尺度方面,已有自然资源调查评价单元不匹配,国土三调的调查图斑最小面积为 200 平方米,达到了"全国—省—市—县—乡—村",而水资源三调评价单元是水资源三级区套地市,全国分为 1070 个评价单位,与国土调查的最小单元相差悬殊;在调查—管控模式方面,在以地表径流与地下水为主的水资源供需平衡调查—管控模式,和以地表覆盖、土地利用和国土空间调查—管控模式基础上,科学合理统筹自然资源,创新构建自然资源表达和评价体系,形成以水土资源为核心,耦合林、草、湿地等自然资源要素的创新的综合调查模式,形成新时期、新需求的"部门协调、业务融合、地方联动"的自然资源综合调查工作模式。工作思路见图 5-1。

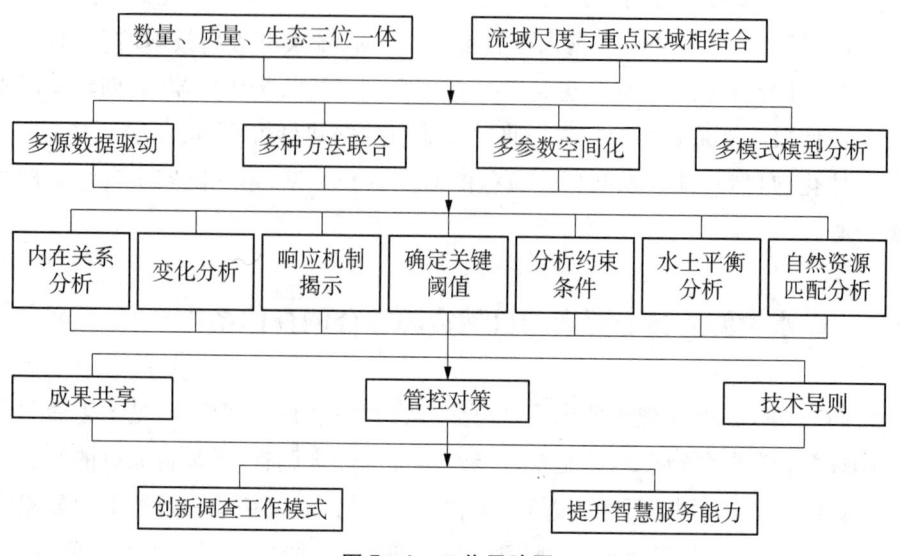

图 5-1 工作思路图

第三篇
生态文明视角下的水资源配置

第六章
水资源配置现状、进展及趋势

6.1 水资源配置现状

随着社会经济的高速发展、人口数量的不断增加,水资源的需求量日益增加。在社会发展的过程中,人类对水资源过度开发,缺乏有效的管理措施,导致水资源浪费,生态环境污染退化,水资源逐渐短缺,以致制约社会经济发展,影响人类生活。水资源合理配置可以在一定程度上有效改善水资源短缺这一问题。

水资源配置是指在特定的一个流域或区域内,对有限的、不同形式的水资源,通过工程或非工程措施在各用水户之间进行分配。水资源配置的构成要素包括区域水文地理特征、社会与经济发展需求、水资源配置组织机构、水资源配置法律法规、水资源配置工程技术能力。长期以来,各学者针对我国水资源供给量逐渐下降,各方面水资源需求量不断增加,部分地区存在水质型缺水等问题进行研究,力求得出水资源最优配置方案以缓解用水压力。

现代水资源配置方式包括基于模拟方法的水资源配置、基于优化的水资源配置、基于水权的水资源配置、基于博弈论的水资源配置、基于复杂适应系统的水资源配置。王白陆(2018)等基于水资源的公共属性以及用水户与人类生活的紧密程度,将用水户划分为不同优先等级的受水顺序,同时站在水资源节约和充分利用的角度,将不同用水户的供水水源划分为不同优先等级的供水顺序,从而形成用水户受水公平优先、水源供水效率优先的配置方案。王亦宁(2019)利用博弈论方法,比较探讨了城市水源地水资源分配中的"用水者各自决策"模式、"城市政府主导分配"模式、"市场交易"模式和"政府调控下的市场配置"模式,最终得出"政府调控下的市场配置"模式是相对最优模式。李遥(2019)以节水优先为核心,提出将社会经济发展进入良性循环为重要基础,根据资源需求,就社会目标、经济目标和生态目标,对不同的约束指标进行平衡,选择最佳的资源配置方案,以及相应的水资源配置具体方法。李丽琴等(2019)针对内陆干旱区城市发展和生态环境保护的关系,在整体识别内陆干旱区水循环与生态演变耦合作用机理上,构建基于生态水文阈值调控的水资源多维均衡配置模型。王新友(2019)在满足生态环境和经济发展的基础上,进行水资源配置,使水资源利用效率达到最大。苏心玥等(2019)采用改进的纳什讨价还价博弈模型,结合破产理论,加入跨区水资源的时空约束规则,分析不同的供水情境和博弈权重组合方案下,北京市未来水资源配置的合作博弈稳定与系统可持续性。马怀森(2019)运用系统的观点,以南水北调工程为例,论述了外调水对受水区水资源配置的影响。余祥等(2019)分析计算大桥水库灌区水资源配置,论证大型灌区通过科学制定用水效率指标体系,加强用水定额和计划管理,守住水资源"三条红线",实现青山绿水就是金山银山。贾绍凤等(2020)通过估算预留生态需水量、下游南水北调及海水利用可替代黄河供水量及上中游部分产业发展需水量,研究向黄河上中游分配更多水量指标的水资源战略配置方案,并提出完善水权转让与补偿制度、探索用水指标与土地指标调控的联动机制,以推动新的水资源配置方案的实施。

我国经济社会发展迅速,水资源总量短缺,各行各业以及人类生活所需水资源量与供给量逐渐不匹配;各地区水资源量分布不均,部分地区水污染严重,存在水质性缺水现象;生态环境用水日益短缺,需要最优水资源配置方案缓解用水压力。因此,深入研究水资源优化配置方案至关重要。

6.2 水资源配置进展

6.2.1 "以需定供"到"以供定需"的转变

水资源配置理论体系经历了一个由简到繁的过程,由"以需定供"向"以供定需"转变。2011年召开的中央水利工作会议在系统总结我国长久以来管理水资源经验的基础上,在1号文件中特别提出:严格执行关于水资源的管理规定,针对水资源进行用水总量控制、水利用效率控制和限制纳污"三条红线"规定,在文件里提出了水资源水环境承载力要与当地社会经济发展程度相适应,从根本上有效解决各地水资源存在的问题,确保各方面和谐发展的要求。"以需定供"是指根据需求量来确定供给量,而"以供定需"则是指根据供给量来确定需求量。这种转变响应了"三条红线"的刚性约束,有效控制了用水总量,在水量的限制下,可以帮助用水户提高用水效率,同时也缓解了水资源水环境的承载压力。

6.2.2 "四定"的承载配置与调控手段转变

《中共中央关于制定国民经济和社会发展第十三个五年规划的建议》强调,实行最严格的水资源管理制度,"以水定产、以水定城",建设节水型社会。近年来,"以水定城"一词被提出来并逐步上升为政策语言,对城市发展起指导性作用。以水定产、以水定城是指以一个城市的水的存量决定其人口数量、生产量、城市历史等等。这种承载配置与调控手段的转变,有效控制了城市发展所消耗的水资源量,提高了用水效率,减小了生态环境的承载压力。

6.3 水资源配置发展趋势

6.3.1 生态优先下的水资源配置思路的转变

我国有关水资源配置的研究起步较晚,水资源配置理论体系总共分为以下几个阶段。第一阶段为以单一水工程配置为主的初步探索阶段;第二阶段为基于宏观经济的区域水资源优化配置阶段;第三阶段为基于二元水循环模式的水资源合理配置阶段;第四阶段为面向全属性功能的水资源合理配置阶段;第五阶段为广义水资源合理配置阶段,着重考虑目标对象的多元属性。生态优先下的水资源配置基本思路的转变主要是由于配置目标、对象、机制、过程上发生了变化,例如生态优先策略和节水优先策略。在配置目标上,从单纯追求经济效益最优发展到追求经济、社会和生态整体效益最优;配置对象上,由单一地表水、地下水资源量配置发展为广义水资源的配置;在决策机制上,由单一的经济决策机制发展为综合考虑水平衡、经济效率、生态环境和社会公平等的综合决策机制;配置过程从单纯的水量配置发展到水量水质统一配置,从长期的配置规划发展到规划和近期生产相结合。

6.3.2 生态文明可持续配置理念的转变

生态文明可持续发展可以被理解为是建立在社会、经济、人口、资源、环境相互协调和共同发展基础上的一种发展，其宗旨是既能相对满足当代人的需求，又不能对后代人的发展构成危害。它兼具社会属性、经济属性、生态属性和工程属性四种属性。生态属性强调保护和加强环境系统的生产和更新能力。生态环境是实现区域可持续发展的基础和重要约束条件，而人类的一切进步都离不开水资源的供给，水资源是一种有限的资源，对水资源进行合理开发、配置是实现区域可持续发展的必要条件。水资源与生态环境之间是相互促进、相互影响的关系。合理开发、利用水资源，不仅可以给人类带来巨大效益，而且可以改善生态环境。因此，在区域资源开发、利用过程中，必须把保护与节约相结合，开发与配置相结合，适度开发、合理配置才能实现区域可持续发展。

第七章
生态文明视角下的水资源配置

7.1 生态文明视角下的水资源配置决策机制

生态文明视角下的水资源配置是一个复杂的风险决策问题,涉及水生态、水资源、水环境、水利工程、市场经济、投资、多理性决策个体、多理性决策层次和时段,因此生态文明视角下的水资源配置中的风险决策问题是一个多决策者、多目标、多风险、多决策层次和多决策时段的风险决策问题。因此,在生态文明视角下的水资源配置过程中,必须实行流域或区域范围内的生态环境、社会经济等因素的整体调控,以多目标决策为基本方法,在水平衡、生态约束、社会经济要求和环境制约下进行决策。

(1) 优先保护生态的生态机制。在水资源开发利用过程中,社会经济和生态环境之际均衡点的合理确定对保持水资源系统的可持续发展是极为重要的。生态文明视角下的水资源配置的生态合理性判断标准还有待进一步深入研究,但生态合理性的判定标准有三条:一是整体生态状况应当不低于现状水平,在此基础上考虑人工生态效益的增加和天然生态系统可能带来的损害;二是必须满足生态保护准则中关于天然生态保护的最低要求,以维护生态系统圈层结构的稳定;三是在保持社会经济稳定发展的基础上,逐步实现被破坏生态的逐步有序恢复。因此,水资源的可持续开发利用、社会经济的可持续发展和生态环境的保护必须统一协调,即以流域/区域为基础,以经济建设和生态安全为出发点,根据水分条件与生态系统结构的变化机理,以水资源的可持续利用为基本原则,在竞争性用水的条件下,通过利益比较和权衡,确定合理的生态环境与社会经济用水比例,使生态系统保持相对稳定。

(2) 具有二元结构及伴生过程特征的水平衡机制。随着社会经济的快速发展,人类活动对水资源循环过程的干预越来越大,水循环过程演化越来越呈现出二元结构及其伴生过程的特征。由于气候变化和人类活动的综合作用,这个演化过程逐渐失衡,这是产生许多水问题的根本原因。因此,水平衡是生态文明视角下的水资源配置的首要约束机制。生态文明视角下的水资源配置中需考虑三个层次的水平衡。在各流域或水资源分区中,流域总产水量、蒸发消耗量、流域出流量之间存在着平衡关系,在生态文明视角下的水资源配置过程中,需控制流域总用水量和总耗水量,以便在水资源开发利用过程中,流域生态系统不受影响或不持续恶化,也才能使受破坏的生态逐步得到恢复。从流域或区域径流性产水量、耗水量和排水量之间的水平衡关系,分析社会水循环中径流性水资源对社会经济耗水和人工生态耗水的贡献情况,界定社会经济耗水和生态环境用水大致比例。从计算单元的需水量与供水量,供用耗排之间的平衡关系,水功能区纳污能力与入河污染物负荷允许总量之间的关系进行分析,实现社会经济系统中不同用水行业、不同用水户在不同时间段与地表水、地下水、回用水和外调水等不同供水水源的分质供水供需平衡。

(3) 公平与效率兼顾的社会经济决策机制。水资源的公平分配和水污染治理责任的合理承担是社会决策机制的主要内容,主要有代际公平、城乡协调机制、地区之间的公平、用水目标之间的公平。经济决策机制体现在水资源利用和水污染治理的高效性原则。边际成本替代是生态文明视角下的水资源配置经济决策机制的基本准则。在此准则的基础上,实现社会经济需水的合理抑制,污染物排放的适当治理和有效供水的基本保障,最终实现社会经济的可持续发展。因此,根据边际成本替代和社会净福利最大两个准则确定合适的供需平衡水平和污染物防治水平。

(4) 水量水质相互制约的环境机制。环境决策机制揭示水功能区水质目标,该目标决定了水功能区纳污能力。按照水功能区水质目标要求,不同河段的水质目标和纳污能力不同,入河污染物负荷超过水功能区纳污能力则要进行削减,并将污染物排放总量分配到各污染源,通过规范其排污行为进行总量控制,满足水功能区水质目标和水域纳污能力要求。按照水质要求,不足的水量为水质型缺水,可计算相应的污染损失。同时,生态文明视角下的水资源配置中的水量水质因素相互影响、相互制约。

7.2 生态文明视角下的水资源配置调控指标

生态文明视角下的水资源配置是一个多层次、多目标、多决策者和多阶段的风险决策问题。为实现配置目标,需在众多指标中选择主要指标,以衡量生态文明视角下的水资源配置方案的优劣。各指标应体现社会经济、生态环境和水资源系统的协调发展程度,能描述和表征各个系统的状况和趋势。

(1) 生态调控指标。主要指标包括:①各水平年生态用水比例应保持在水资源可持续利用确定的范围内;②优先满足河道最小生态基流和重要的湖泊湿地用水;③对于生态脆弱地区,各水平年整体生态状况不低于现状水平或略有改善;④多年平均入海水量满足河口盐度要求;⑤对已经破坏的生态系统,需要通过系列的水资源调控措施,为该生态系统的逐步恢复提供必需的水资源条件。我国目前面临水资源短缺、生态环境恶化、水污染严重等问题,部分地区生态用水比例已经接近甚至超出了维持水资源可持续利用的范围。针对我国的实际情况,改善流域的生态现状,未来水平年整体生态状况不低于现状水平、优先满足天然生态保护的最低要求、维护生态系统圈层结构的稳定,在有条件的地区使受破坏的生态逐步得到恢复,是当前生态环境保护比较可行的措施。

(2) 水资源系统调控指标。生态文明视角下的水资源配置在水资源可持续利用的前提下进行水量和水质调配,保持水资源分区合适的生态用水比例,控制国民经济耗水比例在一定的范围内,是水资源系统主要量化指标。调控指标用生态环境用水比例的阈值或区间值表示。同时,为了能够进行水资源开发利用总量控制,水资源系统调控指标还包括用水总量控制指标和耗水总量控制指标。

(3) 环境调控指标。环境调控指标体现在入河污染物总量控制及水质型缺水的污染损失。根据污染源的特点,城镇废污水排放是主要的调控对象,农业生产使用的化肥、农药等也必须限制。城镇和工业园区等废污水排放必须满足水功能区水质目标和水域纳污能力要求,对入河污染物实行总量控制,并将污染物允许排放总量分配到各污染源。因此,城镇废污水的排放率和处理率、污染物总量控制与分配情况、水功能区水质达标率、水质型缺水率等就是比较重要的环境调控指标。在"从严"的角度下,合理的生态文明视角下的水资源配置格局需水功能区纳污能力满足纳污需求,水功能区水质达标,且社会经济的水质型缺水率基本为零。

（4）社会经济调控指标。社会调控的主要指标包括：满足人畜饮水安全的需求；区域内的缺水程度大体接近；谁污染谁治理，入河污染物负荷实行总量控制。经济调控指标体现在水资源利用和水污染治理的高效性。水资源利用调控指标主要通过目标函数来实现，如净效益最大调度原则、损失水量最小调度原则、供水水源优先序等。水污染治理调控是在公平性原则的基础上，经济发达地区应承担较多的水污染治理责任。

（5）各子系统调控指标综合协调。水资源系统、生态环境系统和水资源系统相互影响、相互制约，任何子系统调控指标的变化均会影响其他子系统的运行结果。社会经济耗水与生态环境用水此消彼长，社会经济的需水、耗水增加导致生态环境的用水减小。水资源具有水量和水质双重特性，随着社会经济用水增加、水污染加剧，水质问题凸显，社会经济与生态环境提出了质与量双重要求。生态环境健康保障是社会经济可持续发展的基础，水作为最活跃的环境因子，将两者联系为一体。当生态环境用水比例小于某个阈值，生态环境系统会遭到毁坏，导致可用的水资源量减少，反过来会制约社会经济的发展。

因此，维持社会经济、生态环境与水资源的动态平衡是生态文明视角下的水资源配置的首要目标。生态文明视角下的水资源配置从数量上进行用水总量控制和耗水总量控制，保证社会经济与生态环境合理的用水比例，维持水资源可持续利用，同时减少污染负荷，改善水质，从水量、水质两方面协调水资源系统与社会经济系统、生态环境系统的动态依存关系，综合利用有限的水资源。

7.3 生态文明视角下的水资源配置基本原则

（1）生态保护和人水和谐的原则。生态文明的发展离不开水资源的有效支撑，水是生态文明建设最基础的资源。生态文明视角下的水资源配置需优先保障基本的生态用水需求，再满足社会经济发展的需求。同时对社会经济实行节水优先，强化排污控制和用水总量控制，实现生态保护和人水和谐。

（2）水资源可持续利用原则。水资源可持续利用是社会经济和生态环境健康发展的基本保证，是生态文明视角下的水资源配置的重要原则。在当前水资源短缺、生态恶化、水污染严重的情况下，处理好流域社会经济与生态环境的用水竞争关系，保持生态环境合适的用水比例，是保护水资源再生机制、可持续利用水资源的关键。

（3）公平性原则。水资源公平分配是生态文明视角下的水资源配置的重要内容，涉及的对象有不同流域、不同地区、不同部门和不同用水人群等，而时间尺度则涉及近期、中期和远期，且不同的配置目标也需要权衡。在协调流域或地区之间的矛盾时，当地产水和过境水资源量需要均衡考虑；协调近期、中期和远期之间的矛盾时，既需要使近期的各用水户的用水需求得到满足，又不危害长远的发展利益；在协调不同配置目标的矛盾时，最小生态用水和生活用水必须优先保证，再兼顾行业和生态用水，实现水资源的综合利用。

（4）高效性原则。高效性和公平性是一对矛盾体，在进行生态文明视角下的水资源配置时，只能在考虑公平性的基础上，尽量实现水资源的高效利用，即尽量将水资源分配给边际效益高的行业与部门，使单方水资源量产生更多的经济效益，同时提高水资源利用效率，减少无效蒸发等等。

（5）总量控制原则。总量控制包括用水总量、耗水总量和排污总量控制。水资源开发利用程度要与水资源承载能力相协调，对社会经济用水实行总量控制。通过调整产业结构和布局，限制高耗水、重污染行业的发展，降低废污水排放率，提高废污水收集率及处理率，对入河污染物实行严格的总量控制。

（6）系统性原则。从流域/区域层面对水资源利用量和排污权限统一分配。统一协调社会经济用水和生态环境用水矛盾，对地表水和地下水、干流和支流、当地水和过境水及外调水、原生性和再用性水资源、水资源量和污染物负荷统一分配。

7.4　生态文明视角下的水资源配置方法

生态文明视角下的水资源配置的目标是在优先保护生态和人们生活用水的前提下，维持水资源再生机制和可持续利用，协调好社会经济与生态环境的用水关系，实行用水总量、耗水总量和排污总量控制，合理调配区域间有限的水资源，满足社会经济和生态环境的水量水质，促进生态环境和社会经济健康发展。

水资源配置常采用优化或模拟方法。模拟方法是在一定的调度规则指导下，从河流上游至下游顺序计算，断面节点的用水对象按照事先制定的规则或分水比例进行水资源分配，然后进行多次从上游至下游的反复调整计算。优化方法是以运筹学为理论基础,将流域或区域作为一个整体,在给定的边界条件和约束条件下,以设定的目标函数为引导,通过求解巨型方程组,反复迭代得到各节点的水资源分配结果。两种方法均各自有优缺点。

生态文明视角下的水资源配置遵循生态保护与人水和谐,水资源可持续利用,公平性、高效性、总量控制、系统性等原则,调控指标涉及生态、水资源、社会经济和环境等方面的内容,是多目标决策问题,这些决策问题即相互关联又相互矛盾,配置成果是各个目标相互博弈妥协的结果。运筹学是解决多目标决策问题的有效工具,它可以将生态环境系统、社会经济系统和水资源系统作为有机整体,调控指标作为目标函数或约束方程,在目标函数最大(或最小)情况下,通过反复迭代求解决策向量的最优值,以此作为经济系统和生态环境系统对水资源需求的参考成果。生态文明视角下的水资源配置模型系统需要考虑水资源的水生态、水量水质和水环境等特性,保护生态、维持人水和谐、考虑水量水质、可持续利用有限的水资源等是该模型系统追求的配置目标。随着社会经济的发展,我国已拥有众多的大中型水库和分布广泛的人工渠系,这些水利工程对社会经济发展发挥了巨大的作用,但也造成了河道水量减少,河道的生态和环境功能受到不同程度的威胁甚至破坏,流域水资源系统呈现自然循环和社会循环并存的二元结构,在水资源配置系统概化时要充分考虑水资源系统的二元结构,它是生态文明视角下的水资源配置模型系统建立的基础。因此,生态文明视角下的水资源配置宜采用优化和模拟相结合的方法。

第四篇

生态文明视角下的水资源确权

第八章

水资源确权的相关概念

8.1 水资源及其产权的相关概念界定

8.1.1 水资源

根据联合国教科文组织(UNESCO)和世界气象组织(WMO)在1988年共同制定的《水资源评价活动——国家评价手册》,水资源被定义为"可以利用或有可能被利用的水源,具有足够的数量和可用的质量,并能在某一地点为满足某种用途而可被利用";《地学大辞典》指出广义的水资源指水圈内的所有水体,包括海洋、冰川、河流、湖泊、沼泽、土壤水、地下水、生物水和大气水中的水分;而狭义的水资源即淡水资源,通常所指的水资源是逐年可以恢复和更新的那部分淡水量。

对水资源的内涵可以界定为"处于自然界一定的水载体范围内,可以利用或有可能被利用的,并且具有足够的数量和可用的质量,能在某一地点为满足某种用途而可被利用的淡水",从这一概念我们可以了解:第一,水资源是自然界的水,但自然界的水不全是水资源,如洪水、弃水、空中水、生物水、土壤水等。第二,某一地点被污染或数量、质量不能满足这一地点某种用途的水源也不能计入水资源。

8.1.2 水资源产权

产权是经济学意义上的一个概念,最早由经济学家科斯阐述"科斯定理"时提到,但科斯本人对"产权"的概念并没有给出准确的解释,经济学家在后续关于产权制度的研究中对产权的概念颇有争论,没有达成共识。在资源管理中,出于资源管理的需要,我们认为产权的概念更类似于财产权。根据权利客体的不同,水资源相关的产权概念主要有两种:一种是以水或水资源为权利客体的水权,一种是以水体为权利客体的水体产权。以水为权利客体的产权有水权、水资源产权和水资源资产产权等,以水体为产权客体的产权主要是水体产权。

就立法实践来说,大陆法系国家和地区一般使用水财产权、水资源所有权、水资源使用权、取水权等概念,比如,我国《水法》(2002)第三条使用"水资源所有权";我国《物权法》(2007)第一百二十三条使用"取水权"。在我国当前开展的水权改革与实践中,水权主要对应的是取水权,即公民、法人或者其他组织依照法律法规或认可、习惯,取用地表水和地下水的权利。然而,水资源产权不仅仅包括水资源的所有权,还包括水资源、水体的占用规则以及与取得和使用水资源有关的其他相关内容。从水资源的角度,水资源产权包括占有权、使用权、收益权、处分权、监管权等;从经营管理角度,水资源产权包括取水权、采砂权、捕捞权、养殖权、水运权、水能利用权、旅游开发权、排污权等。

8.1.2.1 水资源所有权

我国绝大多数自然资源都属于国家所有,这是我国不同于资本主义国家经济制度的基本特征之一。《水法》第三条规定:"水资源属于国家所有。水资源的所有权由国务院代表国家行使。"我国《宪法》第九条第一款规定:"矿藏、水流、森林、山岭、草原、荒地、滩涂等自然资源,都属于国家所有,即全民所有;由法律规定属于集体所有的森林和山岭、草原、荒地、滩涂除外。"《物权法》第四十六条规定"矿藏、水流、海域属于国家所有"。本条有关矿藏、水流、海域自然资源所有权的规定是依据宪法做出的。在法律层面对自然资源的归属作出规定,对进一步保护国有自然资源,合理开发利用国有自然资源,具有重要意义。

8.1.2.2 水资源使用权

水资源所有权专属国家,在这样的理论之下,水资源所有权就显得有些单一,也更加凸显了明晰水资源使用权的意义。换言之,水权的研究核心就是水资源的使用权,应围绕这一概念进行理论展开研究,从而予以调节相关权利之间的利益冲突。目前,现行法律法规并未规定水资源的使用权,水利部所指称的"水权"实质意义上是"水资源使用权",与其对应的上位概念是"水资源所有权"。《水法》第二条第二款规定:"本法所称水资源,包括地表水和地下水。"《物权法》第一百二十三条采用的是"取水权"的概念,该条规定:"依法取得的探矿权、采矿权、取水权和使用水域、滩涂从事养殖、捕捞的权利受法律保护。"明晰水资源使用权的归属,对厘清权力边界,更好地利用水资源有着重要意义。

不同类型水资源使用权的获取方式也不相同,《水法》第七条规定:"国家对水资源依法实行取水许可制度和有偿使用制度。"由国务院水行政主管部门负责全国取水许可制度和水资源有偿使用制度的组织实施,需要取用水资源的单位和个人向水行政主管部门或者流域管理机构申请取水许可证,取得取水权;农村集体经济组织及其成员使用本集体经济组织的水塘、水库中的水;家庭生活和零星散养、圈养畜禽饮用等少量取水可以不用向水行政主管部门或者流域管理机构申请领取取水许可证,缴纳水资源费,可取得取水权;临时用水的,不需要申请领取取水许可证,但需要经县级以上人民政府水行政主管部门或者流域管理机构备案或同意。主要包括如下情形:(1)为保障矿井等地下工程施工安全和生产安全必须进行临时应急取(排)水的;(2)为消除对公共安全或者公共利益的危害临时应急取水的;(3)为农业抗旱和维护生态与环境必须临时应急取水的。

8.1.2.3 水资源的相关产权特性

水资源既被土地所承载,也作为其他资源的载体,既具有自然资源的贡献特点,如可用性、整体性、生态性、有限性等,也具有流动性、流域性、依附性、功能多样性(供水、灌溉、发电、航运、养殖、捕捞等)、可分割和可综合双重属性(分割、交叉、综合使用等)、空间立体性(水面、水中、水底)等个性特征。

水资源不仅具有经济价值,同时还具有生存保障价值、生态环境价值,与社会公共利益息息相关。所以,各国对水资源的法律规范多从公、私法两大领域入手,公权性的全民水资源所有权就是宪法上的国家水资源所有权,它相当于国际法上的国家水资源永久主权,其目的是保障公众更好地使用水资源和国家政府对水资源的管理,它对国民或公众不具有物权排他性,不能在市场上进行交易;私权性的国家水资源资产所有权就是物权法中规定的国家水资源所有权,它对国民或公众具有物权排他性,可以依法进行流转或交易。与土地等其他自然资源产权权能相比,水资源产权的各项权能尚不完善,水不可能像土地资源、森林资源等自然资源那样较为完全地进入市场并由市场来实现配置,因此水资源的交易、流转受到一定程度的限制。

8.2 水资源确权登记

8.2.1 水资源确权登记现状

水资源确权登记是对水资源使用权人权利的一种对外宣示，具有物权登记的一般性特征，对于保障权利人利益，维护水权交易安全，提高水资源利用效率具有十分重要的意义。然而水资源具有流动性，需要以数量而不是空间进行确权，同时水资源又具有不确定性，年际年内变化很大，同时水资源还具有供水、灌溉、发电、养殖、航运等多功能性，取用水户向江河湖泊的退水还具有重复利用性，这些特点决定了水资源使用权在支配性、排他性以及权利客体的特定性等方面，都与其他可参照不动产进行登记的自然资源权利存在很大的不同，给确权登记带来一定困难。

国家通过对水资源进行总量控制、水量分配、跨流域调水等实现水资源的宏观配置；通过取水许可或水权交易，将水资源使用权配置到取用水户，实现水资源的微观配置。在宏观配置中，水权确权体现为明确区域取用水总量和权益；在微观配置中，水权确权体现为确认取用水户的权利义务。因此，水权确权是水资源配置的重要组成部分，通过登记可进一步将权利与义务进行固化，但在进行自然资源统一确权登记以前，各行政主管部门的登记类型以行政许可为主。部分权利登记状况见下表 8-1。

表 8-1 我国水资源登记现状

权利种类	相关管理部门	现有相关证书	确权登记类型
取水权	各级水行政主管部门	取水许可证	行政许可
采砂权	各级水行政主管部门	河道采砂许可证	行政许可
	流域管理机构	江河河道采砂许可证	
	各级自然资源行政主管部门	采矿许可证	
捕捞权	农业主管部门	船舶检验、登记证（前置）	行政许可
	各级人民政府	捕捞许可证	

续表

权利种类	相关管理部门	现有相关证书	确权登记类型
养殖权	各级渔业行政主管部门	水产苗种生产许可证,水生野生动物驯养繁殖许可证	行政许可
	各级自然资源行政主管部门	养殖水面承包经营权证	行政确权
排污权	生态环境主管部门	排污许可证	行政许可

8.2.2 水资源确权登记试点工作开展情况

8.2.2.1 开展试点工作

2014年,水利部印发《关于开展水权试点工作的通知》(水资源〔2014〕222号),要求:"通过开展不同类型的试点,在水资源使用权确权登记、水权交易流转和相关制度建设方面率先取得突破,为全国层面推进水权制度建设提供经验借鉴和示范。"选择宁夏、江西、湖北、内蒙古、河南、甘肃和广东7个省区开展水权试点,试点内容包括水资源使用权确权登记、水权交易流转和开展水权制度建设3项内容,探索水资源使用权确权登记的主体、对象、条件、程序等方式方法。2016年11月,水利部联合原国土资源部制定印发了《水流产权确权试点方案》选择在陕西省渭河、江苏省徐州市、丹江口水库开展水域、岸线等水生态空间确权试点,在宁夏回族自治区全区、湖北省宜都市开展水资源确权试点,在甘肃省疏勒河流域开展水资源和水域、岸线等水生态空间确权,通过2年左右时间,探索水流产权确权的路径和方法,界定权利人的责权范围和内容,着力解决所有权边界模糊,使用权归属不清,水资源和水生态空间保护难、监管难等问题。

水利部要求,试点应探索水资源使用权确权登记的主体、对象、条件、程序等方式方法。完善取水许可制度,对已经发证的取水许可进行规范,确认取用水户的水资源使用权;对农村集体经济组织的水塘和修建管理的水库中的水资源使用权进行确权登记;将水资源使用、收益的权利落实到取用水户。在7个试点中,宁夏、江西和湖北试点的主要内容是水资源使用权确权登记,但侧重和要求各有不同。

其中,水利部要求宁夏重点开展水资源使用权确权登记工作,按照区域用水总量控制指标,开展引黄灌区农业用水以及当地地表水、地下水等的用水指标分解;在用水指标分解的基础上探索采取多种形式确权登记;建立确权登记数据库;开展确权登记制度建设。在已列入立法计划的《宁夏回族自治区水资源管理条例》中纳入确权登记等内容,并出台专门的确权登记政策文件,在确权登记基础上,可进一步探索开展多种形式的水权交易流转。江西省重点是选择工作基础好、积极性高、条件相对成熟的市县,分类推进取用水户水资源使用权确权登记。对已经发证的取水许可进行规范,对取用水户进行水资源使用权确权登记;结合小型水利工程确权、农村土地确权等相关工作,采用多种形式和途径对取用水户水权进行确权登记,对农村集体经济组织的水塘和修建管理的水库中的水资源使用权进行确权登记。湖北省重点在宜都市开展农村集体经济组织的水塘和修建管理的水库中水资源使用权确权登记,摸底调查农村集体经济的水塘和修建管理的水库中水资源量以及水资源开发利用现状;对已经完成农村小型水利设施产权改革的水库、水塘等,进行水资源使用权确权登记;出台农村集体水权确权登记的有关制度办法,对确权主体、条件、程序等进行规定。

8.2.2.2 形成良好确权登记经验

各试点地区因地制宜开展探索,充分考虑水资源的特性,在水资源使用权确权方面形成了一些好的做法和经验:

第一,通过区域用水总量控制指标分解,为水资源使用权确权奠定基础。例如,宁夏回族自治区将国家确定的全区用水总量控制指标和黄河水量分配指标分解到各市县,建立省市县三级用水总量控制指标体系;在总量控制的框架下,制定水资源行业配置方案,明确生活、农业、工业、人工生态环境补水等用水份额。

第二,强化计划用水和水资源用途管制,为取用水户权益和公共利益提供重要保障。例如,甘肃、宁夏根据取水许可证发放情况,结合当年实际来水量,编制年度计划用水方案,加强水资源统一调度,保障取用水户的取用水权益。甘肃省还制定了《甘肃省水资源用途管制实施办法》,要求取用水户严格按照取水许可证或者水资源使用权证载明的用途使用水资源。水行政主管部门应通过定期检查水资源用途变更的实施情况、强化计量监测等方式,防止生态、农业和城乡居民生活用水被挤占。

第三,基本探明了取水权确权的路径和方式。从试点地区的实践看,取水许可管理不仅是水资源管理的重要手段,发挥着行政管理的功能;同时也是取水权配置和管理的重要手段,取水许可证的发放和管理已经发挥了物权登记制度所具有的公示、确权和对抗第三人等登记功能,可以较好满足取水权权利行使和保障的要求。

第四,初步探索出了农业用水确权路径和方式。对灌区内农业用水户,以县级行政区域用水总量控制指标为基础,按照灌溉用水定额,逐步把指标细化分解到农村集体经济组织、农民用水合作组织、农户等用水主体,落实到具体水源,明确水权,实行用水总量控制。宁夏试点探索研究了适应不同灌溉条件的灌区内农业用水确权路径和模式,如对于引黄自流灌区,如果现状实际用水量不超过总量控制指标,按照实际用水量进行确权;如果超过总量控制指标,则对各直开口的用水量同比例核减至低于总量控制指标。

第九章

水资源确权体系

9.1 水资源确权体系与目标

9.1.1 水资源产权确权体系构建

水体是自然资源的重要组成部分,因此水体产权应纳入自然资源产权体系,并构建水资源公权与私权分离、资产管理与行政管理分离的产权体系,同时针对水体使用权的立体空间特征,构建水面、水中、水底、底土立体空间水体使用权体系,也可根据使用权主体的需要进行多层组合,构成综合水体使用权。单独分离出水权体系,构建水所有权、使用权产权体系。

构建私权与公权分离的产权体系。水资源与其他自然资源一样,均具有公权和私权的特征,因此,水资源产权体系可按照自然资源产权体系构建,公权私权分离,私权包括所有权、使用权(经营权),公权包括立法权、管理权、利益协调权、用途管制权等,公益性私权包括排污权、保护地役权。

将水资源确权登记分为水体确权登记和水权登记,其中水体确权登记应以土地为载体,纳入自然资源统一确权登记,按照自然资源统一确权登记的要求进行登记,对水体国家所有权进行造册,对水体国家委托管理权进行登记;对水体集体所有权进行登记,对水体使用权和经营权进行登记,同时要对水体内水量进行登记,以便水体内的水可以独立成为权利的客体而成立水权。

建立三维立体空间模式,对水体使用权进行确权登记,分为水面、水中、水底、底土进行登记。对于有明确空间位置信息的产权(如捕捞权、养殖权、采砂权等),在登记簿上需要记载相应的平面图和剖面图,不仅记载土地面积和行政,还要记载垂直方向的高程。例如,采砂权确切登记时一方面需要描述在屏幕什么范围内、水底地图多深处行使权力,另一方面还需要规定采砂量,以综合确定采砂权。对于没有明确空间位置信息的产权（如水运权等），在登记簿上需要记载其水体利用的空间地役权。

水体产权在立体空间交叉发生冲突时，优先原则应为：生存权优先于生态环境权，生态环境权优先于生产权。如生存取水权优先于保护地役权，保护地役权优先于渔业权、采矿权、水运权、生产取水权等；在生产权里面，集体个人生产权优先于企事业单位生产权，如渔业权优先于采矿权。

9.1.2 水资源确权的目标

水资源确权是贯彻落实习近平新时代中国特色社会主义思想和绿色发展理念的重要基础性工作之一，是开展自然资源资产制度建设、推进生态文明体制改革的重要内容，也是实现中华民族伟大复兴中国梦和中华民族永续发展的重要基础之一。

水资源确权的核心是首先要明确确权的对象，摸清需要确权的水资源量和水域、岸线水生态空间的边界范围，然后根据有关规定确定水资源的所有权、使用权、管理权等权利主体和权责内容。

9.1.2.1 水资源确权的总体目标

依据《物权法》《水法》《自然资源统一确权登记暂行办法》等法律法规要求，以习近平生态文明思想为指导，面向自然资源、水利、生态环境、发展和改革、农业农村、审计等部门的业务和管理需求，全面摸清各类水资源的数量、质量、边界范围等资源情况，掌握水资源家底；清晰界定全部国土空间中各类水资源的各类权利主体，界定各类权利主体的责权范围和内容，着力解决所有权边界模糊、使用权归属不清等权属问题；推动建立权责明确、保护严格、流转顺畅、监管有效的现代水资源管理和治理体系，以及水资源利用保护市场化机制，解决水资源供给利用、水生态空间保护治理难和监管难等问题，推动自然资源资产产权制度建设和生态文明体制改革，实现山水林田湖草整体保护、系统修复、综合治理，保障国民生活、生产等社会系统和生态环境保护修复等自然系统正常、永续运转。

水资源确权为实行最严格水资源管理制度提供清晰的产权基础和权责边界，实现加强水资源开发利用控制红线管理，严格实行用水总量控制；加强用水效率控制红线管理，全面推进节水型社会建设；加强水功能区限制纳污红线管理，严格控制入河湖排污总量的目标。促进水资源可持续利用和经济发展方式转变,推动经济社会发展与水资源水环境承载能力相协调,保障经济社会长期平稳较快发展。

9.1.2.2 水资源确权的具体目标

(1) 建立水资源调查监测体系,全面及时掌握水资源家底和资源变化情况。

面向各相关部门的业务和管理需求,按照水资源的特点,水资源与其他自然资源的关联性、功能性和整体性,构建水资源立体时空模型,并纳入自然资源立体时空模型。通过第三次全国国土调查,以地表覆盖为基础,查清各类水体投射在地表的分布和范围,以及开发利用与保护等基本情况,掌握最基本的全国水资源本底状况和共性特征。调查内容包括水资源的分布、范围、面积、权属性质等核心内容。

开展水资源专项调查,查清地表水资源量、地下水资源量、水资源总量、水资源质量、河流年平均径流量、湖泊水库的蓄水动态、地下水位动态等水资源现状及变化情况;开展长江、黄河、太湖流域等重点区域水资源详查。全面掌握立体国土空间内水资源情况。下图为黄河小浪底水库现状。

图 9-1 黄河小浪底水库现状图景

建立常态化水资源监测机制,定期开展全覆盖动态遥感监测,及时掌握水资源年度变化等信息,支撑基础调查成果年度更新。针对某一区域或长江流域、黄河流域、三江源等重点区域进行水资源动态跟踪监测,同时与国家公园等自然保护地生态要素监测相互衔接,监测区域自然资源状况、生态环境等变化情况。

开展地下水监测。依托国家地下水监测工程,开展主要平原盆地和人口密集区地下水水位监测;充分利用机井和民井,在全国地下水主要分布区和水资源供需矛盾突出、生态脆弱、地质环境问题严重的地区开展地下水位统测;采集地下水样本,分析地下水矿物质含量等指标,获取地下水质量监测数据。

通过各类监测获取水资源情况,建立调查监测数据库,实现对各类调查监测数据成果的集成管理和网络调用。建成包含水资源的自然资源三维立体时空数据库,直观反映自然资源的空间分布及变化特征,实现对各类自然资源的综合管理。

建立水资源调查监测评价指标体系,评价各类水资源的基本状况与保护开发利用程度,评价资源要素之间、人类生存发展与资源之间、区域之间、经济社会与区域发展之间的协调关系,为水资源确权提供基础,为水资源保护与合理开发利用决策提供参考。

(2) 建立水资源确权登记制度,清晰界定全部国土空间中各类水资源的各类权利主体和权责内容。

《物权法》规定:依法取得的探矿权、采矿权、取水权和使用水域、滩涂从事养殖、捕捞的权利受法律保护。《水法》规定:水资源属于国家所有,水资源的所有权由国务院代表国家行使。

《生态文明体制改革总体方案》提出:对水流、森林、山岭、草原、荒地、滩涂等所有自然生态空间统一进行确权登记。开展水流和湿地产权确权试点。探索建立水权制度,开展水域、岸线等水生态空间确权试点,遵循水生态系统性、整体性原则,分清水资源所有权、使用权及使用量。

《自然资源统一确权登记暂行办法》规定:对国家公园、自然保护区、自然公园等各类自然保护地,以及江河湖泊、生态功能重要的湿地和草原、重点国有林区等具有完整生态功能的自然生态空间和全民所有单项自然资源开展统一确权登记,逐步实现对水流、森林、山岭、草原、荒地、滩涂、海域、无居民海岛以及探明储量的矿产资源等全部国土空间内的自然资源登记全覆盖。清晰界定各类自然资源资产的产权主体,逐步划清全民所有和集体所有之间的边界,划清全民所有、不同层级政府行使所有权的边界,划清不同集体所有者的边界,划清不同类型自然资源的边界,推进确权登记法治化,为建立国土空间规划体系并监督实施,统一行使全民所有自然资源资产所有者职责,统一行使所有国土空间用途管制和生态保护修复职责,并提供基础支撑和产权保障。

以水流作为独立自然资源登记单元的,依据全国国土调查成果和水资源专项调查成果,以河流、湖泊管理范围为基础,结合堤防、水域岸线划定登记单元。河流的干流、支流,可以分别划定登记单元。在国家公园、自然保护区、自然公园等各类自然保护地登记单元内的森林、草原、荒地、水流、湿地等不再单独划定登记单元。探索建立水资源使用权制度,分清水资源所有权、使用权及使用量。

自然资源部对大江大河大湖和跨境河流进行统一确权登记。由自然资源部会同水利部、水流流经的省级人民政府制定印发实施方案,组织技术力量依据国土调查和水资源专项调查结果划定登记单元界线,收集整理国土空间规划明确的用途、划定的生态保护红线等管制要求及其他特殊保护规定或者政策性文件,并对承载水资源的土地开展权籍调查。探索建立水流自然资源三维登记模式,通过确权登记明确水流的范围、面积等自然状况,所有权主体、所有权代表行使主体、所有权代理行使主体以及权利内容等权属状况,并关联公共管制要求。自然资源部可以依据登记结果颁发自然资源所有权证书,并向社会公开。

省级人民政府组织省级及省级以下自然资源主管部门会同水行政主管部门,依据《自然资源统一确权登记暂行办法》,参照自然资源部开展水流自然资源确权登记的工作流程和要求,对本辖区内除自然资源部直接开展确权登记之外的水流进行确权登记,可以颁发自然资源所有权证书,并向社会公开。

对于水资源的使用和管理,我国实行国家取水许可制度和水资源有偿使用制度,并制定了最严格的水资源管理制度,通过法律法规和行政许可确定水资源的使用权和管理权。

按照上述规定,结合自然资源、水利等部门的业务管理需求,基于水资源调查监测结果,确定水资源的所有权、使用权和管理权,记载于自然资源确权登记簿或其他相关的法定证书文件并对外公示,明晰各方权责,建立水资源确权登记制度。

(3) 建立现代水资源管理和治理体系,服务于水资源利用治理和监管保护,推动自然资源资产产权制度建设和生态文明体制改革。

按照《生态文明体制改革总体方案》的要求,水资源确权的重要目标包括建立现代水资源管理和治理体系,增强生态文明体制改革的系统性、整体性、协同性。在水资源确权的基础上开展以下工作：

完善最严格的水资源管理制度。按照节水优先、空间均衡、系统治理、两手发力的方针，健全用水总量控制制度，保障水安全。加快制订主要江河流域水量分配方案，加强省级统筹，完善省市县三级取用水总量控制指标体系。建立健全节约集约用水机制，促进水资源使用结构调整和优化配置。完善规划和建设项目水资源论证制度。主要运用价格和税收手段，逐步建立农业灌溉用水量控制和定额管理、高耗水工业企业计划用水和定额管理制度。在严重缺水地区建立用水定额准入门槛，严格控制高耗水项目建设。加强水产品产地保护和环境修复，控制水产养殖，构建水生动植物保护机制。完善水功能区监督管理，建立促进非常规水源利用制度。

按照成本、收益相统一的原则，充分考虑社会可承受能力，推进农业水价综合改革，全面实行非居民用水超计划、超定额累进加价制度，全面推行城镇居民用水阶梯价格制度。

完善生态补偿机制。探索建立多元化水资源生态补偿机制，逐步增加对重点生态功能区转移支付，完善生态保护成效与资金分配挂钩的激励约束机制。

建立污染防治区域联动机制。开展按流域设置环境监管和行政执法机构试点，构建各流域内相关省级涉水部门参加、多形式的流域水环境保护协作机制和风险预警防控体系。

推行水权交易制度。结合水生态补偿机制的建立健全，合理界定和分配水权，探索地区间、流域间、流域上下游、行业间、用水户间等水权交易方式。研究制定水权交易管理办法，明确可交易水权的范围和类型、交易主体和期限、交易价格形成机制、交易平台运作规则等。开展水权交易平台建设。

探索编制自然资源资产负债表。构建水资源、土地资源、森林资源等的资产和负债核算方法，建立实物量核算账户，定期评估自然资源资产变化状况。

基于水资源的调查和确权，建立现代水资源管理和治理体系，服务于水资源利用治理和监管保护，推动自然资源资产产权制度建设和生态文明体制改革。

9.2 水资源确权的总体思路和基本原则

9.2.1 水资源确权的总体思路

以习近平新时代中国特色社会主义思想和习近平生态文明思想为指导,按照物权法定原则,充分发挥市场作用,实现水资源合理利用和保护。

(1) 深入贯彻落实最严格的水资源管理制度,以水定产、以水定城,建设节水型社会。以水资源配置、节约和保护为重点,促进水资源可持续利用和经济发展方式转变,推动经济社会发展与水资源水环境承载能力相协调,保障经济社会长期平稳、较快发展。

(2) 牢固树立尊重自然、顺应自然、保护自然理念,水资源确权、使用和保护是生态文明建设的重要内容,要融入"五位一体"总体布局的各方面和全过程。

(3) 树立发展和保护相统一的理念,坚持发展是硬道理的战略思想,发展必须是绿色发展、循环发展、低碳发展,平衡好发展和保护的关系,按照主体功能定位控制开发强度,调整空间结构,合理开展水资源开发利用,实现发展与保护的内在统一、相互促进。

(4) 树立绿水青山就是金山银山的理念,清新空气、清洁水源、美丽山川、肥沃土地、生物多样性是人类生存必需的生态环境,坚持发展是第一要务,必须保护森林、草原、河流、湖泊、湿地、海洋等自然生态。

(5) 树立自然价值和自然资本的理念,水资源生态系统是有价值的,保护水资源就是增值水资源价值和水资源资本的过程,就是保护和发展生产力,就应得到合理回报和经济补偿。理顺水资源配置中政府与市场关系,保障水资源所有权人权益和使用权人合法权益。

(6) 树立空间均衡的理念,把握人口、经济、资源环境的平衡点推动发展,人口规模、产业结构、增长速度不能超出当地水土资源承载能力和环境容量。

(7) 遵循山水林田湖是生命共同体的理念,按照生态系统的整体性、系统性及其内在规律,统筹兼顾水资源与其他各类自然资源的生态联系。

(8) 鼓励试点先行和整体协调推进相结合,按照建立系统完整的生态文明制度体系的要求,在水资源确权试点的基础上,全面铺开、分阶段推进。

9.2.2 水资源确权的基本原则

(1) 坚持资源公有、物权法定

坚持自然资源社会主义公有制,即全民所有和集体所有。依法依规确定水资源的物权种类和权利内容。坚持水资源的公有性质,创新产权制度,落实所有权、使用权和管理权,区分水资源资产所有者权利和管理者权力,合理划分中央地方事权和监管职责,保障权利主体的水资源资产收益。

(2) 坚持统筹兼顾

树立山水林田湖草是一个生命共同体的理念,按照生态系统的整体性、系统性及其内在规律,统筹考虑。既考虑到水资源的固有特点,又要兼顾水资源与自然生态各要素的关系,在新的自然资源管理体制和格局基础上,与各类自然资源确权做好衔接。

(3) 坚持发展和保护相统一

既满足生活用水、农业用水、工业用水等居民生活和经济发展的需要,又满足生态环境保护的要求,形成有利于节约水资源和保护水生态环境的新的空间格局。

(4) 红线控制、科学合理

严格执行区域内已经确定的用水总量、用水效率和水功能区达标率"三条红线"控制指标,并贯穿到水资源使用权确权登记的主要环节。对现状用水量较大、超出行业用水水平较多、浪费又较严重的取用水户,应通过重新评估和核定,科学合理地确定其水资源使用权。

(5) 分类实施、有序推进

区分工业用水、农业用水、农村集体经济组织的水塘和修建管理的水库中的水资源使用权等不同类型并分别开展确权登记,既要按照取水许可制度确认取水权,发放取水许可证,也要根据建立水资源资产产权制度的要求确认水资源使用权,发放水资源使用权证。工业用水要逐步探索实行水资源使用权有偿取得。

(6) 尊重历史、照顾现状

既要以取用水项目的原设计审批文件为依据进行确权登记,保障原用水户用水权益不受影响;也要照顾现状用水情况,对改变原设计审批文件取用(供)水的,履行一定的论证和审批程序后予以确权,对原用水户造成影响的,要落实合理的补偿措施。

(7) 权责一致、公平公正

落实取用水户对水资源使用、收益的权利,明确权利人节约保护水资源的责任和义务,实现权利和责任的统一。加强水资源用途管制,防止农业、生态和居民生活用水被挤占。

(8) 坚持正确改革方向、健全市场机制

更好发挥政府的主导和监管作用,发挥企业的积极性和自我约束作用,发挥社会组织和公众的参与和监督作用。充分发挥政府在水资源使用权确权登记中的主导作用,做好顶层设计与政策引导,组织有关部门单位齐抓共管,协调好各方利益关系。加大宣传,引导社会公众和取用水户树立节水护水意识,积极参与水资源使用权确权登记工作,形成政府和社会共同推进水权制度建设的局面。

(9) 坚持激励和约束并举

既要形成支持绿色发展、循环发展、低碳发展的利益导向机制,又要坚持源头严防、过程严管、损害严惩、责任追究,形成对各类市场主体的有效约束,逐步实现市场化、法治化、制度化。

(10) 坚持鼓励试点先行和整体协调推进相结合

在党中央、国务院统一部署下,先易后难、分步推进,逐步开展重点区域、重点河流湖泊的确权登记。支持各地区、各级自然资源主管部门、水利主管部门围绕水资源所有权、使用权、管理权等因地制宜,进行大胆探索、大胆试验。

9.3 水资源确权的主体和对象

9.3.1 水资源确权的主体

(1) 调查主体和确权主体

2018年,中共中央印发的《深化党和国家机构改革方案》规定,组建自然资源部承担水利部的水资源调查和确权登记管理职责。调查主体和确权主体为各级自然资源主管部门,由各级自然资源主管部门会同各级水利部门对水资源进行调查和确权登记。

(2) 所有权主体

《水法》第三条规定:"水资源属于国家所有。水资源的所有权由国务院代表国家行使。农村集体经济组织的水塘和由农村集体经济组织修建管理的水库中的水,归各该农村集体经济组织使用。"水资源的所有权主体为国家或集体经济组织。

(3)使用权主体

水资源使用权是权利人对水资源所享有的使用、收益或处分的权利。国家保护依法开发利用水资源的单位和个人的合法利益。《水法》第四十八条规定:"直接从江河、湖泊或者地下取用水资源的单位和个人,应当按照国家取水许可制度和水资源有偿使用制度的规定,向水行政主管部门或者流域管理机构申请领取取水许可证,并缴纳水资源费,取得取水权。"水资源的使用权主体为按照合法规定通过合法程序取得使用权的法人或自然人。

(4)管理权主体

《水法》第十二条规定:"国家对水资源实行流域管理与行政区域管理相结合的管理体制。国务院水行政主管部门负责全国水资源的统一管理和监督工作。国务院水行政主管部门在国家确定的重要江河、湖泊设立的流域管理机构(以下简称流域管理机构),在所管辖的范围内行使法律、行政法规规定的和国务院水行政主管部门授予的水资源管理和监督职责。县级以上地方人民政府水行政主管部门按照规定的权限,负责本行政区域内水资源的统一管理和监督工作。"

2012年1月12日,国务院以国发〔2012〕3号印发《关于实行最严格水资源管理制度的意见》规定,建立水资源管理责任和考核制度。要将水资源开发、利用、节约和保护的主要指标纳入地方经济社会发展综合评价体系,县级以上地方人民政府主要负责人对本行政区域水资源管理和保护工作负总责。国务院对各省、自治区、直辖市的主要指标落实情况进行考核,水利部会同有关部门具体组织实施,考核结果交由干部主管部门,作为地方人民政府相关领导干部和相关企业负责人综合考核评价的重要依据。具体考核办法由水利部会同有关部门制订,报国务院批准后实施。有关部门要加强沟通协调,水行政主管部门负责实施水资源的统一监督管理,发展改革、财政、国土资源、环境保护、住房城乡建设、监察、法制等部门按照职责分工,各司其职,密切配合,形成合力,共同做好最严格水资源管理制度的实施工作。水资源管理权主体为县级以上地方人民政府水行政主管部门。

9.3.2 水资源确权的对象

水资源确权的对象是各类水资源,主要包括:

(1) 河流:河流是指由一定区域内地表水和地下水补给,经常或间歇地沿着狭长凹地流动的水流。河流是地球上水文循环的重要路径,是泥沙、盐类和化学元素等进入湖泊、海洋的通道。中国对于河流的称谓很多,较大的河流常称江、河、水,如长江、黄河、汉水等。浙、闽地区的一些河流较短小,水流较急,常称溪,如福建的沙溪、建溪等。西南地区的河流也有称为川的,如四川的大金川、小金川、云南的螳螂川等。

(2) 湖泊:湖盆及其承纳的水体。湖盆是地表相对封闭可蓄水的天然洼池。湖泊按成因可分为构造湖、火山口湖、冰川湖、堰塞湖、喀斯特湖、河成湖、风成湖、海成湖和人工湖(水库)等。按泄水情况可分为外流湖(吞吐湖)和内陆湖;按湖水含盐度可分为淡水湖(含盐度小于 1 克/升)、咸水湖(含盐度为 1—35 克/升)和盐湖(含盐度大于 35 克/升)。湖水的来源是降水、地面径流、地下水,有的则来自冰雪融水。湖水的消耗主要是蒸发、渗漏、排泄和开发利用。

(3) 水库:一般的解释为"拦洪蓄水和调节水流的水利工程建筑物,可以用来灌溉、发电、防洪和养鱼"。它是指在山沟或河流的狭口处建造拦河坝形成的人工湖泊。水库建成后,可起防洪、蓄水灌溉、供水、发电、养鱼等作用。有时天然湖泊也称为水库(天然水库)。水库规模通常按库容大小划分,分为小型、中型、大型等。

(4) 大江大河大湖和跨境河流:主要指由国家确定的重要河流、湖泊,主要包括:长江、黄河、淮河、海河、珠江、松花江、辽河;鄱阳湖、洞庭湖、太湖、洪泽湖、巢湖、青海湖;鸭绿江、图们江、黑龙江、额尔齐斯河、伊犁河、狮泉河、雅鲁藏布江、怒江等。

(5) 地下水资源:地下水资源是指存在于地下可以为人类所利用的水资源,是全球水资源的一部分,并且与大气水资源和地表水资源密切联系、互相转化。既有一定的地下储存空间,又参加自然界水循环,具有流动性和可恢复性的特点。地下水资源的形成,主要来自现代和以前的地质年代的降水入渗和地表水的入渗,资源丰富程度与气候、地质条件等有关,利用地下水资源前,必须对其进行水质评价和水量评价。

(6) 国家公园、自然保护区、自然公园中的水资源:《自然资源统一确权登记暂行办法》规定，自然资源登记单元应当由登记机构会同水利、林草、生态环境等部门在自然资源所有权范围的基础上，综合考虑不同自然资源种类和在生态、经济、国防等方面的重要程度以及相对完整的生态功能、集中连片等因素划定。在国家公园、自然保护区、自然公园等各类自然保护地登记单元内的森林、草原、荒地、水流、湿地等不再单独划定登记单元。国家公园、自然保护区、自然公园中的水资源以水流类型的形式，取水权等相关权利以关联信息的形式记载于自然资源登记簿。

9.4 水资源确权的程序和方法

9.4.1 按照自然资源确权登记的程序开展水资源所有权确权

9.4.1.1 登记管辖

《自然资源确权登记操作指南（试行）》规定了水流等自然资源确权登记的工作流程。

自然资源主管部门作为承担自然资源确权登记工作的机构（以下简称登记机构），按照分级和属地相结合的方式进行登记管辖。

自然资源部会同省级人民政府负责组织开展由中央政府直接行使所有权的国家公园、自然保护区、自然公园等各类自然保护地以及大江大河大湖和跨境河流、生态功能重要的湿地和草原、国务院确定的重点国有林区、中央政府直接行使所有权的海域、无居民海岛、石油天然气、贵重稀有矿产资源等自然资源和生态空间的确权登记工作。具体登记工作由自然资源部负责办理。

各省人民政府负责组织开展本行政区域内由中央委托地方政府代理行使所有权的自然资源和生态空间的确权登记工作。包括除自然资源部直接开展确权登记之外的各类自然保护地、水流、森林、湿地、草原、荒地、探明储量的矿产资源。具体登记工作由省级及省级以下登记机构负责办理。跨行政区域的自然资源确权登记由共同的上一级登记机构或者指定登记机构办理。

为保持水流登记单元的完整性，除自然资源部负责登记的大江大河大湖和跨境河流外，省域内跨县市的主要河流及省管河流应由省级登记机构按省级行政区范围办理。市县应按照要求，做好本行政区域范围内自然资源确权登记工作。

9.4.1.2 工作组织

自然资源部负责指导、监督全国自然资源确权登记工作，编制全国自然资源确权登记工作方案，制定相关技术规范及标准；统一开发建设自然资源确权登记信息系统；负责国家层面自然资源确权登记工作。

省（自治区、直辖市）人民政府对本省（自治区、直辖市）自然资源确权登记工作负总责，组织省级自然资源主管部门会同相关部门编制本省（自治区、直辖市）工作总体方案和年度工作计划，并指导监督省级及省级以下自然资源主管部门制定本级自然资源确权登记实施方案，协调解决省级职责、机构、编制及资金等重大问题。总体工作方案报自然资源部审核后，以省（自治区、直辖市）人民政府名义印发。省级自然资源主管部门具体负责本省（自治区、直辖市）自然资源确权登记业务指导工作，制定地方技术规范及标准，组织开展全省（自治区、直辖市）自然资源确权登记信息化工作，具体负责省级层面自然资源确权登记工作。

市县人民政府按照国家和省（自治区、直辖市）的要求，组织市县级自然资源主管部门会同相关部门，配合做好国家和省级层面自然资源确权登记实施中的资料收集、通告和公告的发布、地籍调查、界线核实、权属争议调处等具体工作，协调解决本级职责、机构、编制及资金等问题。市县级自然资源主管部门负责市县级层面自然资源确权登记工作。

9.4.1.3 工作流程

(1) 前期准备。前期准备包括组织准备、技术准备和资料准备。在一定时期内对行政辖区内全部或者大部分自然资源统一组织开展首次登记的，应当建立"政府统一领导、自然资源部门牵头、相关部门参与配合"的工作机制。收集、整理自然资源、生态环境、水利、林草等相关部门已有的相关资料。

(2) 编制工作底图。对收集的资料进行整理、分析和技术处理，以最新的全国国土调查或年度变更调查成果为基础编制工作底图，如有现势性更强、分辨率更高的正射影像图，也可以采用。

(3) 预划登记单元。按照各类自然资源登记单元的划分要求预划登记单元。

(4) 发布通告。自然资源所在地县级以上地方人民政府发布首次登记通告。

(5) 内业调查。在工作底图基础上，通过内业采集和信息提取分析，调查获取登记单元范围内的自然资源自然状况、权属状况,形成初步调查成果。

(6) 关联信息。在登记单元调查初步成果上关联不动产登记信息、生态保护红线和国土空间规划用途等特殊保护信息、取水许可和排污许可信息以及矿业权信息等内容。

(7) 调查核实。由县级地方人民政府组织,对初步调查成果中的登记单元界线、自然状况、权属状况及关联信息等情况进行核实。

(8) 实地补充调查。调查核实成果经进一步核实,仍有缺失、不清晰、不一致或者存在争议的,采取解析和图解相结合的方式,开展实地补充调查,并进行权属争议调处。经调处,权属争议仍无法解决的,划分权属争议区。

(9) 调查成果上图。将调查核实和外业补充调查形成的调查成果,按照统一的规格和要求,进行整理上图。

(10) 数据库建设。按照国家标准建立自然资源地籍调查数据库。

(11) 审核。登记机构会同相关部门对登记内容进行审核。

(12) 公告。登记机构对拟登记的自然资源的自然状况、权属状况、关联信息等进行公告。

(13) 登簿。登记机构将自然资源的权属状况、自然状况等内容记载于自然资源登记簿,并关联国土空间规划明确的用途、划定的生态保护红线等管制要求及其他特殊保护规定等信息,可以发放证书。

水流登记单元以河流、湖泊、水库等为单位划定。

① 水流登记单元依据全国国土调查成果和水资源专项调查成果,以河流、湖泊管理范围为基础,结合堤防、水域岸线划定。

② 有堤防的河流、湖泊、水库,原则上在堤防和护堤地一定范围内划定登记单元界线;无堤防的,原则上在设计洪水位范围内、以地方政府确认的水域岸线划定登记单元界线。但登记单元界线原则上要避免与城镇开发边界红线、永久基本农田保护红线交叉。

③ 河流的干流、支流,可以分别划定登记单元,也可以整体划定登记单元。

④ 大江、大河、大湖应当单独划分水流登记单元;湖泊与其相连的河流、水库与其相连的河流可以分别划分登记单元。

⑤ 跨境河流、湖泊应以国境线为依据,划分水流登记单元。

⑥ 河流干流与支流、支流与支流的交界处,宜以高一级水系的堤防走向或水流方向,将交界处划入高一级水流登记单元。

⑦ 当水流穿过国家批准的自然保护地登记单元时,应保持自然保护地登记单元的完整性;穿过非国家批准的自然保护地登记单元时,应结合实际保护情况,尽量保持重要河流生态空间的完整性;当水流穿过其他类型登记单元时,应保持水流登记单元的完整性。

⑧ 跨行政区域的湖泊或水库,应当整体划分为一个登记单元。

⑨ 河流与海水的交界处,以海岸线作为登记单元界线。

⑩ 冰川及永久性积雪可以单独划定登记单元。

9.4.2 借鉴用益物权设立程序开展水资源使用权确权

目前,我国法律上没有明确的水资源使用权的概念,仅在《水法》第六条规定:"国家鼓励单位和个人依法开发、利用水资源,并保护其合法权益。"

水资源使用权的内容,即权利人对水资源可以行使的权利的总称,也可以说是水资源使用权的权能。具体而言,包括占有、使用、收益和有限的处分权。

有研究把水资源使用权界定为:在不改变水资源所有权的前提下,公民、法人或其他组织在法律规定的范围内,对非自己所有的水资源依法享有的占有、使用、收益的权利。它是作为独立的财产权,与水资源所有权并立存在的。具体而言,它又有汲水权、引水权、蓄水权、排水权(从权利行使的形态来看);家庭用水权、市政用水权、灌溉用水权、工业用水权、娱乐用水权、水利用水权、航运水权、竹木流放权(从权利行使的目的来看)等多种表现形式。

关于水资源使用权的性质,物权法上存在以下几种说法:一为特许物权或特别物权说,强调水资源使用权的取得依特别法规定的特许程序,权利行使受较强行政干预,优先适用特别法等。二为准物权说,认为准物权之于物权,犹如准侵权行为之于侵权行为,只是在符合物权基本属性前提下具有特殊性;也有人完全否认它是一种物权,只是适用物权法的一些规定。三为用益物权说。史尚宽先生持此观点,即主张"水权"为用益物权。

在我国水资源公有制的背景下,水资源使用权实质上是那些本应以所有者身份行使权利的人所享有的一种财产权。它不像传统用益物权那样面对着一个私人的所有权主体,而仅仅面对制度意义上的所有权。真正的所有权主体——国家,其所谓的类似"分配""出让"等许可使用的行为,只是一种使集中的水资源得以分散使用的必经手段或者是管理手段,而不是所有权人谋利的手段。

《水法》规定：国家对水资源依法实行取水许可制度和有偿使用制度。在水资源使用权具体落实中，可以按照《水法》《物权法》《民法》《水行政许可实施办法》的相关规定，设立使用权并赋予权利人相关权利。

9.4.3 结合"河长制""湖长制"和水资源行政管理手段开展水资源管理权确权

水资源管理以实现水资源的持续开发和永续利用为最终目的。国家对水资源实行统一管理，规范水资源的国家宏观管理体制、流域管理体制和区域水管理体制，规范水资源配置统一决策、监管的体制和机制。

我国实行最严格的水资源管理制度，以水定产、以水定城，建设节水型社会。主要的管理内容：一是用水总量控制。加强水资源开发利用控制红线管理，严格实行用水总量控制，包括严格规划管理和水资源论证，严格控制流域和区域取用水总量，严格实施取水许可，严格水资源有偿使用，严格地下水管理和保护，强化水资源统一调度。二是用水效率控制制度。加强用水效率控制红线管理，全面推进节水型社会建设，包括全面加强节约用水管理，把节约用水贯穿于经济社会发展和群众生活生产全过程，强化用水定额管理，加快推进节水技术改造。三是水功能区限制纳污制度。加强水功能区限制纳污红线管理，严格控制入河湖排污总量，包括严格水功能区监督管理，加强饮用水水源地保护，推进水生态系统保护与修复。四是水资源管理责任和考核制度。将水资源开发利用、节约和保护的主要指标纳入地方经济社会发展综合评价体系，县级以上人民政府主要负责人对本行政区域水资源管理和保护工作负总责。

《关于实行最严格水资源管理制度的意见》规定，水行政主管部门负责实施水资源的统一监督管理，发展改革、财政、国土资源、环境保护、住房城乡建设、监察、法制等部门按照职责分工，各司其职，密切配合，形成合力，共同做好最严格水资源管理制度的实施工作。完善水资源管理体制。进一步完善流域管理与行政区域管理相结合的水资源管理体制，切实加强流域水资源的统一规划、统一管理和统一调度。

为实现对水资源的合理开发利用和保护。目前，我国全面推行河长制和湖长制，并对水资源的取水权、排污权设立行政许可审批事项。针对不同的水资源类型可以分别参照河长制、湖长制、水资源行政许可审批事项的设立程序，开展水资源管理权的确权。

(1) 河长制

全面推行河长制,以保护水资源、防治水污染、改善水环境、修复水生态为主要任务,全面建立省、市、县、乡四级河长体系,构建责任明确、协调有序、监管严格、保护有力的河湖管理保护机制,为维护河湖健康生命、实现河湖功能永续利用提供制度保障。

2016年年底,中央下发《关于全面推行河长制的意见》,明确全面建立河长制。提出全面建立省、市、县、乡四级河长体系。各省(自治区、直辖市)设立总河长,由党委或政府主要负责同志担任;各省(自治区、直辖市)行政区域内主要河湖设立河长,由省级负责同志担任;各河湖所在市、县、乡均分级分段设立河长,由同级负责同志担任。县级及以上河长设置相应的河长制办公室,具体组成由各地根据实际确定。

各级河长负责组织领导相应河湖的管理和保护工作,包括水资源保护、水域岸线管理、水污染防治、水环境治理等,牵头组织对侵占河道、围垦湖泊、超标排污、非法采砂、破坏航道、电毒炸鱼等突出问题依法进行清理整治,协调解决重大问题;对跨行政区域的河湖明晰管理责任,协调上下游、左右岸实行联防联控;对相关部门和下一级河长履职情况进行督导,对目标任务完成情况进行考核,强化激励问责。河长制办公室承担河长制组织实施具体工作,落实河长确定的事项。各有关部门和单位按照职责分工,协同推进各项工作。

(2) 湖长制

湖长制,即由湖泊最高层级的湖长担任第一责任人,对湖泊的管理保护负总责,其他各级湖长对湖泊在本辖区内的管理保护负直接责任,按职责分工组织实施湖泊管理保护工作。县级及以上湖长负责组织对相应湖泊下一级湖长进行考核,考核结果作为地方党政领导干部综合考核评价的重要依据。这将理顺管理关系和管理的体制。

湖长制是河长制基础上及时和必要的补充,其实施有利于促进绿色生产生活方式的形成,有利于建立流域内社会经济活动主体之间的共建关系,形成人人有责、人人参与的管理制度和运行机制。

2017年12月26日,中办、国办印发《关于在湖泊实施湖长制的指导意见》提出,各省(自治区、直辖市)要将本行政区域内所有湖泊纳入全面推行湖长制工作范围,到2018年底前全面建立湖长制,建立健全以党政领导负责制为核心的责任体系,落实属地管理责任。

全面建立省、市、县、乡四级湖长体系。各省(自治区、直辖市)行政区域内主要湖泊，跨省级行政区域且在本辖区地位和作用重要的湖泊，由省级负责同志担任湖长；跨市地级行政区域的湖泊，原则上由省级负责同志担任湖长；跨县级行政区域的湖泊，原则上由市地级负责同志担任湖长。同时，湖泊所在市、县、乡要按照行政区域分级分区设立湖长，实行网格化管理，确保湖区所有水域都有明确的责任主体。

湖泊最高层级的湖长是第一责任人，对湖泊的管理保护负总责，要统筹协调湖泊与入湖河流的管理保护工作，确定湖泊管理保护目标任务，组织制定"一湖一策"方案，明确各级湖长职责，协调解决湖泊管理保护中的重大问题，依法组织整治围垦湖泊、侵占水域、超标排污、违法养殖、非法采砂等突出问题。其他各级湖长对湖泊在本辖区内的管理保护负直接责任，按职责分工组织实施湖泊管理保护工作。

流域管理机构要充分发挥协调、指导和监督等作用。对跨省级行政区域的湖泊，流域管理机构要按照水功能区监督管理要求，组织划定入河排污口禁止设置和限制设置区域，督促各省(自治区、直辖市)落实入湖排污总量管控责任。要与各省(自治区、直辖市)建立沟通协商机制，强化流域规划约束，切实加强对湖长制工作的综合协调、监督检查和监测评估。

(3) 水资源行政管理手段

《水行政许可实施办法》第十六条规定：水行政许可实施机关的法制工作机构或者其他水行政许可归口管理机构，承办下列事项：

(一)组织制订水行政许可制度；

(二)审查涉及水行政许可的法律、法规、规章和规范性文件草案；

(三)审查和评价水行政许可的设定；

(四)指导、协调、监督检查水行政许可的实施情况；

(五)承办有关水行政许可的行政复议、行政应诉案件；

(六)法律、法规、规章规定和水行政许可实施机关交办的其他水行政许可归口管理工作。

2019年12月，水利部印发的《水资源管理监督检查办法(试行)》提出，水利部负责统筹协调、组织指导全国水资源管理监督工作。流域管理机构依据职责和水利部授权，负责所管辖范围内的水资源管理监督工作。地方各级水行政主管部门按照管理权限负责本行政区域内的水资源管理监督工作，并按要求做好水资源管理问题自查自纠工作。

水资源管理监督主要事项包括：水量分配、用水总量控制、取水许可（取水口监管）、生态流量（水量）管控、水资源费（税）征收有关工作、地下水管理、饮用水水源保护以及水利部其他水资源管理重大决策部署、重点工作任务落实情况等。

水资源管理监督检查通过"查、认、改、罚"等环节开展工作，主要工作程序如下：

（一）按照年度水资源管理监督检查工作重点，制定工作方案；

（二）组织开展水资源管理监督检查工作；

（三）进行问题认定并提出问题整改及责任追究建议；

（四）下发整改通知，督促问题整改及整改情况复核；

（五）落实责任追究。

检查发现违反相关法律、法规、规章的，按照相关规定执行。

通过"河长制""湖长制"和水资源行政管理手段实现水资源管理权主体的确权，明确责任主体，实现对水资源开发利用和保护的有效管理。

9.5 建议与对策

水流资源与国土、森林等资源相比，具有动态性、更新性等特征，在确权方法上存在较大的差异性。现有的《自然资源统一确权登记暂行办法》《自然资源统一确权登记操作指南》等指导性文件主要基于原国土资源部和水利部组织的水流确权试点工作经验，但是限于试点范围有限，建议进一步完善水流确权的技术方法，主要包括：

（1）部分登记指标缺乏明确意义，与现有调查评价不兼容，数据难以获取。例如，确权登记内容中河流的常水位、最高水位、湖泊正常水位等，在水利普查、水资源调查评价等工作中均未开展相关评价；同时，由于水流天然的波动性、周期性特征，相关数据缺乏实际意义且难以获取，建议将相关登记数据替换为多年平均水位、对应防洪标准的洪水位等概念更为明确、与现有调查体系兼容的指标。

（2）前期工作主要针对分散的、相对独立的水体，对具有复杂水力联系的江河湖库系统的确权方法缺乏深入研究，对水流的上下游、左右岸的关系未进行深入讨论,以行政区划为主的工作模式与水资源调查评价、水文监测以流域为主的数据基础难以匹配,建议采用流域和区域相结合的水流评价工作机制,自然属性评价以流域、河段为基本单元,充分考虑干支流、上下游、左右岸的关系;所有权登记方面,根据河段重要性和现有河道分级管理体系进行划分,避免水流所有权破碎化。

(3)鉴于水流确权工作的复杂性,建议集中自然资源管理、水文水资源等领域力量,开展水流确权技术方法的专题研究,推进水流确权技术标准的研究和制定。

第十章

生态用水确权体系构建初探

10.1 生态用水确权概念

按照水资源的用水部门划分,即可划分为生活、生产和生态三大部门。其中,生态用水,即生态环境所需的水资源,其有效供给是维护生态系统生态健康与安全的保障,是经济社会可持续发展的前提条件。生态用水是流动的公共资源,改革开放以前,我国经济发展水平较低,生活、生产用水需求量较少,生态用水供给充足。随着耕地扩张及工业化、城市化进程加快,生产和生活用水需求大幅增加,很多地区水资源供需矛盾加剧,生活、生产用水部分甚至完全挤占生态用水的问题逐步增多,此外,排入的生产、生活污水量持续增加,导致河流、湿地等自然生态系统遭到不同程度的破坏,河道断流、湿地萎缩、天然植被退化、土壤沙化等生态环境问题严重制约着我国经济社会的可持续发展以及生态文明的建设。

以湿地为例,我国为了维护湿地自然生态系统的健康与安全,在湿地极度缺水时,一般采取应急补水的方式,通过统筹协调对湿地进行补水。最初的实践为 2001 年启动的从嫩江向扎龙湿地进行应急生态补水,当年即向扎龙湿地补水 3500 万立方米,截至 2003 年,累计补水 6.5 亿立方米,对于恢复和保护扎龙湿地起到了至关重要的作用。此后,全国各地多处湿地将生态补水作为湿地生态恢复的措施。然而,为湿地补水的水来自哪里,用的是谁的水权,以及向湿地补水需要大量的资金支撑,但湿地并没有直接的经济效益,谁应当来承担补水责任,这些问题导致了难以对湿地进行持续的补水。

事实上,补给湿地的水可能用了生产、生活用水部门的水权,也可能本来就是湿地的水权,即生态水权,补水其实是归还其水权。同生活水权和生产水权一样,生态水权也是流域初始水权的重要组成部分。在流域初始水权分配过程中，需要预留生态用水，分配给生态环境使用水资源的权利，即生态用水确权，包括自然保护区生态用水权、湿地系统生态用水权、（天然、人工）林草生态系统用水权以及河道内生态环境用水权。

一般来说，生态用水确权，首先表现为水量确权，即维持自然生态系统生态与环境功能所需的水资源量，也就是生态需水量。此外，维护自然生态系统功能不仅需要保障生态用水数量，还需要保障生态用水的水质。一些情况下，生产、生活污水排放至自然河道内，虽补充河道和湿地的生态用水数量，但降低了生态用水的质量，同样难以保障下游生态环境系统稳定和维持水生生物生存繁衍。因此，生态用水确权包括水量确权和水质确权两方面，保质保量供给生态用水，实现自然生态系统的生态功能，统筹人和自然的协调发展，有效推进生态文明建设。

10.2 生态用水确权体系

10.2.1 确权目标

生态用水确权的主要目标：一是保障自然生态系统的生态用水，生态用水水资源确权通过行政和经济措施，将生态用水进行依法确权给政府部门，来达到生态用水水资源不被生产和生活用水挤占的目的，进而保障自然生态系统的生态健康；二是协调解决流域上下游省份间的生态水权侵蚀问题，可通过地方政府以经济补偿方式协商解决，补偿资金主要用于流域下游省份从水权市场购买水权补给生态用水，修复自然生态系统；三是为在流域极端干旱缺水时，为自然生态系统的补水确定补水责任的承担主体，以及补水所使用水资源的产权主体，最终实现生态补水的常态化，以保护和修复自然生态系统，维持其正常生态环境功能。

10.2.2 确权思路和原则

10.2.2.1 确权思路

首先进行流域生态用水使用现状调查，包括河道生态用水、河道外植被生态用水、湖泊湿地生态用水等，分析确权对象取水量和用水量现状以及存在的问题等；其次，调查流域水资源总量、流域内基本生活需水量和生产需水量等，计算流域内生态水权量;最后以流域内的生态水权资源量为总量,利用确权模型确定流域内各确权对象生态用水量。

10.2.2.2 确权原则

(1) 保障居民的基本生活用水原则。生存权是人类首要人权,在初始水资源分配时,首先要保障居民的基本生活用水,生产用水和生态用水的确权应该以保障居民的基本生活用水为前提。

(2) 尊重现状原则。在生态用水确权过程中要以现状为基础,因为现状用水是人们长期实践和博弈的结果,容易得到不同部门和有关利益者的承认,应作为初始水权分配的基本依据,以减少或者避免产生不必要的纠纷,针对一些不太合理的用水部门,也应做出相应的调整,扣除不合理的用水部分,进行重新分配。

(3) 公平性原则。在初始水权分配时,应坚持生产与生态、上游与下游统筹协调原则,生产用水和生态用水具有同等重要性,在确权时应平等对待,水资源总量减去基本生活需水后,剩余的水资源直接按需水量比例在生态用水和生产用水中分配,在缺水情况下,除保障居民的基本生活用水外,生产水权和生态水权在需水量基础上同比例削减。

(4) 可持续发展原则。在生态用水确权过程中应与社会经济的发展水平相适应,合理用水,并充分考虑人、社会、自然的和谐相处,不能只管眼前的发展,应该实现水资源的可持续利用。

10.2.2.3 确权对象

根据我国《水法》规定,水资源归国家所有,也就是说,生态水权的产权主体是国家,具有一定排他性。但与生产水权、生活水权等社会水权不同,生态水权的资源使用主体和产权主体不一致,生态水权水资源的使用主体是各种自然生态系统,如湿地、河道等,其本身不具备产权行使能力。水资源不同于其他产品,具有流动性、季节性、不确定性,属于流动的公共资源,具有消费上的非排他性。因此,需要其他具备行使和维护产权能力的组织或个人代为行使生态水权权能。生态用水的公共资源属性决定生态水权的产权主体是相关政府部门。

10.2.2.4 确权水平年和有效期

在开展流域生态用水确权调查工作时,需要确定调查各影响因素数据,从而确定确权采用的水平年。

一般来说,需要设定水资源使用权的有效期,考虑水权的稳定性和可调整性。水权的稳定性即是在有效期内不可以随便变更水权,可调整性的意思也就是说在有效期结束后,需要根据水资源总量的变化和社会经济的发展适当做出一些调整。一般来说,有效期太短,会降低水资源确权的权威性,然而有效期太长,则不能适应社会的发展,且增加行政部门对水资源调度的难度和成本。生态水权作为一种长期水权,应根据国家水利部门发展规划的 5 年作为期限。

  10.2.2.5 确权范围

在流域生态水权确权目标、原则的基础上,进一步划定确权的水资源数量及质量范围,即生态水权的水量和水质。

  10.2.2.6 确权影响因素分析

在流域生态用水确权工作过程中,需要确定影响生态水权确权分配的因素,如湿地蒸散量、水面降水量、河道水生生物生长、特殊生物和珍稀物种生存、河流输沙、以及水质要求等。此外,还要分析这些因素之间是否存在重叠,如果存在重叠,需要去除重叠的影响因素,并对主要影响因素进行分析。

10.3 生态用水确权模型

要构建流域生态用水的确权模型,首先要分析流域不同组分包括河流、湿地、天然植被、城市水体等各自的生态需水量,本节将首先针对不同组分的生态需水量计量模型进行详细阐述。

10.3.1 流域生态需水计量模型

  10.3.1.1 河流生态需水

为维持河流生态系统一定形态和功能所需要保留的河流生态需水量(WR),主要包括河流基本生态需水量、汛期河道输沙需水量以及保护河口湿地生态系统的入海水量等,其中基本生态需水量是指维持水生生物正常生长及保护特殊生物和珍稀物种生存所需要的水量。

(1) 基本生态需水量(W_{R1}):目前基于所需初始数据的特征,主要有四大类方法用于河流生态需水的测量,包括水文学法、水力学法、栖息地模拟法和整体法。其中应用最为广泛的是前两类方法,尤其是水文学方法,最为简单。

月保证率法就是水文学法的一种,是针对我国北方河流所提出的计算方法,在传统水文学方法的基础上,将月保证率与河流生态需水量等级相联系,同时考虑河道生态需水量的季节变化。保证率的设定可综合考虑研究区域的气候特征、径流的年内变化特征、河流形态等因素来确定。此外,Tennant 是一种国际上较为普遍的河道生态需水量计算方法,以平均天然径流量的不同百分比作为河道不同栖息状态下需水量推荐值,如公式(10.1)所示:

$$W_{R1} = M \times N \qquad 公式(10.1)$$

式中,M 为多年平均径流量;N 为推荐基流百分比。

一般来说,将多年平均流量的 10% 确定为维持水生生物生存的最小流量,多年平均流量的 30% 作为适宜水生生物的中等流量,多年平均流量的 60% 确定为最佳生态需水量,该方法也可以用来检验月保证率法的计算结果。这类方法都是基于历史水文数据,但未考虑到河流的地貌,对于不同河流来说在相同的生态需水条件下,真实的栖息地数量差别很大。

水力学方法可以考虑到地貌的不同,根据河道水力参数(实测或曼宁公式计算),如宽度、深度、流速和湿周等确定生态需水量。栖息地模拟法则是考虑了特定物种的栖息地偏好(如深度和流速),通过栖息地—流量曲线来模拟最佳流量作为生态需水。整体法强调天然径流演变对整个河流生态系统的重要性,试图保持自然的流动状态和流量的可变性,因此生态需水可定义为偏离自然流动状态的可接受程度。

(2) 输沙需水量(W_{R2}):该部分计算是根据收集到的水文泥沙资料,采用最大月平均含沙量法计算输沙需水量,计算公式如公式(10.2)所示:

$$W_{R2} = S_t / C_{max} \qquad 公式(10.2)$$

其中,W_{R2} 为输沙需水量(立方米);S_t 为多年平均输沙量(千克)。

$$C_{max} = \frac{1}{n} \sum_{i=1}^{n} \max(C_{ij}) \qquad 公式(10.3)$$

其中,C_{max} 为多年最大月平均含沙量的平均值(千克/立方米);C_{ij} 为第 i 年第 j 月的月平均含沙量(千克/立方米);n 为资料序列长度。

(3) 河口入海水量(W_{R3}):根据已有的数据资料情况,基于历史流量的保证率法来计算入海需水量。要满足入海水量需求,需要综合考虑流域上下游的关系,将其从入海口断面向上游各个断面逐个计算其生态下泄水量。

在计算河流生态需水时,以上各部分生态需水同属于河道内生态需水,三

者存在重复计算,一般来说,取各单项需水量的最大值,可得到河流生态需水量,即:

$$W_R = \max(W_{R1}, W_{R2}, W_{R3}) \qquad 公式(10.4)$$

10.3.1.2 湿地生态需水

湿地的生态需水(W_w),广义上来说是指维持湿地生态系统基本结构与重要功能完整的生态水位,狭义上一般认为是指为维持湿地功能不受破坏而每年需要由径流补充的水量,等于湿地的耗水包括蒸散和渗漏消耗减去水面降水,也就是净耗水需水量。

生态水位法是最常用的方法之一,该方法从湿地的水文条件出发,通过对其长时间记录的水文资料进行分析,寻求多年来频率出现较高的水位作为湿地较适宜的水文条件,然后与生态环境状况进行对照分析。生态水文法是对水文和生态资料进行定性和定量分析,是考虑了生态系统状态的水文学方法。从具体操作上来说,首先找出高频率水位所对应的不同年份,然后对不同年份的指示生物指标值进行对比,将生物生长和生存状态最好的年份定为理想时期,此时的湿地水位定为理想标准。由于湿地生态系统对高频率水位逐渐适应,该时期的湿地生态系统一般处于良性循环状态。将高频率水位年份中生物生长及状态最差的年份定为生态破坏临界时期,此时的湿地水位为最小标准。通过实测或查找资料的方法,可以得出一系列不同时期的水位、水量和水面面积对应关系,进而通过代数中的插值方法就可以得到湿地不同水位所对应的水量。

水量损失法以湿地水域范围为核心研究目标,来考察湿地蒸散发、渗漏等自身消耗的总水量。其中,蒸散消耗水量与湿地水面降水量和水面面积有关,因此首先要确定所需的湿地生态水面面积。考虑到每个月的生态水面面积不同,湿地蒸散量和水面降水量均以月为时段分别计算后汇总得到。湿地生态需水量的计算公式为:

$$W_w = \sum_{i=1}^{12}[A_i \times (E_i - P_i)] + L \qquad 公式(10.5)$$

其中 W_w 为以耗水量计的湿地生态需水量;A_i 为第 i 月湿地生态水面面积;E_i 和 P_i 分别为 i 月湿地蒸发量和降水量;L 为湿地年渗透量。

10.3.1.3 天然植被生态需水

植被生态需水(W_V)是指维持植被正常生长、植被生态系统动态平衡和健

康发展所需消耗的水量,建立的数学模型为:

$$W_v = \sum_{j=1}^{12} \sum_{i=1}^{n} K \times ET_{ij} \times A_i \qquad 公式(10.6)$$

式中,W_v 为天然植被年生态需水量;K 为植被系数;ET_{ij} 为每月的潜水蒸发量;A_i 为生态区(林地、草地等)的面积。

其中,ET_{ij} 可通过阿里维扬诺夫公示计算,即:

$$ET_{ij} = \alpha \left(1 - \frac{H}{H_{\max}}\right)^b \times (E_{\varnothing 20})_{ij} \qquad 公式(10.7)$$

式中,$(E_{\varnothing 20})_{ij}$ 为月的常规气象蒸发皿蒸发值;H 为地下水埋深;$H_{\max}$ 为地下水蒸发极限深度;a、b 为经验系数;$i=1,2,\cdots,n$;$j=1,2,\cdots 12$。

10.3.1.4 城市水体生态用水

城市河流生态需水量(W_C)是指为维护城市生态环境发挥正常物质循环、能量流动和信息交换等功能所需要的水资源总量,以及为保护河流水生生物、维持生态系统健康和满足水资源可持续利用所需要的水资源量。前面总结的四大类生态需水计算方法主要适用于自然或半自然河流,尤其是有丰富的生物多样性,以及容易识别出需要保护物种的河流。但是对于城市河流来说,这些方法并不适用,因为城市河道为减少洪涝灾害等多数已被改造成直河,并且考虑到城市热岛效应以及人类生产生活过度开发对地下水的影响,城市河流可能会增加水面蒸发量以及下渗的渗漏量。此外,还要考虑到城市水体对生产生活所产生的污染物的稀释降解作用。综上,城市水体的生态需水主要包括:

(1)城市河道基本生态需水量(Q_C):满足河流水生生物生长的最低水量需求,以维持城市河流最基本的生态系统健康。类似于自然河道基本生态需水量计算,可通过包括 Tennant 方法在内的水文学方法等计算得到。

(2)污染物稀释用水量:该部分水量可通过质量平衡公式计算得到,如公式(10.8)所示:

$$Q_d = [Q_p(C_p - C_{\max}) - M]/[C_{\max} - C_0) \qquad 公式(10.8)$$

式中,Q_d 为稀释污染物至允许质量所需要的水量;Q_p 为受污染的水量;C_p 为排放至城市河流水体的污染物浓度;$C_{\max}$ 为政府允许的水体质量;M 为降解的污染物量;C_0 为水体中用于稀释的污染物浓度。

(3) 渗漏和蒸发水量：城市水体渗漏和蒸发的水量（Q_{se}）可通过下述公式计算得到：

$$Q_{se} = I \times H_{se} \qquad 公式(10.9)$$

式中：I 为城市水体年均水面面积，H_{se} 为单位时间内渗漏和蒸发的水深。

因此，考虑到以上各部分水量之间的重复计算部分，城市河流生态需水可以通过下述公式得到：

$$W_C = \max(Q_C, Q_d) + Q_{se} \qquad 公式(10.10)$$

10.3.1.5 流域生态需水

在流域尺度上，需要详细分析不同组分之间的相互关系，并考虑相应的时间和空间分布，将以上各部分的需水量中重复部分扣除，才能得到整个流域生态需水量。目前对如何扣除各部分需水量的重复部分，研究尚无定论。根据已有研究，认为河道内和河道外生态水权需求存在重复计算，两者取最大值可得到流域总的生态需水量，如下所示：

$$W_E = \max[(W_R + W_C), W_{NR}] \qquad 公式(10.11)$$

其中，W_E 为流域总的生态需水量；W_{NR} 为流域河道外生态需水量，包括湿地生态需水量和天然植被生态需水量，暂不考虑两组分生态需水之间的重复问题，即：

$$W_{NR} = W_W + W_V \qquad 公式(10.12)$$

10.3.2 流域生态用水确权模型

在流域初始水权分配时，遵照公平性原则，生产用水和生态用水具有同等重要性，在确权时应平等对待，也就是说，水资源总量减去基本生活需水后，剩余的水资源应直接按需水量比例在生态用水和生产用水中分配，在缺水情况下，除保障居民的基本生活用水外，生产水权和生态水权在需水量基础上同比例削减。因此，流域生态用水确权量可通过以下公式计算得到：

$$W_w = (W_T - W_L) \times \frac{W_E}{W_I + W_E} \qquad 公式(10.13)$$

其中，W_w 为流域生态水权量；W_T 为流域水资源总量；W_L 为流域内基本生活需水量；W_E 为流域生态需水量；W_I 为流域内生产活动需水量。

流域水资源总量为地表水资源量加上与地表水不重复的地下水资源量；基本生活需水量是指维持居民的生命健康以及满足基本生活需要的水资源，不包括人们更高层次的用水需求；生产活动需水量则是指进行生产活动时支出并消耗的部分，包括农业生产灌溉用水、畜牧业耗水以及工业耗水等。

事实上，在水权研究中，对各项用水的优先顺序，并没有一致的看法。在实践中，生产用水和生态用水是否具有同等的优先权，尤其是在缺水情况下，在保障居民基本生活用水的基础上，生产水权和生态水权是否可以在需水量基础上同比例削减，还是应有不同的优先权，值得进一步探讨。

第十一章
水资源确权登记的实践

11.1 国外水资源确权登记案例分析

11.1.1 澳大利亚水资源登记

11.1.1.1 澳大利亚水资源的分类登记

澳大利亚最早的水权,实行河岸权制度,即与河道毗连的土地所有者拥有用水权,并可以继承。后来通过实践认识到河岸权制度不适合缺水的澳大利亚。联邦政府又通过立法,将水权与土地所有权分离,明确水资源是公共资源,归州政府所有,由州政府调整和分配。

各州的水法对水权有明确规定,如《维多利亚水法》,将水权的表现形式分为三种类型:一是授予具有灌溉和供水职能的管理机构电力公司的水权,称为批发水权。二是授予个人从河道、地下或从管理机构的供水工程中直接取水以及河道内用水权利的许可证。许可证有效期一般为 15 年,到期前须申请更换。三是灌区内农户的用水权,灌溉管理机构必须确保向农户提供生活、灌溉和畜牧用水。

根据《维多利亚水法》,批发水权和许可证的取得,一般要经过申请人提出申请、交纳费用,由具有批发水权的管理机构按规定的方式征求意见、调查研究、决定批准或不予批准申请、发布授权命令等程序。对于获得批准拥有用水权的用户,附加有必须遵守的义务条件,包括:取水比例、用途、最大取水量、按时支付水费、承担河道保护和环境保护的责任、采取有效利用水资源的措施、补偿对他人的不利影响、计量设施的安装和使用等。

11.1.1.2 水资源登记后的管理措施

澳大利亚在水资源确权登记后配合开展水资源监控技术,以达到以下效果:(1)把GIS系统与互联网系统结合,层层反映控制区内水资源分布与管理情况;(2)对所有取水口的水量进行计量和控制,并可与收费软件系统相连接;(3)通过模型和搜集到的监测数据对水资源进行优化调度和管理。政府对个人和机构的取水量进行计量和监控,但对于取水完成后的水量交易不进行行政干涉,政府不干预交易水价,水价由市场决定。

11.1.1.3 案例启示

澳大利亚水资源登记的案例表明,对于离开水体的水资源即水资源被取出之后,水资源即可作为财产,进行不受行政管理约束的自由市场交易,澳大利亚水资源确权登记是以物权为基础进行的,登记后的水资源就成为个人或企业的财产。国家行政机关只是通过水资源监控技术对取水行为进行有效监控和管理。

11.1.2 俄罗斯水资源登记

11.1.2.1 俄罗斯水体的使用权登记

俄罗斯水体所有权的登记属于造册登记,登记的特点是:对各类不动产的特征进行特定化描述,比如对水体的名称、所在位置、面积、用途以及其他必要信息进行描述,使之与其他水体或自然资源明确区分,并同时标上资产登记号码。这种登记是技术性登记,既不产生权利,也不影响不动产法律行为的效力。

根据《俄罗斯联邦水法典》第46条和第58条的规定,俄罗斯联邦水体使用权取得的根据是"水体利用许可证"和根据水体利用许可证而签订的"水体使用合同",二者必须同时具备。由于签订"水体使用合同"是强制性的,公民或者法人在取得水体利用许可证后必须与俄罗斯联邦主体的执行权力机关签订水体使用合同,否则不能视为水体使用权的取得。

(1)水体利用许可证。水体利用许可证是俄罗斯联邦水体使用权产生的根据之一,它由专门授权的俄罗斯联邦水资源利用和保护的国家管理机关颁发。国家管理机关在颁发水体利用许可证时,通常要考虑水储备情况、需水人的具体需水要求以及提供使用的水体状况等。一个水体利用许可证往往可以用于多个不同的水体使用目的,但必须在许可证中加以明确说明。水体利用许可证一般包括:水体的情况;水体使用人的情况;水需求人的情况;水体使用的方法和目的;提供使用之水体的空间界限(坐标位置)或部分,必要时指明取水或排水的地点;水利用的限额;水使用人的责任;许可证的有效期限;合理使用和保护水体及保护自然环境的要求。

水体使用人依法取得水体利用许可证或处分许可证以后，必须按法定程序进行登记，只有经过登记的许可证方为有效。这里的登记是权利的登记，是具有法律意义的登记，经过权利登记，使由合同和其他法律行为产生的权利具有正确性推定效力，对已经登记的水体权利产生的争议只能通过司法程序解决。水体权利的登记产生不动产物权变动的效力。

（2）水体使用合同。水体使用合同是指俄罗斯联邦主体的执行权力机关与水体使用人就水体或水体某部分的使用和保护的程序、方法所签订的协议书。在水体使用人使用水体位于数个俄罗斯联邦主体境内的情况下，水体使用人必须分别与所涉及的每一个联邦主体的执行权力机关签订水体使用合同。不过，在征得全部所涉联邦主体执行权力机关同意的情况下，水体使用人也可只与其中一个联邦主体执行权力机关签订水体使用合同。

水体使用合同签订以后也必须经过登记。登记由颁发水体利用许可证和处分许可证的被专门授权的俄罗斯联邦水资源利用和保护国家管理机关进行。未履行登记程序的水体使用合同不得生效。这里的登记是对水体使用权合同（法律行为）的登记，是对引起水体物权变动的依据进行登记，这一登记使合同产生的权利义务（请求权和请求务）具有了法律效力，这一合同将受到法律保护。

11.1.2.2 案例启示

俄罗斯水体登记分为水体的所有权登记和使用权登记，登记机构为国家行政机构而非司法机构或公证机构，所有权登记属于造册登记，而水体使用权的取得需要水体利用许可证和水体使用合同，这二者均需要登记，分别属于权利登记和权利变更登记，其中水体利用许可证中要对提供使用的水体的空间界限（坐标位置）进行说明。

11.2 我国水资源确权登记实践

2014年水利部选择宁夏、江西、湖北、内蒙古、河南、甘肃和广东7个省区开展水权试点，试点内容包括水资源使用权确权登记、水权交易流转和开展水权制度建设三项内容，探索水资源使用权确权登记的主体、对象、条件、程序等方式方法。

2016年，为落实十八届三中全会通过的《关于全面深化改革若干重大问题的决定》，原国土资源部（现自然资源部）会同水利部等7个部委开展了自然资源统一确权登记试点工作，在自然资源统一确权登记中，对水流的确权登记，主要是通过登记的方式明确水资源和"水盆"的所有权主体、范围和内容，即对水域、岸线等水生态空间的所有权和水资源所有权进行确权登记。原国土资源部（现自然资源部）与水利部联合开展水流统一确权登记试点工作，选择了江苏徐州、陕西渭河、甘肃疏勒河、宁夏等作为试点，对水流产权确权开展试点。以土地权属为基础，针对不同形式的水流特点，探索了以河流堤坝、常水位线、征收范围线、最大库容等高线、河道管理线等不同类型的登记单元划定方法，着力解决长期以来水流边界不清、权属不明等问题。

水利部门根据《水法》的规定，通过实施取水许可，向需要取用水资源的单位和个人颁发许可证，使其取得用水的权利。但通过取水许可获得的取水权，尚不能达到完全的物权效力和功能。一是取水权依托的取水许可是一种行政审批，取水用户持有的取水许可证反映行政管理内容，不得转让，取水权作为资产产权的权能不全面，边界不清晰，不符合确权登记要求；二是取水许可的期限不是权利期限，仅是许可期限，难以满足权利稳定性要求；三是取水权不能通过拍卖、抵押、入股等方式发挥资本权能。从2014年开始，水利部开展了水权试点建设，其主要目的是通过对水资源使用期的确权登记，向取水用户颁发水权证书，将行政许可上升为物权，为水权自由交易打通途径。

11.3 存在问题及建议

11.3.1 存在问题

11.3.1.1 "一权多证"引发的管理效率低下

"一权多证"主要会导致以下问题。第一，同一权利在真正可以行使时需要多个证书的支撑。如内陆水域滩涂的捕捞权在行使过程中除了捕捞许可证外，需要捕捞船舶的检验和登记证才能落实；又如水运权仅有水路运输许可证是无法行使权利的，需要有水路运输船舶的检验登记证和营业执照才能行使水运权。一种权利对应的证书需要多个前置或后置证书的支撑才能真正行使权利，这种情况下，一个部门在办理登记时需要配备一套专门的人员、机构、场所以及设施设备,政府的管理效率低下。第二,同一权利可以在多个部门领证,政府权能不明。如采砂权在行使过程中所需的采砂许可证,按照现行的管理和登记体系,长江流域内的采砂许可由长江水利委员会管理,而各地在实施其余水域内的采砂许可中按照不同的法律法规由不同的部门(河道行政主管部门或国土行政主管部门)管理,这种情况下,对于河道采砂许可的发放,不同的行政管理机构均要设置登记机构,且由于不全在同一个管理系统下,信息互通性差,登记管理效率也难以提升。

11.3.1.2 平面登记引发的权利冲突

负责登记管理水体权利的部门不统一,各部门在登记时均缺乏立体空间思维方式。我国当前进行水资源确权登记的部门有5个:水利部负责取水权;国土部和水利部共同负责采砂权;农业部负责捕捞权和养殖权;交通部负责水运权;环境部负责排污权。各部门分散登记时依据各自领域内的法律如《水法》《土地管理法》《渔业法》《国内水路运输管理条例》《环境法》及这些法律基础上衍生出的法规条例和实施细则等,各自登记的依据与背景导致各种水体权利登记时无法协调好彼此的空间关系,权利边界的模糊和缺乏明确界定会导致权利在空间上存在一些冲突。例如在同一片水域,不同权利人分别在国土行政主管部门和渔业行政主管部门申请登记了采砂许可证和捕捞许可证,那这两种权利在同一水域中实行时则存在冲突;又如在同一片水域,不同权利人分别在环境主管部门和渔业行政主管部门申请了排污许可证和养殖许可证,这两种权利在同一水域中实施时存在严重冲突,但目前我国在水体资源的平面登记中,各个部门间没有沟通协调的渠道,水体空间特性导致的权利冲突就难以避免,权利冲突发生后权利当事人的权益也得不到有效保障。

11.3.1.3 多头登记管理导致资源利用的监管和保护困难

一是水资源是兼具竞争性和非排他性的公共物品。所以在市场机制下,取用水资源容易产生众所周知的"公地悲剧",目前的水资源登记分散在不同部门,登记时权利边界不明,缺乏对资源利用的统一规划与筹谋,会造成资源的过度利用。二是水资源在权利登记中的多记现状在于同一客体根据其用途不同而在不同部门登记,如水面的船舶管理登记,用于航运的船在交通行政主管部门进行,用于捕捞的船在农业部下的渔业行政主管部门进行,用于采砂的船没有进行统一的登记管理,这种情况下,对于同一水域的水面上运行的船舶,没有一个登记管理机构能进行全面的管理,这意味着水域的水面利用和运营难以开展。三是水资源的多头登记体系致使国家对于水资源的开发利用与管理分散，国家对于水资源的监管缺乏一个全面的统筹管理，资源保护和合理利用也难以做到系统兼顾。

11.3.2 对策建议

《生态文明体制改革》提出要健全自然资源资产产权制度和用途管制制度，对水资源使用权的登记即是健全自然资源产权制度的基础。因水权（水资源使用权）为准物权，并属于不动产权益，具有绝对效力，基于交易安全的要求，水权转让以到相关部门办理完过户登记手续为生效条件。初始分配水权，须有初始登记；水权转让，则有过户登记。目前水利部对水资源所有权进行统一确权登记无不同意见，但是对水资源使用权纳入自然资源统一确切登记体系仍未明确表示态度。

为深入贯彻落实中央生态文明体制改革的有关要求，建议下一步在自然资源部、水利部等相关部门总结前期水权交易试点和水流产权确权试点经验的基础上，探索充分体现生态用水的水资源所有权、使用权的确权工作路径、方法和重点，以实现水资源统一确权登记保障自然资源资产产权制度的建立。

（1）巩固和运用试点成果

结合中央《生态文明体制改革总体方案》对水流等所有自然生态空间统一进行确权登记的要求以及中共中央办公厅、国务院办公厅联合印发的《关于统筹推进自然资源资产产权制度改革的指导意见》关于重点推进"大江大河等重要生态空间确权登记"的要求，各试点地区和单位持续强化水资源和水生态空间监管，进一步巩固试点成果，并结合自然资源资产产权制度改革等有关改革要求，进一步扩大改革范围，深化实践探索，力争取得更大进展。

（2）进一步深化相关重大问题研究

无论是水流自然资源所有权确权登记，还是大江大河等重要生态空间确权登记，涉及复杂的管理、技术、法律等问题有待进一步深入研究。管理方面，在水流产权确权登记过程中，如何综合考虑水资源开发利用、河湖管理、洪水管控等实际情况，明确中央与地方政府分级代理所有权职责的边界，尚需深入研究。技术方面，水流具有流动性、时空变化性、多功能性、利害双重性等特殊属性，而且干流和支流相互影响，地表水与地下水相互转换，一些流域还存在复杂的江湖关系或水沙关系，如何科学确定登记单元，也需深入研究。法律方面，水流产权涉及多种权属概念,其中仅所有权层面就有水流所有权、水资源所有权、水生态空间所有权等概念,这些概念紧密相关,但又差别很大,实践中存在理解上的较大分歧,今后在登记发证中如何记载,也需深入研究。建议在深入推进水流产权确权过程中,对这些复杂问题深化研究,确保相关工作有效开展。

(3) 加强政策指导

针对涉水工程占压土地因历史复杂原因难确权、水生态空间存在"一地多证"、河道管理范围内存在耕地和基本农田等问题,建议有关部门共同研究出台相关政策文件,指导试点地区和有类似情况的地区妥善处理有关问题。

第五篇

生态水量管理实践

第十二章

宁夏生态水量管理实践

12.1 生态水量管理背景及意义

12.1.1 生态流量管理背景

生态水量是水资源开发利用中的重要约束性指标,是水资源开发管控和优化调配、河湖生态保护修复,以及地区间涉水事务协调的基本依据之一。保障河流湖泊生态水量是实现水资源可持续利用的前提和基础,事关生态文明建设和水利改革发展全局,对于维护水安全具有重要意义。生态水量是水资源开发利用过程中留给生态系统的环境需水量,是水资源开发利用中的重要约束性指标,保障河流湖泊生态水量是实现水资源可持续利用的前提和基础。2016 年修订的《中华人民共和国水法》(以下简称《水法》)规定了"开发、利用水资源,应当首先满足城乡居民生活用水,并兼顾农业、工业、生态环境用水以及航运等需要"。2017 年修订的《中华人民共和国水污染防治法》(以下简称《水污染防治法》)规定了"国务院有关部门和县级以上地方人民政府开发、利用和调节、管理水资源时,应当统筹兼顾,维持江河的合理流量和湖泊、水库以及地下水体的合理水位,保障基本生态用水,维护水体的生态功能"。

2015 年国务院批复的《水污染防治行动计划》(国发〔2015〕17 号)要求"加强江河湖库水量管理;完善水量管理方案。采取闸坝联合管理、生态补水等措施,合理安排闸坝下泄水量和泄流时段,维持江湖基本生态用水需求,重点保障枯水期生态基流",明确提出"科学确定生态流量。在黄河、淮河等流域进行试点,分期分批确定生态流量(水位),作为流域水量管理的重要参考"。2016 年,原环境保护部等十一部委联合印发《水污染防治行动计划实施情况考核规定

（试行）》（环水体〔2016〕179号），明确将生态流量试点列为水污染防治重点工作，要求2017年黄河流域相关省（区）确定生态流量试点河流，组织开展相关调查和评估工作；2018年编制试点河流生态流量实施方案；2019年和2020年组织实施方案，按年度对生态流量管理和保障情况进行评估，逐步探索生态流量管理体系。

根据《水法》《水污染防治法》和国家关于生态文明建设意见、实行最严格水资源管理制度、全面推行河长制、湖长制和水污染防治行动计划要求，2015年水利部《关于印发落实水污染防治行动计划主要任务实施方案的通知》部署在黄河流域开展生态流量试点工作，要求开展生态流量确定工作。水利部在《关于深入贯彻落实中央加强生态文明建设的决策部署进一步严格落实生态环境保护要求的通知》（水规计〔2017〕237号）中明确要求"强化水资源管理和生态用水保障，维护河湖生态健康"，提出"抓紧开展河湖生态流量研究，科学确定和维持河流生态流量，加快推进黄河、淮河流域生态流量试点，科学制定试点方案，制定生态流量（水位）设定技术指南。结合不同河流水资源特点，加强河流（河段）水量管理、监测评估，统筹城乡供水、灌溉、生态用水需求"。

在国家、相关部委的安排部署下，为维护宁夏主要河湖基本生态用水需求，促进流域经济社会和生态环境协调发展，宁夏回族自治区政府以《关于印发宁夏回族自治区水污染防治工作方案的通知》（宁政发〔2015〕106号）要求加强河湖库水量管理管理，完善水量管理方案，采取闸坝联合管理、生态补水等措施，合理安排闸坝下泄水量和泄流时段，维持泾河、典农河、沙湖等基本生态用水需求，重点保障枯水期生态基流。在推进河长制工作中，《宁夏回族自治区全面推行河长制工作方案》明确要求，优化水资源配置，科学管理水资源，合理确定重点河湖生态流量，将生态用水纳入流域、区域水资源配置和管理，发挥控制性水利工程在改善河湖水质中的作用，保障苦水河等重要河流枯水期生态基流。

12.1.2 生态流量管理定位

12.1.2.1 落实党的十九大精神和新时期水利工作部署的重要举措

党的十九大确定人与自然和谐共生和中国特色社会主义文明观，党中央国务院对水资源和水生态保护提出了一系列新要求，推出了一系列新政策和重大部署。提出"节水优先、空间均衡、系统治理、两手发力"的新时期治水思路,为水资源与水生态保护工作指明了方向。最新修订的《水污染防治法》明确要求"开发、利用和调节、调度水资源时,应当统筹兼顾,维持江河的合理流量和湖泊、水库以及地下水体的合理水位,保障基本生态用水,维护水体的生态功能"。党中央、国务院出台的《关于加快推进生态文明建设的意见》《关于实行最严格水资源管理制度的意见》《关于全面推行河长制的意见》《关于在湖泊实施湖长制的指导意见》和《水污染防治行动计划》,对系统推进水资源节约、水污染防治、水环境保护、水生态治理做出重要部署。

12.1.2.2 维持黄河健康生命、建设西北生态安全屏障的必然需求

宁夏是西北地区重要的生态安全屏障,要大力加强绿色屏障建设。加强黄河保护,坚决杜绝污染黄河行为,让母亲河永远健康。黄河滋养了宁夏大地,哺育了宁夏人民。宁夏是黄河流域省区中唯一一个全境均在黄河流域的省份,宁夏主要河湖的生态状况对于黄河健康生命具有重要意义,同时也在西北地区生态安全屏障建设中具有重要的战略地位。随着流域经济社会的快速发展,各地区、各部门对水资源开发利用、防洪保障体系、生态文明建设等提出了新的更高的要求。图12-1为宁夏清水河入黄河口俯瞰图。

图12-1-1

第十二章 宁夏生态水量管理实践

图 12-1-2

图 12-1 宁夏清水河入黄口俯瞰图

12.1.2.3 保障宁夏河流生态安全、促进流域社会经济生态环境协调发展的迫切需求

宁夏地处《全国主体功能区规划》确定的沿黄经济带国家级重点开发区的核心地带,是国家重要的能源煤化工基地,同时也是我国重要的农产品主产区——河套灌区主产区的重要组成,还是国家重点生态功能区——黄土高原丘陵沟壑水土保持生态功能区的重点区域。当前宁夏面临着发展不足和生态脆弱的双重压力,经济社会发展对水资源依赖程度高,生态脆弱环境的有效保护、生态安全的基本保障也需要水资源的有效支撑。开展宁夏主要河湖生态水量试点方案编制,是落实自治区党委政府提出的"生态立区"战略的具体实践,也是协调经济社会发展和生态环境保护关系的重要举措。

以党的十九大确定人与自然和谐共生和中国特色社会主义文明观为指导,以"节水优先、空间均衡、系统治理、两手发力"新时期治水思路为引领,深入贯彻落实最严格水资源管理制度,水污染防治行动计划,全面推行河长制、湖长制等文件精神,落实宁夏回族自治区"生态立区"的战略部署,立足于宁夏主要河湖实际,着眼于西北地区生态屏障建设,促进流域生态保护和经济社会发展的关系协调,服务于宁夏水利事业的可持续发展和实践。

12.1.3 生态流量管理工作范围

根据宁夏河长制及最严格水资源管理制度相关工作的要求,生态流量管理实践的范围为宁夏境内的黄河、典农河、清水河、苦水河、红柳沟、渝河、茹河、泾河和葫芦河等 9 条主要河流和沙湖、阅海、鸣翠湖、宝湖和星海湖等 5 个主要湖泊。

12.1.4 工作思路

收集宁夏主要河流湖泊水文水资源、水环境和生态环境资料,分析宁夏回族自治区的功能定位和生态系统结构组成,划分不同的生态功能分区,确定不同分区的保护要求和目标;依据主要河湖在分区中的位置,识别主要河湖功能定位,确定主要生态保护功能和要求;根据主要河流湖泊生态保护目标,分析河湖功能性需水组成。结合河湖自身特点,运用多种方法计算河湖生态水量,并结合河湖生态水量的可达性以及相关规划和管理要求的符合性分析判断,综合确定河湖的生态水量指标,以水库调度措施为重点,提出相应的生态水量保障措施建议。

12.2 宁夏主要河湖水系概况

12.2.1 自然概况

12.2.1.1 地理位置

宁夏,自南北朝以来便以"塞上江南,鱼米之乡"闻名于世。宁夏是中国 5 个少数民族自治区之一,位于中国东西轴线中心、黄河中上游,连接华北与西北的重要枢纽。地处东经 $104°17'—107°39'$,北纬 $35°14'—39°23'$,南北长约 465 千米,东西宽 $45\sim 250$ 千米,面积 6.64 万平方千米,东连陕西、南接甘肃、北与内蒙古自治区接壤。地理位置独特,地势地形复杂,气候类型多样。宁夏全区现辖 5 个地级市,分别为银川市、石嘴山市、吴忠市、固原市和中卫市。

12.2.1.2 地形地貌

宁夏地处我国中纬度内陆地区,南部属于黄土高原,北部属内蒙古高原,为腾格里、乌兰布和、毛乌素 3 大沙漠环抱。境内山地迭起,平原错落,丘陵连绵,沙丘、沙地散布。全境海拔1000米以上,地势南高北低,高差近1000米,呈阶梯状下降。地形南北狭长,南部以流水侵蚀的黄土地貌为主,中北部以干旱剥蚀、风蚀地貌为主,自南而北有六盘山地、黄土丘陵、中部山地丘陵盆地、灵盐台地、宁夏平原、贺兰山地等地貌类型,平原、盆地一般海拔1090—2000米,贺兰山最高峰海拔3556米。

12.2.1.3 气候特征

宁夏地处内陆,位于季风区西缘,冬季受蒙古高压控制,为寒冷气流南下要冲;夏季处在东南季风西行的末梢,形成典型的大陆性气候。按全国气候区划,总体上属于干旱半干旱气候,最南端(固原市的南半部)属中温带半湿润区,固原市北部至同心、盐池南部属中温带半干旱区,中北部属中温带干旱区。宁夏南北相跨5个纬度,气候特征分异明显,光能丰富,热量适中,降水稀少且于夏秋季集中,具有南凉北暖、南湿北干、冬季漫长、夏少酷暑、雨雪稀少、气候干燥、日照充足、风大沙多的气候特征,全年平均气温5.3℃—9.9℃,引黄灌区和固原地区分别为全区高温区和低温区,南部年均降水400毫米以上,引黄灌区年均不足200毫米。

12.2.1.4 河湖水系

宁夏全区属黄河流域,黄河干流自宁夏中卫市南长滩入境,横贯宁夏北部,流经沙坡头灌区入青铜峡水库,出库入青铜峡灌区至石嘴山头道坎以下麻黄沟出境,进入内蒙古自治区。中部有清水河、苦水河、红柳沟、祖厉河等黄河一级支流,南部有泾河、葫芦河等二级支流。其中流域面积100平方千米及以上的河流200余条,其中流域面积1000平方千米及以上的河流15条,流域面积10000平方千米及以上的仅有黄河与清水河。

宁夏灌溉历史悠久,有西干渠、唐徕渠、汉延渠、惠农渠、秦渠、汉渠等引黄干渠17条,引水能力达732立方米/秒;有罗家河沟,永二干沟,银新干沟,第一、第五排水沟等排水干沟32条,总长936.53千米,控制排水面积4720平方千米;配套排灌干支斗渠千余条,沟渠纵横,成为宁夏河流水系的一部分。

宁夏湖泊分为永久性淡水湖、季节性淡水湖、季节性咸水湖和水库(人工湖)4种类型,水面面积1平方千米及以上的湖泊有15个,总水面面积80平方千米。湖泊的补给主要依靠农田退水、地下水、洪水、再生水等水源,水面面积受降水、灌溉以及天气情况等因素影响,年内变化剧烈。

12.2.2 社会经济

12.2.2.1 人口与经济

2016年宁夏全区常住人口674.90万人,其中,城镇人口379.87万人,农村人口295.03万人,城镇化率56.29%。人口主要集中分布在沿黄经济区,其中,银川市、石嘴山市城镇化率达到70%以上。

2016年,宁夏全区实现地区生产总值(GDP)3150.06亿元,人均4.69万元。第一产业增加值239.96亿元,第二产业增加值1475.51亿元,第三产业增加值1434.59亿元,三次产业增加值构成为7.6∶46.8∶45.6,对经济增长的贡献率分别为4.5%、45.5%和50.0%。全区全年粮食种植面积1167.5万亩,粮食总产量370.61万吨。全年农村常住居民人均可支配收入9851.6元,全年城镇常住居民人均可支配收入27153元。

12.2.2.2 发展布局

宁夏位于新亚欧大陆桥国内段的重要位置,承东启西,连南接北,在我国与中东中亚交通联系中具有显著的区位优势。在国家发展战略布局中,宁夏地处中部重点开发区和西部待开发区的交汇处,位于全国"两横三纵"城市化战略格局中包昆通道纵轴的北部,其沿黄经济区属于国家层面重点开发区。同时,宁夏是连接华北与西北的重要枢纽,处于风沙进入国家腹地和京、津、唐地区的咽喉要道,是国家西部重要的生态屏障,区内北部和中部系"三北"防护林建设工程的重点地段,南部属于黄土高原综合治理区和"三西"地区的范围,是我国西部生态文明建设的主战场,在国家生态安全格局中具有较高的战略地位。

宁夏是我国少数民族自治区之一,也是革命老区和集中连片贫困地区。宁夏既有煤炭、农业、旅游等方面的资源优势,又明显受到水资源短缺和生态脆弱的制约;既有宁东和河套灌区等发展基础较好的地区,又面临中部干旱带和南部山区脱贫致富的繁重任务;既有实现城乡经济社会协调发展的有利条件,又存在基础设施薄弱、市场发育程度较低、人才匮乏等突出问题。近年来全区经济社会持续较快发展,经济增速明显,环境承载压力加大,经济发展与人口资源环境之间的矛盾日益凸显,经济基础薄弱、生态环境脆弱仍将是长期制约自治区加快发展的"瓶颈",生态保护和建设任务十分紧迫而艰巨。

12.2.2.3 灌区概况

宁夏灌区按取水方式不同,主要分为三大类:北部引黄灌区、中部扬黄灌区、南部库井灌区。

宁夏引黄灌区位于自治区北部,属黄河冲积平原,南起中卫市美利渠口,北至石嘴山,南高北低,长 320 千米,东西宽约 40 千米。全灌区包括中卫、中宁、青铜峡、利通区、灵武、永宁、银川、贺兰、平罗、大武口、惠农、陶乐等 12 个市县(区)及 15 个国营农林牧场。引黄灌区按地理位置和引水方式的不同,分为卫宁灌区和青铜峡灌区,分别自沙坡头和青铜峡水利枢纽自流引水灌溉。现有大中型引水总干渠、干渠 17 条,干渠总长度 1410 千米,现状实际灌溉面积 595.7 万亩。

宁夏扬黄灌区位于宁夏中部,灌区西起中宁县,南至海原县,东部紧靠陕西省的定边县,北至吴忠市扁担沟乡大白驿子和灵武市五里坡乡臭马井。地跨境内原州区、海原、同心、盐池、中宁、红寺堡、吴忠、灵武等黄河两岸的诸多市县。已建成固海、固海扩灌、红寺堡、盐环定 4 个大型扬黄灌溉工程。实际灌溉面积 165.1 万亩。

宁夏库井灌区主要位于宁夏南部山区,涉及海原、原州区、西吉、隆德、彭阳、泾源等多个县区。水库、机井是宁夏南部山区水源工程主要形式。区域内库井实际灌溉面积 104 万亩。

12.2.3 生态环境

宁夏地处我国西北内陆、黄河上中游地区,区域生态环境具有自然生态类型丰富、生态保护地位重要和整体生态环境脆弱的显著特征。

12.2.3.1 生态保护地位重要

宁夏特殊的地理位置、特殊的地形地貌和气候特征决定了宁夏在我国生态环境保护个具有占据重要的战略地位。宁夏是我国生态安全战略格局"两屏三带一区多点"中"黄土高原—川滇生态屏障""北方防沙带"和"其他点块状分布重点生态区域"的重要组成部分,是我国西部重要的生态屏障,在祖国生态安全战略格局中具有特殊地位,生态区位十分重要,保障着黄河上中游及华北、西北地区的生态安全。

根据宁夏回族自治区生态保护红线,全区生态保护红线总面积 12863.77 平方千米,占国土总面积的 24.76%,包括生物多样性维护、水源涵养、防风固沙、水土流失、水土保持 5 种生态功能类型,在空间上呈现出"三屏一带五区"的分布格局——贺兰山生态屏障、六盘山生态屏障、罗山生态屏障"三屏";黄河岸线生态廊道"一带";东部毛乌素沙地防风固沙区、西部腾格里沙漠边缘防风固沙区、中部干旱带水土流失区、东南黄土高原丘陵水土保持区、西南黄土高原丘陵水土保持区"五区"。

从保护宁夏特殊的生物多样性及典型生态系统保护角度,相关部门共建立了贺兰山、白芨滩、哈巴湖、沙坡头、罗山、六盘山、云雾山、火石寨和南华山等9个国家级自然保护区,六盘山、沙湖、党家岔、青铜峡库区和石峡沟泥盆系剖面等5个自治区级自然保护区。为维护水生生物多样性,保护水产种质资源及其生存环境,在宁夏划定了黄河卫宁段兰州鲶、黄河青石段大鼻吻鮈、清水河原州段黄河鲤、西吉震湖特有鱼类和沙湖特有鱼类等5个国家级水产种质资源保护区,主要分布在黄河宁夏段、清水河沈家河水库库区、西吉震湖和沙湖等河湖水系,保护对象主要为兰州鲶、大鼻吻鮈、黄河鲤和西吉彩鲫等特有鱼类。

12.2.3.2 自然生态类型丰富

宁夏位于黄土高原、蒙古高原和青藏高原交汇区域,地处半湿润、半干旱和干旱过渡地带,具有山地、黄土丘陵、灌溉平原、沙漠(地)等多种地貌类型,土壤类型丰富,水分梯度明显,形成了类型丰富、梯度多样和分异明显的自然生态类型。受水热条件尤其是水分梯度控制,植被的地带性分异明显,自南向北呈森林草原—干草原—荒漠草原—草原化荒漠的水平分布规律。自然植被有森林、灌丛、草原、荒漠、湿地等基本类型。草原植被面积244万公顷,占自然植被面积的79.5%,是宁夏自然植被的主体。宁夏森林覆盖率为8.3%。六盘山森林资源十分丰富,被誉为黄土高原的"绿岛"和"水塔"。宁夏引黄灌区由于农田灌溉退水发育形成了众多的湖泊湿地,首府银川附近有"七十二连湖"之称。

12.2.3.3 整体生态环境脆弱

宁夏是我国生态环境最脆弱的省区之一,86%的地域年降水量在300毫米以下,西、北、东三面被腾格里沙漠、乌兰布和沙漠、毛乌素沙地包围,生态环境敏感复杂。水资源贫乏,供需矛盾突出,水土流失严重,水沙关系不协调和水污染严重进一步加剧了宁夏水资源短缺,制约了生态系统发育。同时,由于人类活动历史悠久,干扰频繁,生态环境深受人类活动的影响,对水土资源开发响应强烈。全区中度以上生态脆弱区域占国土空间的四成以上,水土流失面积占全区总面积的七成,根据《全国生态脆弱区保护规划纲要》,属于我国西北荒漠绿洲交接生态脆弱区,属于八大生态脆弱区之一,生态环境整体十分脆弱,资源环境承载能力低。

12.2.4 空间区域

由于宁夏地形地貌空间差异大,降水和蒸发具有鲜明的区域特色,按照自然条件、资源特点和传统习惯,以 200 毫米和 400 毫米降水等值线为界,将宁夏国土空间区域分为北、中、南三大区域——北部引黄灌溉区、中部干旱风沙区和南部黄土丘陵区,区域分异特征明显。

12.2.4.1 北部引黄灌溉区

北部引黄灌区水土资源优越、生态环境良好、农业基础雄厚、工业发展迅速,已形成能源、化工、新材料、装备制造、农产品加工等特色优势产业。经济结构不断调整,经济发展方式逐步转变,集聚经济和人口的能力明显增强。该区域多年平均降水量为 178 毫米。当地水资源量 4.26 亿立方米,可利用水资源量 1.5 亿立方米,主要为地下水资源量。计入黄河干流水资源可利用量,区域水资源可利用总量为 33.4 亿立方米,占全区的 80.5%。与黄河地表水重复的引黄灌溉补充浅层地下水量 16.92 亿立方米,可开采量 9.0 亿立方米。北部引黄灌溉区河湖主要包括黄河、典农河、沙湖、阅海、鸣翠湖、宝湖和星海湖等河湖,该区域多年平均降水量为 178 毫米,水资源以黄河地表客水为主,自秦汉以来,修渠筑坝,引黄灌溉,水系发达,湖泊众多,素有"塞上江南"之美誉,是宁夏发展的精华所在。

12.2.4.2 中部干旱风沙区

中部干旱风沙区土地和矿藏丰富,但水土匹配差,土地退化沙化严重,目前在防沙治沙、生态修复的基础上,发展旱作节水补灌农业,形成一定规模的采矿业、特色农产品加工业。多年平均降水量为 266 毫米。当地水资源量 1.7 亿立方米,可利用量 0.51 亿立方米,加上黄河干流水资源可利用量,区域水资源可利用总量为 5.18 亿立方米,占全区的 7.0%。该区域河流包括清水河、苦水河、红柳沟等黄河一级支流,多北流汇入黄河。河流流经干旱、半干旱区,产水量小,矿化度高,含沙量大,天然径流量变化幅度大,水库淤积现象严重,调蓄能力弱,河流中下游径流组成中农灌退水较多。该区域十年九旱,土地荒漠化和沙化现象严重,水资源严重匮乏,生态环境十分脆弱。为提高供水保证率,修建了固海、红寺堡和固海扩灌等扬黄灌溉工程。

12.2.4.3 南部黄土丘陵区

南部黄土丘陵区为黄土丘陵和土石山区,水土流失问题突出,是宁夏重要的生态保护地区和生态农业区,草畜、马铃薯、小杂粮、油料等特色农业有较大潜力。多年平均降水量为472毫米。当地水资源量5.67亿立方米,可利用量2.49亿立方米,加上黄河干流水资源可利用量,区域水资源可利用总量为2.96亿立方米,占全区的14.5%。区域水资源以当地地表水为主。该区域河流包括渝河、茹河、泾河和葫芦河等河流,河流多发源于六盘山地区,近年来六盘山地区生态建设力度加大,河流流经半湿润区,雨量较多,水量相对较为丰沛,产水量相对较大,天然径流量变化较小,近年来多数河流径流呈现衰减趋势。该区域水资源以地表水为主,通过水库进行供水,但供水保障程度低,是国家重点扶持的贫困地区,宁夏修建了宁夏中南部城乡饮水安全工程,从泾河干流龙潭水库引水,设计多年平均年取水量3980万立方米。

12.2.5 径流变化

12.2.5.1 径流年际变化

(1) 径流总量少,近期多数河流径流衰减趋势明显。宁夏境内多数河流径流总量少,南部黄土丘陵区的葫芦河、渝河等河流实测径流衰减趋势最为明显,黄河实测径流量衰减趋势较为明显,中部干旱风沙区的清水河实测径流量呈略微减少的趋势,见图12-2。

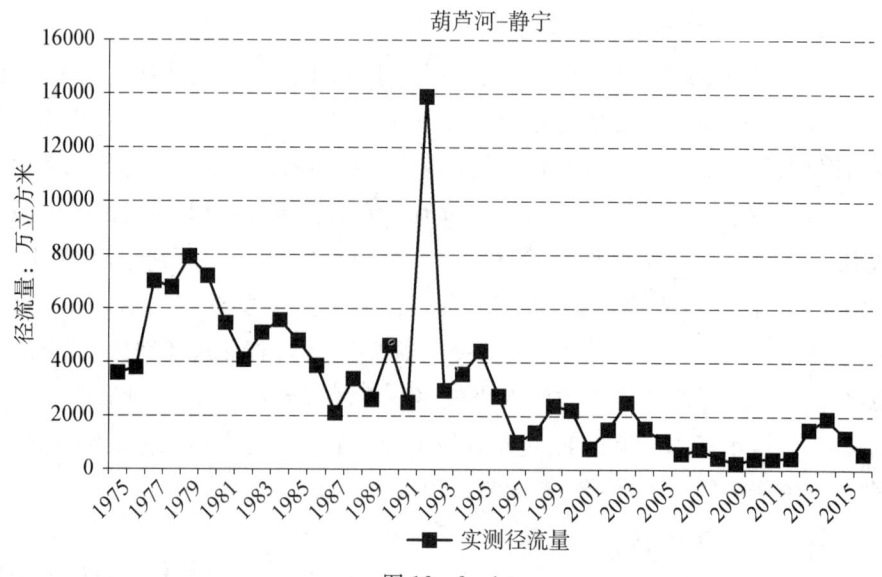

图12-2-1

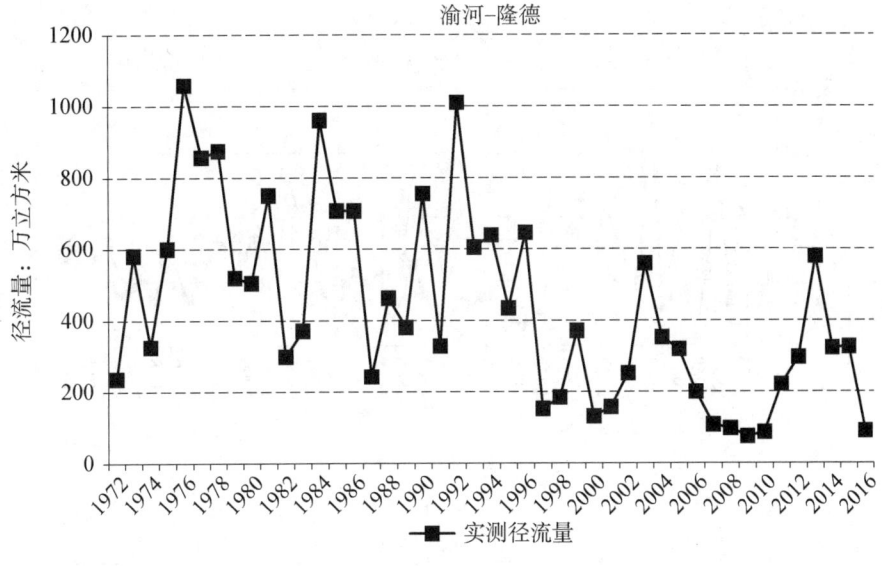

图 12-2-2

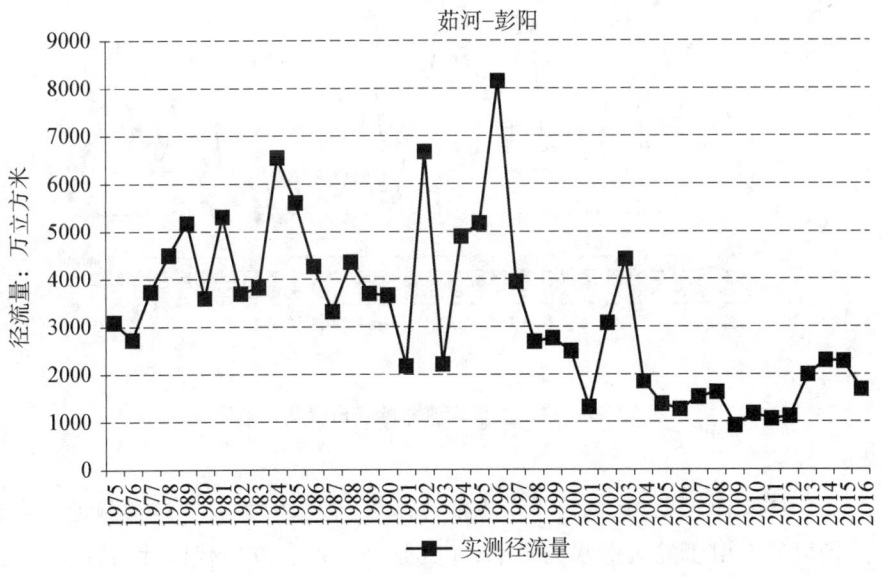

图 12-2-3

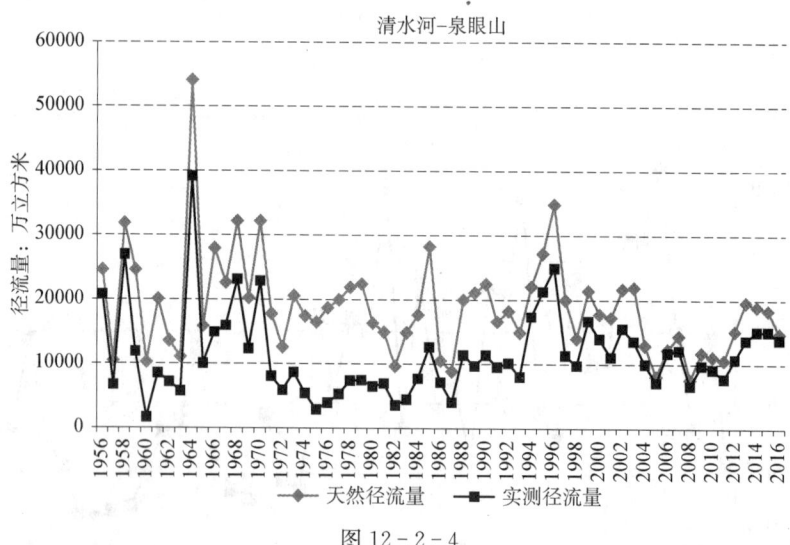

图 12-2-4

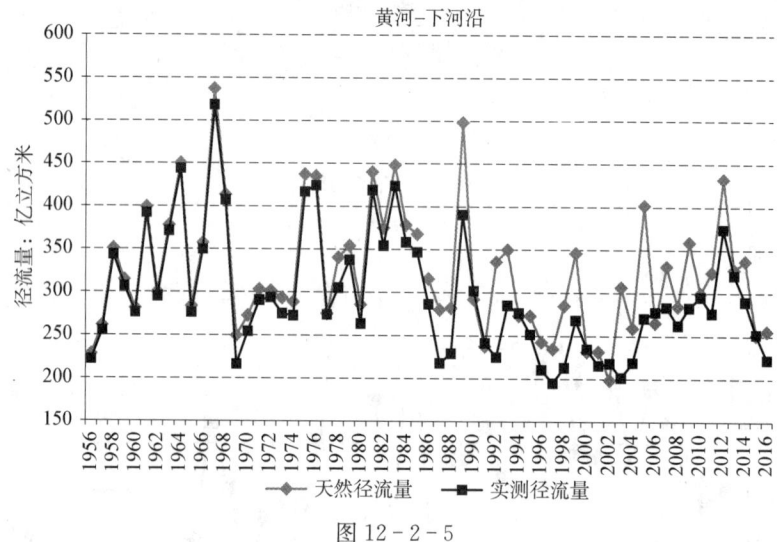

图 12-2-5

图 12-2 宁夏主要河流年际径流变化示意图

(2) 中部干旱风沙区河流下游农灌退水多,苦水河和红柳沟实测径流大于天然径流量。由于灌区退水的影响,尤其是 20 世纪 80 年代以后,苦水河和红柳沟农灌退水增加明显,实测径流量显著高于天然径流量。同时,受农灌退水影响,郭家桥断面实测径流变差系数 C_v 和年极值比均小于天然系列,说明农灌

138

退水导致郭家桥断面实测径流量变大,丰枯变化变小。而红柳沟1981年前多年平均实测径流量为990.7万立方米,变差系数C_v为0.2328,年际极值比为6.762;1981年之后多年平均实测径流量增加至1466万立方米,变差系数和年际极值比均呈下降趋势,说明实测径流年际变化幅度减少。

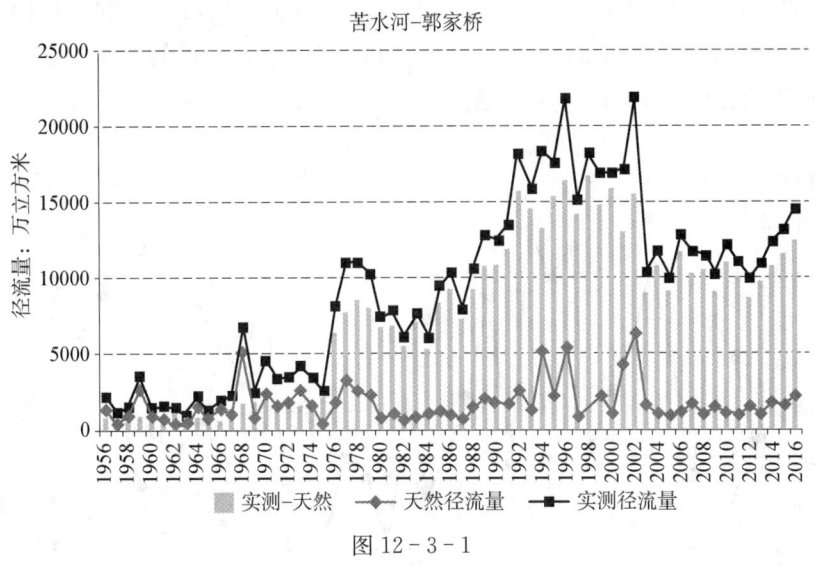

图 12-3-1

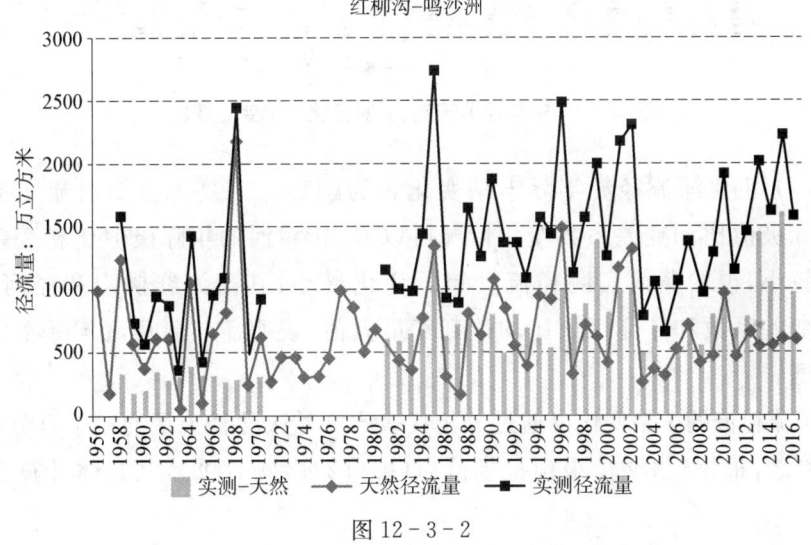

图 12-3-2

图 12-3 宁夏苦水河与红柳沟年际径流变化示意图

（3）泾河等河流 2016 年之前天然径流量与实测径流量相同,受人类活动影响较小。2016 年实测径流量为 1898 万立方米,天然径流量为 2113 万立方米,主要是由于 2016 年以后开始实施了中南部地区城乡饮水安全水源工程。该工程作为宁夏投资规模最大、受益范围最广、受益人口最多、建设最为紧迫的民生工程,通过新建调水工程、拟将水量丰沛、水质好、水位相对较高的六盘山东麓泾河水向北输送到固原市,解决这一区域 110 多万城乡居民的饮水安全。设计年平均引水量将 3980 万立方米,见图 12-4。

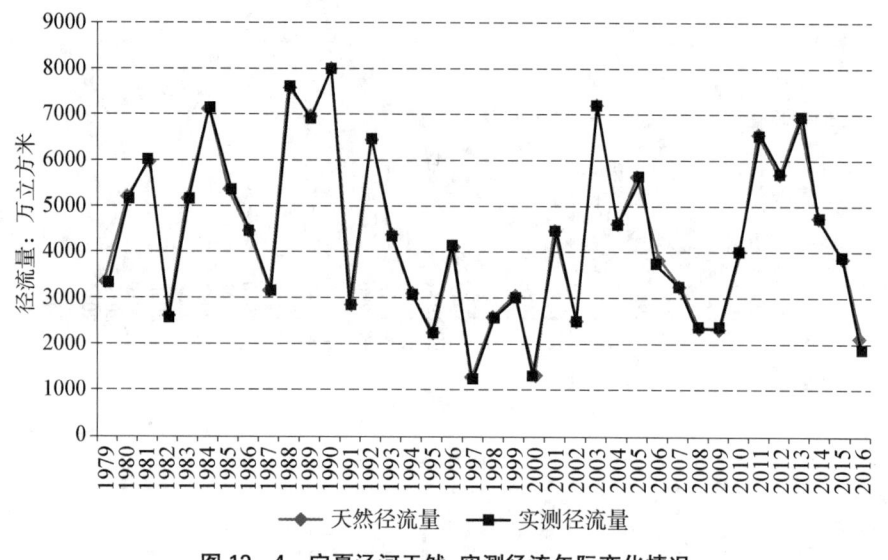

图 12-4　宁夏泾河天然、实测径流年际变化情况

（4）主要河流径流年际丰枯变化较为剧烈。宁夏各主要河流实测径流年际极值比和变差系数变化情况可以看出,黄河的年际极值比和变差系数均较小,说明黄河实测径流量年际变化最小;其次为红柳沟和泾河,葫芦河变差系数和年际极值比均达到了最大值,说明葫芦河径流年际变化最为剧烈。

河流径流的丰枯变化可通过分析代表水文站天然径流量的距平百分比 p 变化判定,根据《水文情报预报规范》(GB/T22482—2008),其具体计算公式如下:

表 12-1　宁夏各主要河流代表断面实测径流量年际变化特征值

径流量：万立方米

分区	河流	断面	序列	多年平均径流量	Cv	实测最大		实测最小		年际极值比
						径流量	年份	径流量	年份	
北部引黄灌区	黄河	下河沿	1956—2016	2970097	0.06	5373020	1967	1993894	2002	2.7
		石嘴山	1956—2016	3256255	0.07	4926730	1967	1629262	1997	3.0
	苦水河	郭家桥	1956—2016	9285	0.62	21820.2	1996	977.5	1963	22.3
中部干旱风沙区	清水河	原州	1956—2016	805	0.91	3801	1966	70	2009	54.3
		韩府湾	1956—2016	5597	0.87	28221	1964	852	2011	33.1
		泉眼山	1956—2016	11418	0.58	39167	1964	1748	1960	22.4
	红柳沟	鸣沙洲	1958—2016	1344.3	0.17	2733	1985	362	1963	7.6
南部黄土丘陵区	泾河	泾河源	1979—2016	4374.5	0.174	7959.0	1990	1224.0	1997	6.50
	葫芦河	静宁	1956—2016	5095.7	0.86	19195	1992	281	2009	68.3
	渝河	隆德	1972—2016	440	0.61	1061	1976	78	2009	13.6
	茹河	彭阳	1975—2016	3278	0.52	8149	1996	932	2009	8.7

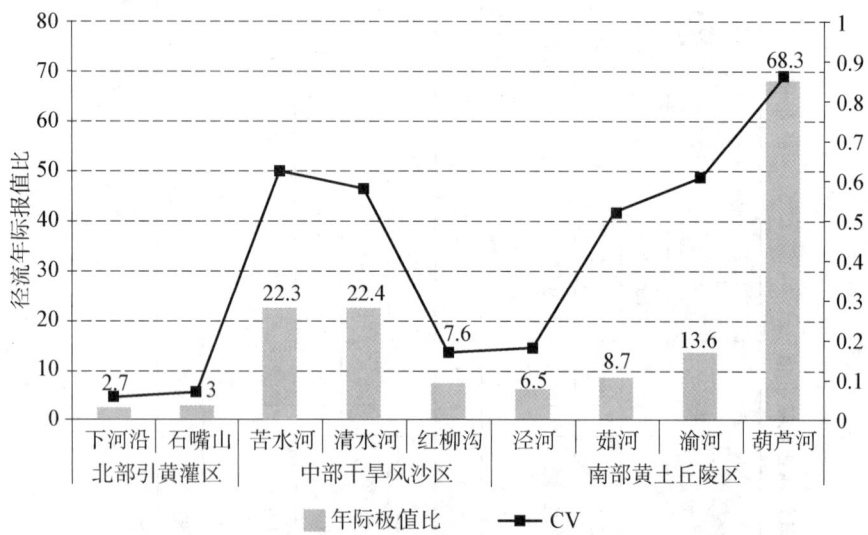

图 12-5 宁夏主要河流代表断面实测径流年际变化特征值对比

$$p = \frac{某年径流量 - 多年平均值}{多年平均值} \times 100\% \qquad 公式(12.1)$$

p>20%为丰水；10%<p≤20%为偏丰；-10%<p≤10%为平水；-20%<p≤-10%为偏枯；p≤-20%为枯水。

根据上述公式,分别计算宁夏主要河流径流丰枯变化情况,如图 12-6 所示。

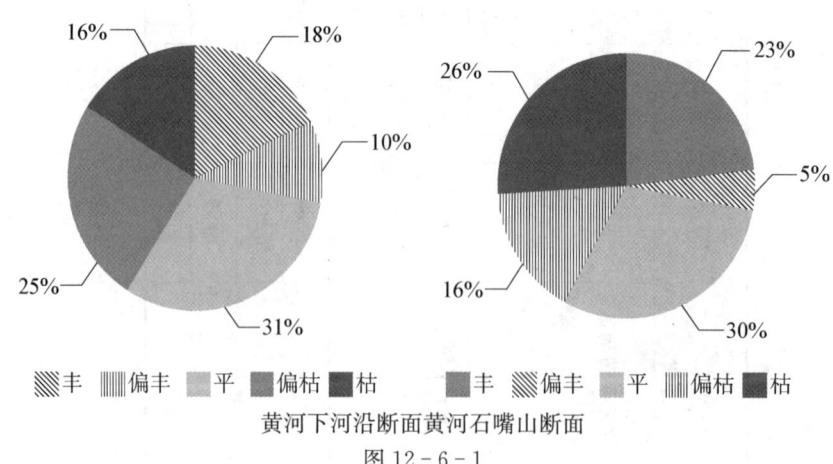

黄河下河沿断面　　　　黄河石嘴山断面

图 12-6-1

第十二章 宁夏生态水量管理实践

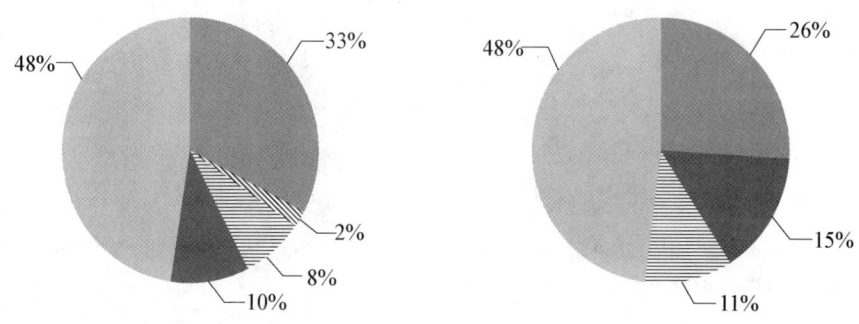

图 12-6-2 苦水河郭家桥断面 清水河原州断面

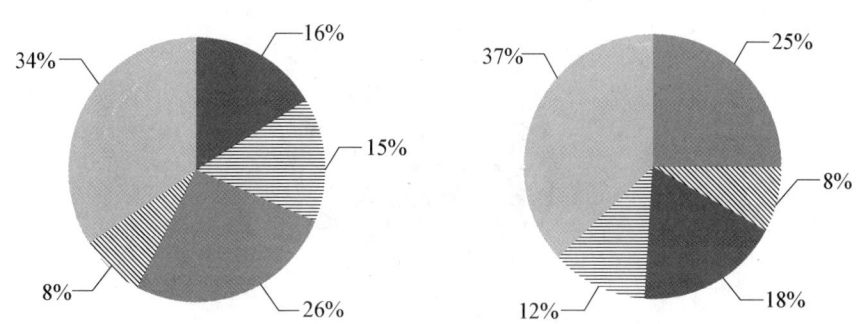

图 12-6-3 清水河韩府湾断面 清水河泉眼山断面

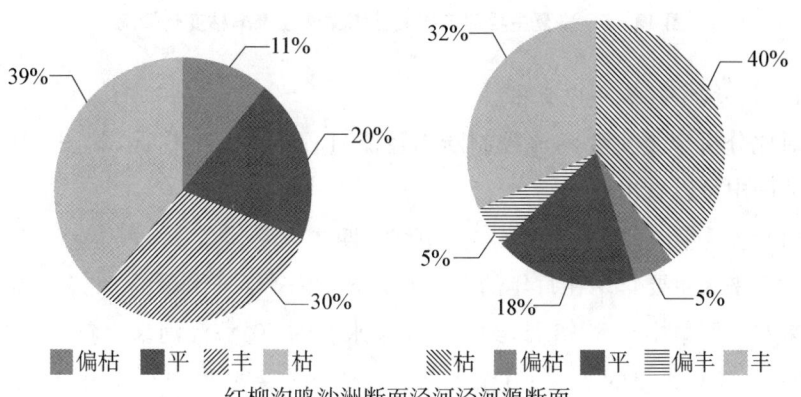

图 12-6-4 红柳沟鸣沙洲断面 泾河泾河源断面

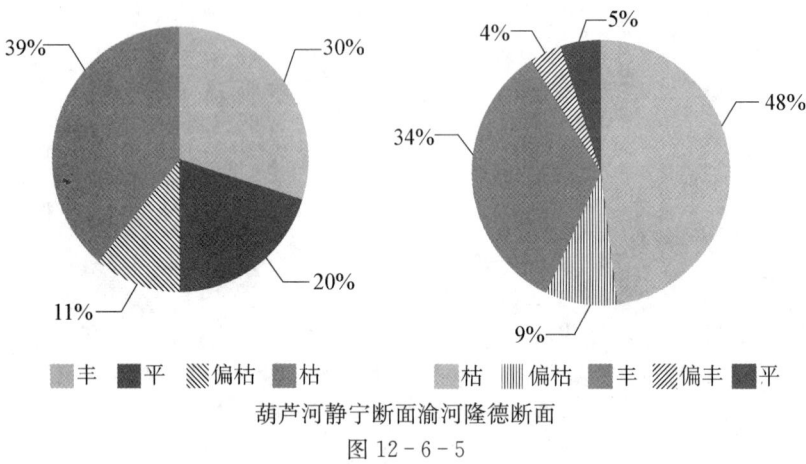

葫芦河静宁断面　　　　渝河隆德断面

图 12-6-5

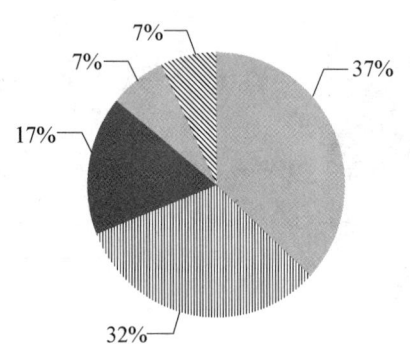

茹河彭阳断面

图 12-6-6

图 12-6　宁夏主要河流代表性水文站径流丰枯变化情况

12.2.5.2 径流年内变化

对比分析宁夏主要河流控制断面径流过程年内分配情况,如图 12-7 所示。从图中可以看出:

(1) 水量年内分配集中,来水集中在汛期

黄河来水主要集中在每年的 7—10 月,约占全年来水量的 51%—58%;苦水河来水主要集中在 5—8 月,约占全年来水量的 70%;泾河来水集中在 5—10 月,约占全年来水量的 77%;其余大部分河流来水主要集中在 6—9 月,约占全年水的 57%—69%。

(2) 径流年内变化幅度区域分异特征明显

年内径流变化在不同区域呈现一定的规律性。宁夏主要河流代表性水文站径流年内极值比如图 12-7 所示,可以看出,北部引黄灌区的黄河年内径流量变化最小,其次为南部黄土丘陵区,中部干旱风沙区径流年内变化最大。径流年内极值比越大,说明径流年内分配越不均匀,对于生态流量保障难度就越大。

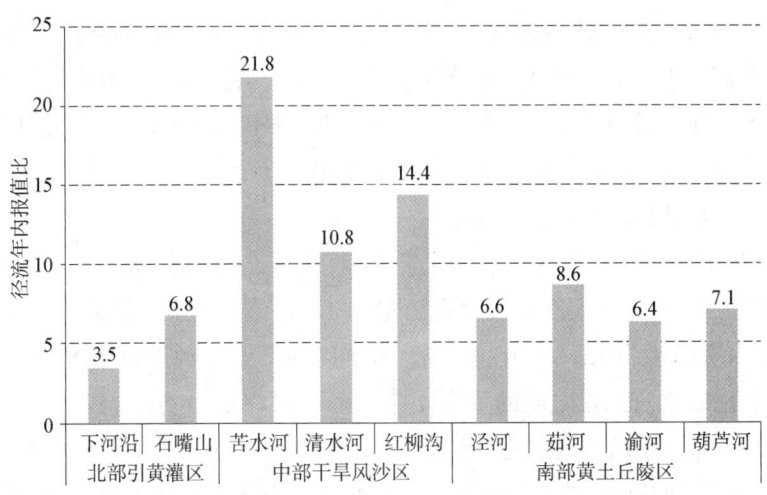

图 12-7 宁夏主要河流代表性水文站径流年内极值比

12.2.6 水资源量及分布

12.2.6.1 水资源分区

根据宁夏水资源分区,本次工作所涉及的主要河流所在水资源分区如表 12-2 所示。

表 12-2 宁夏主要河流所在水资源分区情况表

一级区	二级区	三级区	河流名称
黄河	兰州至河口镇	兰州至下河沿	黄河、典农河
		清水河、苦水河	清水河、苦水河、红柳沟
	龙门至三门峡	泾河张家山以上	茹河、泾河
		渭河宝鸡峡以上	葫芦河、渝河

12.2.6.2　全区水资源量

根据《宁夏回族自治区水资源公报》,2016 年宁夏全区水资源总量 9.584 亿立方米,其中天然地表水资源量 7.472 亿立方米,地下水资源量 18.571 亿立方米,地下水资源量与地表水资源量之间的重复计算量为 16.459 亿立方米。

2016 年全区天然地表水资源量 7.472 亿立方米,折合径流深 12.4 毫米,比上年增加 5.5%,比多年平均偏小 21.3%。

2016 年全区地下水资源量 18.571 亿立方米,比 2015 年减少了 2.311 亿立方米。宁夏地下水资源集中在引黄灌区,主要接受引黄河水量的补给。2016 年引黄灌区地下水资源量 12.930 亿立方米,其中灌区渠系和田间渗漏补给量达 12.224 亿立方米,降水补给量 0.747 亿立方米。

(1) 北部引黄灌溉区水资源量

根据《宁夏回族自治区水资源公报》,2016 年北部引黄灌区水资源总量为 2.424 亿立方米,其中天然地表水资源量为 1.677 亿立方米,径流深为 25.5 毫米;地下水资源量为 12.930 亿立方米,占全区地下水资源总量的 80%,地下水资源量与地表水资源量之间的重复计算量为 12.183 亿立方米。

(2) 中部干旱风沙区水资源量

根据《宁夏回族自治区水资源公报》,2016 年中部干旱风沙区水资源总量为 2.223 亿立方米,其中天然地表水资源量为 1.822 亿立方米,地下水资源量为 0.962 亿立方米,地下水资源量与地表水资源量之间的重复计算量为 0.561 亿立方米。

2016 年中部干旱风沙区主要河流水资源分布情况如图 12-8 所示。其中,苦水河水资源总量为 0.213 亿立方米,其中天然地表水资源量为 0.187 亿立方米,地下水资源量为 0.082 亿立方米,地下水资源量与地表水资源量之间的重复计算量为 0.056 亿立方米。清水河水资源总量为 1.93 亿立方米,其中天然地表水资源量为 1.573 亿立方米,地下水资源量为 0.854 亿立方米,地下水资源量与地表水资源量之间的重复计算量为 0.497 亿立方米。红柳沟水资源总量为 0.08 亿立方米,其中天然地表水资源量为 0.062 亿立方米,地下水资源量为 0.026 亿立方米,地下水资源量与地表水资源量之间的重复计算量为 0.008 亿立方米。

(3) 南部黄土丘陵区水资源量

根据《宁夏回族自治区水资源公报》,2016 年南部黄土丘陵区水资源总量为 3.015 亿立方米,其中天然地表水资源量为 2.758 亿立方米,地下水资源量为 1.472 亿立方米,地下水资源量与地表水资源量之间的重复计算量为 1.215 亿立方米。

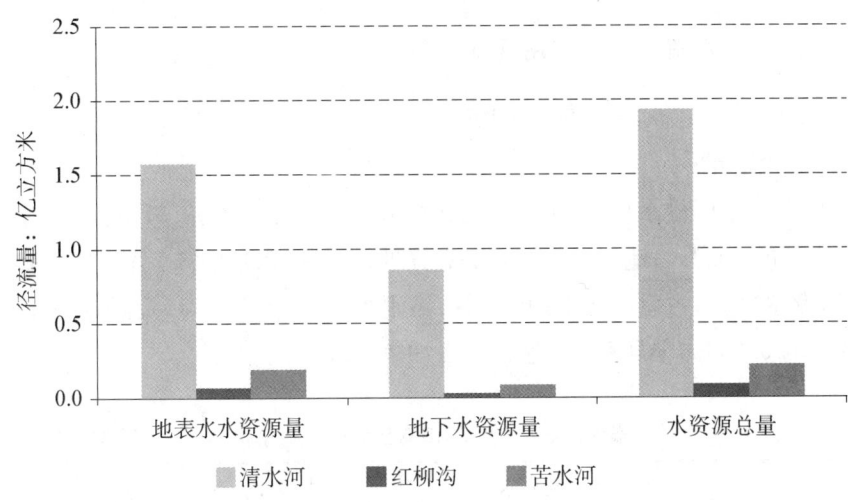

图 12-8　2016 年中部干旱风沙区主要河流水资源分布情况

2016 年葫芦河(含渝河)水资源总量为 0.895 亿立方米,其中天然地表水资源量为 0.771 亿立方米,地下水资源量为 0.358 亿立方米,地下水资源量与地表水资源量之间的重复计算量为 0.234 亿立方米。泾河(含茹河)水资源总量为 2.12 亿立方米,其中天然地表水资源量为 1.987 亿立方米,地下水资源量为 1.114 亿立方米,地下水资源量与地表水资源量之间的重复计算量为 0.981 亿立方米(见图 12-9)。

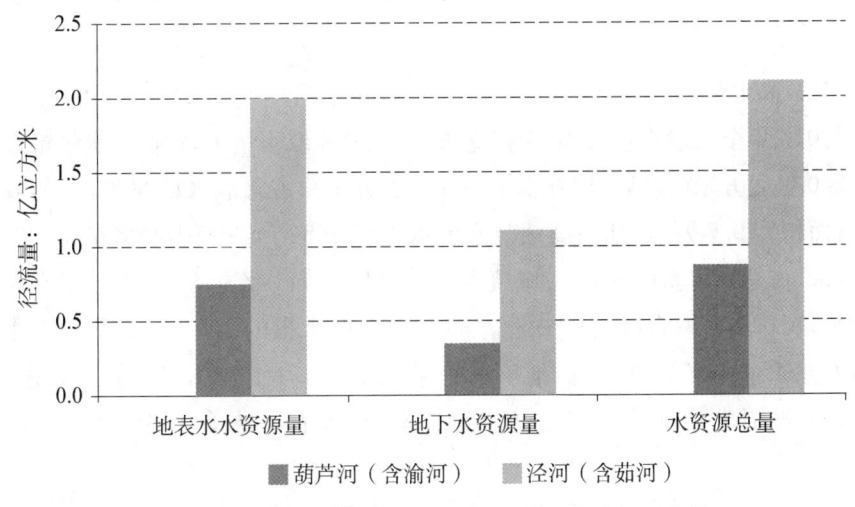

图 12-9　2016 年南部黄土丘陵区主要河流水资源分布情况

12.2.7　水资源开发利用现状

12.2.7.1　现状年水资源开发利用情况

(1) 供水量

2016年全区供水总量64.891亿立方米,其中,黄河水58.376亿立方米,占总供水量的90.0%;地下水5.306亿立方米,占总供水量的8.2%;当地地表水0.990亿立方米,占总供水量的1.5%;污水处理回用量0.219亿立方米,占总供水量的0.3%。宁夏不同分区供水量如表12-3所示。

表12-3　宁夏2016年流域分区供水量　　单位:亿立方米

分区		地表水源供水量			地下水源供水量	污水处理回用量	总供水量
		当地地表水	黄河水	小计			
北部引黄灌区		0.038	56.435	56.473	3.436	0.149	60.058
中部干旱风沙区	清水河	0.304		0.304	0.527	0.009	0.840
	红柳沟	0.003		0.003	0.034		0.037
	苦水河	0.013	0.083	0.096	0.035		0.131
南部黄土丘陵区	葫芦河	0.346		0.346	0.163		0.509
	泾河	0.226		0.226	0.184	0.007	0.417
宁夏全区		0.990	58.376	59.366	5.306	0.219	64.891

注:污水处理回用量主要用于工业。

(2) 取水量

2016年全区取水量64.891亿立方米,在分项取水量中,农业取水量最多为57.720亿立方米(包括湖泊补水1.805亿立方米),占总取水量的88.9%,农业灌溉面积879.7万亩,其中高效节水灌溉面积265万亩;工业取水量4.389亿立方米,占总取水量的6.8%;城镇生活取水量2.111亿立方米,占总取水量的3.3%;农村人畜取水量0.671亿立方米,占总取水量的1.0%。在取地下水量中,农业1.296亿立方米,占地下水总量的24.4%;工业1.638亿立方米,占30.9%;城镇生活1.916亿立方米,占36.1%;农村人畜0.456亿立方米,占8.6%。

在各流域分区取水量中,黄河灌区取水量最多为60.058亿立方米,占全区总取水量的92.6%;其次为黄右区间1.624亿立方米,占2.5%;黄左区间1.029亿立方米,占1.6%;清水河流域0.840亿立方米,占1.3%,其他流域取水量较小,见表12-4。

表12-4 宁夏2016年流域分区取水量　　单位:亿立方米

流域分区		总取水量		农业取水量		工业取水量		城镇生活取水量		农村人畜取水量	
		合计	地下水	合计	地下水	合计	地下水	合计	地下水	合计	地下水
北部引黄灌区		60.058	3.436	56.255	0.456	1.856	1.095	1.612	1.569	0.335	0.316
中部干旱风沙区	清水河	0.840	0.527	0.519	0.371	0.054	0.029	0.133	0.057	0.134	0.070
	红柳沟	0.037	0.034					0.023	0.023	0.014	0.010
	苦水河	0.131	0.035	0.022	0.016	0.091	0.008			0.018	0.011
南部黄土丘陵区	葫芦河	0.509	0.163	0.371	0.127	0.023	0.009	0.050	0.008	0.064	0.018
	泾河	0.417	0.184	0.322	0.151	0.018	0.006	0.033	0.022	0.044	0.005
宁夏全区		64.891	5.306	57.720	1.296	4.389	1.638	2.111	1.916	0.671	0.456

注:全区农业引扬黄河水量全部列入黄灌区。

(3)耗水量

2016年全区耗水总量33.485亿立方米,其中耗地下水2.498亿立方米,耗黄河水29.916亿立方米,耗中水0.190亿立方米,耗当地地表水0.881亿立方米。分行业耗水量中,农业耗水量最多为29.067亿立方米(包含生态耗水1.805亿立方米),占总耗水的86.8%;工业耗水量3.125亿立方米,占9.3%;农村人畜耗水量0.671亿立方米,占2.0%;城镇生活耗水量0.622亿立方米,占1.9%。

各流域分区中,黄河灌区耗水量最多为29.720亿立方米,占总耗水量的88.8%;黄右区间次之为1.601亿立方米,占4.8%;其他流域分区耗水占总耗水量的比例较小,见表12-5。

表 12-5　宁夏 2016 年流域分区耗水量　　　　单位：亿立方米

分区		地表水源供水量			地下水源供水量	污水处理回用量	总供水量
		当地地表水	黄河水	小计			
北部引黄灌区		0.038	56.435	56.473	3.436	0.149	60.058
中部干旱风沙区	清水河	0.304		0.304	0.527	0.009	0.840
	红柳沟	0.003		0.003	0.034		0.037
	苦水河	0.013	0.083	0.096	0.035		0.131
南部黄土丘陵区	葫芦河	0.346		0.346	0.163		0.509
	泾河	0.226		0.226	0.184	0.007	0.417
宁夏全区		0.990	58.376	59.366	5.306	0.219	64.891

(4) 取耗水变化趋势

从 2011 年以来全区取水量由 2011 年的 73.587 亿立方米减少至 2016 年的 64.891 亿立方米，总体呈稳定和下降趋势，其中生活取水呈持续增加态势，工业取水从总体增加转为逐渐趋稳；农业取水则受气候和实际灌溉面积的影响上下波动。生活取水和工业取水占总取水量的比例逐渐增加，农业取水占总取水量的比例则有所减少。全区耗水量由 2011 年的 36.132 亿立方米减少到 2016 年的 33.485 亿立方米，趋势由总体下降转为逐渐趋稳，其中工业和城镇生活耗水呈增加趋势，农业耗水受气候等影响上下波动。

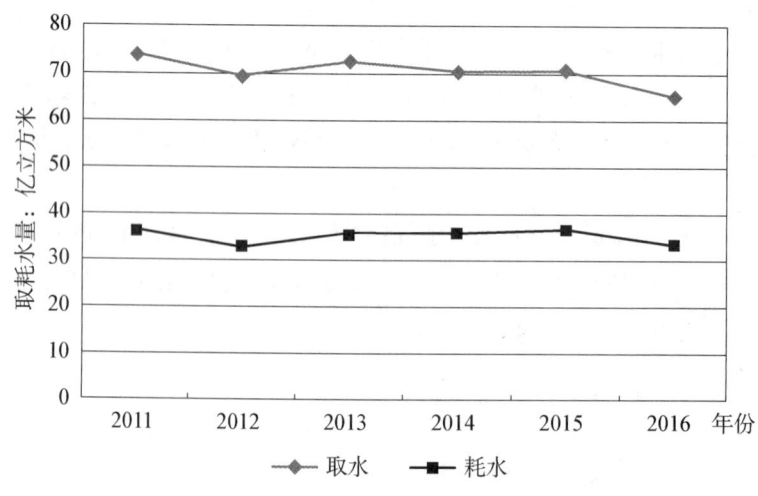

图 12-10　宁夏 2011—2016 年取耗水变化趋势

12.2.7.2 水资源开发利用程度

水资源开发利用程度是评价流域水资源开发与利用水平的特征指标,涉及地表水资源开发和地下水资源开发情况,以地表水资源开发利用率、地下水资源开采率指标表示。根据2007—2016年宁夏回族自治区水资源公报,统计分析宁夏主要河流2007—2016年逐年地表水资源开发率和地下水资源开采率,以反映近10年来流域水资源开发利用程度,结果如表12-6、图12-11、图12-12所示。

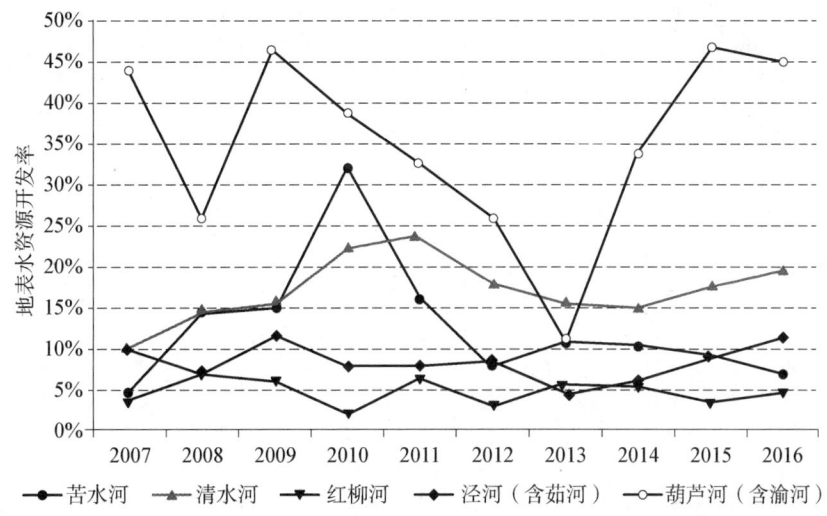

图12-11 宁夏主要河流近10年地表水资源开发率变化趋势图

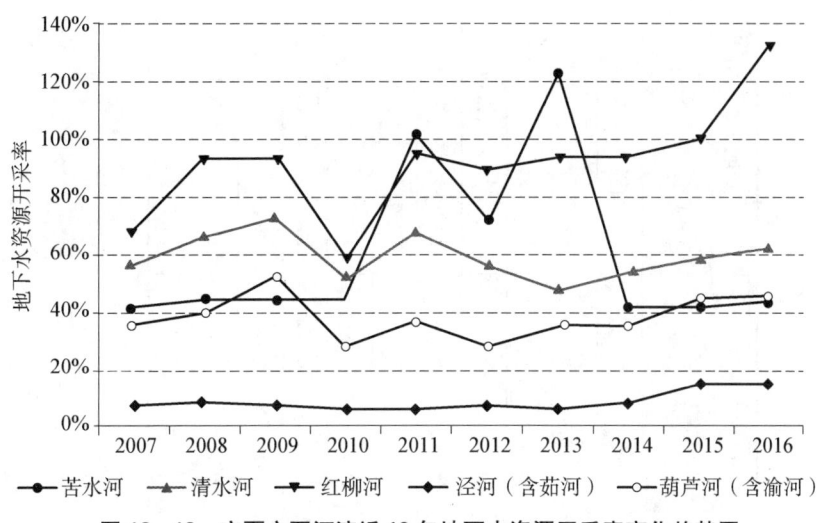

图12-12 宁夏主要河流近10年地下水资源开采率变化趋势图

表12-6 宁夏主要河流近10年水资源开发利用情况表

年份	地表水资源开发率						地下水资源开采率			
	苦水河	清水河	红柳沟	泾河（含茹河）	葫芦河（含渝河）	苦水河	清水河	红柳沟	泾河（含茹河）	葫芦河（含渝河）
2007	4.73%	10.09%	4.23%	10.20%	43.97%	42.19%	55.86%	68.42%	7.90%	35.40%
2008	12.40%	12.60%	6.98%	7.00%	26.26%	44.64%	66.08%	93.33%	9.10%	38.70%
2009	12.93%	15.35%	6.25%	11.60%	46.13%	44.83%	72.98%	93.33%	8.40%	51.70%
2010	32.11%	22.28%	2.06%	8.00%	38.82%	44.83%	52.04%	59.09%	5.90%	29.05%
2011	16.16%	23.78%	6.52%	7.90%	32.90%	101.96%	67.17%	94.12%	7.10%	36.10%
2012	7.64%	17.94%	3.03%	8.40%	26.20%	71.64%	55.27%	89.47%	7.80%	30.17%
2013	10.81%	15.60%	5.36%	4.50%	10.39%	121.82%	47.34%	94.44%	7.50%	34.92%
2014	10.32%	12.93%	5.36%	6.00%	33.72%	41.43%	53.63%	94.74%	8.40%	34.35%
2015	9.38%	17.56%	3.28%	9.10%	46.63%	40.85%	58.39%	100.00%	15.00%	44.39%
2016	6.95%	19.33%	4.84%	11.40%	44.88%	42.68%	61.71%	130.77%	16.50%	45.53%
十年平均	11.88%	16.95%	4.46%	8.00%	32.12%	57.59%	58.53%	92.67%	9.20%	37.18%

采用水资源生态安全可开发利用率进行水资源开发利用程度评价,该指标是指基于流域生态安全的流域内,各类生产与生活用水及河道外生态用水的总量占流域内水资源量的合理限度。水资源开发利用程度可用以下表达式计算:

$$C = W_u / W_r \qquad 公式(12.2)$$

其中,W_u 为流域水资源开发利用量,指流域内各类生产、生活、河道外生态用水总量。W_r 为流域水资源量,指流域降水所形成的地表和地下水的产水量。

综合各类研究成果,目前国际上公认的外流河保障流域生态安全的水资源可开发利用率为30%~50%。根据各流域实际情况及水资源综合规划有关成果,初步确定各流域水资源生态安全可开发利用率,其数值采用以下表达式评价:

$$N = C / C_0 \qquad 公式(12.3)$$

具体评价标准见表12-7。

表12-7 水资源开发利用程度指标评价标准

指标名称	评价标准(单位%)				
	优	良	中	差	劣
水资源开发利用程度	<50	50~80	80~120	120~150	>150

根据水资源开发利用程度的评价标准,宁夏各主要河流水资源开发利用程度评价结果如表12-8所示。可以看出,大多数河流评价等级为优,说明宁夏河流总体上水资源开发利用程度不高,目前地表水水资源开发利用程度对河流生态水量影响是较为有限的。

表12-8 宁夏主要河流水资源开发利用程度评价结果表

河流	苦水河	清水河	红柳沟	泾河(含茹河)	葫芦河(含渝河)
水资源开发利用程度评价结果	优	优	优	优	良

12.2.7.3 水资源及开发利用特点

(1) 引黄灌溉区

北部引黄灌区水土资源优越,该区域多年平均降水量为 178 毫米,为宁夏降水最少的区域,但区域水资源可利用总量占全区的 80.5%,水资源以黄河地表客水和地下水为主。北部引黄灌溉区河湖主要包括黄河、典农河、沙湖、阅海、鸣翠湖、宝湖和星海湖等河湖,自秦汉以来,修渠筑坝,引黄灌溉,水系发达,湖泊众多,素有"塞上江南"之美誉,是宁夏发展的精华所在。

① 黄河地表水是最主要的供水水源。

该区域当地水资源量 4.26 亿立方米,可利用水资源量 1.5 亿立方米,主要为地下水资源量。计入黄河干流水资源可利用量,区域水资源可利用总量为 33.4 亿立方米,占全区的 80.5%。

黄河地表水资源利用受国家分配指标限制。1987 年国务院分水方案(简称"国务院分水方案)按耗水口径分配给宁夏黄河可利用水资源量 40 亿立方米,其中黄河干流 37.0 亿立方米。

根据《国务院办公厅关于印发实行最严格水资源管理制度考核办法的通知》,宁夏 2015 年取水总量指标为 73 亿立方米,其中黄河水 64.94 亿立方米;2020 年取水总量指标为 73.27 亿立方米,其中黄河水 64.94 亿立方米。近 5 年宁夏取用黄河水量 65.37 亿立方米,其中农业取水 62.98 亿立方米、工业 2.32 亿立方米、生活 0.07 亿立方米。用黄河水量约占宁夏全区总用水量的 90%;入黄排水沟排水量 31.57 亿立方米;耗黄河水量 33.80 亿立方米。

② 灌溉沟渠湖泊广泛分布,受黄河水资源变化影响较大。

自秦汉以来,修渠筑坝,引黄灌溉,水系发达,湖泊众多。各沟渠主要依靠沟道或黄河地表水进行水源补给,沟道补水主要为农业灌溉回归水,年内丰枯变化大,水量分配不均,可利用程度有限;引黄补水为生态补水,但由于受国家分配指标控制,近期增加引水总量的难度很大。

(2) 中部干旱风沙区

中部干旱风沙区多年平均降水量为 266 毫米,土地和矿藏资源丰富,但区域水资源可利用量仅占宁夏全区的 7.0%,水土匹配条件差。该区域河流包括清水河、苦水河、红柳沟等黄河一级支流,多北流汇入黄河。河流流经干旱、半干旱区,产水量小,矿化度高,含沙量大,水资源禀赋条件差,使得地表水利用难度大,区域内主要供水水源为引黄水或地下水,因此地表水开发率较低,地下水开采率较高。受灌区退水影响,河流中下游径流组成中农灌退水较多。此外,区域内水库淤积现象较为严重,水资源调蓄能力弱。该区域水资源开发利用具有如下几个典型特点:

① 流域内地表水开发率较低,地下水开采率较高。从近10年近10年水资源开发利用情况可以看出,苦水河流域地表水资源平均开发率仅有11.88%,最高为2010年的32.11%,最低为2007年的4.73%。而地下水平均开采率为57.69%,其中2011年和2013年地下水开采率分别高达101.96%和121.82%。清水河近10年近10年地表水资源平均开发率为17.15%,最高为2011年的23.78%,最低为2007年的10.09%;近10年地下水资源平均开采率为59.05%。红柳沟地表水资源平均开发率为4.46%,最高为2008年的6.98%,最低为2010年的2.06%;而地下水资源平均开采率为92.67%,除个别年份外均在90%以上。

② 水资源禀赋条件差,引黄水或地下水是流域内主要供水水源。流域内地表水具有矿化度高、天然水质差、含沙量大等特点,难以利用,使得区域内地下水或引黄河水成为主要的供水水源。苦水河流域内引黄河水为最大供水水源,占总供水量的63%;其次为地下水,供水量比例约为总供水量的27%;地表水供水量比例最小,仅占总供水量的10%左右。清水河和红柳沟主要供水水源为地下水,清水河地下水供水比例约占62.7%,地表水供水量仅占36.2%左右;红柳沟地下水供水比例更是达到了总供水量的85%左右,地表水仅占约15%。

③ 苦水河主要用水为工业用水,清水河主要用水为农业用水,红柳沟主要用水为生活用水。苦水河流域内用水主要为工业、农业和农村人畜用水,不涉及城镇生活用水。清水河流域内用水主要为农业用水,2016年流域内农业用水量为5190万立方米,占总用水量的61.8%,主要来源于地下水,小部分来自于地表水。红柳沟流域内用水主要为城乡居民用水及农村人畜用水。流域内无大的取用水户,取用水量全部用于城乡居民生活,取用水量相对稳定。其中城镇生活取耗水全部来源于地下水,农村人畜用水也主要来源于地下水,小部分来自于地表水。

④ 流域内主要水库淤积较为严重,水量调蓄能力极弱,水工程保障能力有限。苦水河流域建有3座中型水库,分别为太阳山刘家沟水库、盐池李家坝水库和郝家台水库。其中,郝家台水库和盐池李家坝水库位于苦水河干流,但是2004年之前盐池李家坝水库已经淤积报废,目前郝家台水库也淤积严重,调节

能力极弱,太阳山刘家沟水库位于苦水河支流,对干流水资源调蓄能力十分有限。清水河干流库容最大的长山头水库已淤满,韩府湾水文站上游的四营水库已基本淤平,目前这2个水库基本无调节能力,剩余的2个水库中二营水库库容较小,仅沈家河水库具有一定的调节能力。红柳沟内无大中型水利枢纽工程,缺乏水资源调蓄能力。

(3) 南部黄土丘陵区

南部黄土丘陵区是泾河、葫芦河等河流的发源地,是宁夏重要的水源涵养区,区域内多年平均降水量为472毫米,区域水资源可利用总量约占宁夏全区的12.5%。区域水资源以当地地表水为主。该区域河流包括渝河、茹河、泾河和葫芦河等,河流流经半湿润区,雨量较多,水量相对较为丰沛,产水量相对较大,区域内水资源开发率较低、水资源调控能力弱,水土流失问题突出,是宁夏重要的生态保护地区和生态农业区,该区域水资源开发利用具有如下几个典型特点:

① 该区域是宁夏降水量相对较大的区域。

宁夏降雨量总体呈由南向北递减的趋势,2016年南部山区的六盘山东南降雨量在600毫米以上,实测最大年降水量647毫米(泾源县泾河源站),是北部最小年降水量的5倍。其中,葫芦河(含渝河)多年平均降水量为460毫米,泾河(含茹河)多年平均降水量为490毫米。

② 区域内水资源开发率较低,地表水与地下水开发利用比例相近。

从近10年水资源开发利用程度来看,泾河(含茹河)流域地表水开发率平均只有8.0%,最大为11.6%,最小为4.5%;地下水开采率平均也只有9.2%,最大为16.5%,最小为5.9%。流域内地表水、地下水资源较为丰富,水质较好,1.29亿立方米的地下水资源量全部为矿化度小于2克/升的淡水,开发利用的潜力巨大。葫芦河(含渝河)流域2007—2016年地表水资源开发率为32.12%,地下水资源开采率为37.18%,地表水和地下水开发利用比例相近。

③ 地表水和地下水均为流域内重要的供水水源。

2016年泾河(含茹河)流域内地表水供水量占总供水量的54%,地下水资源量较丰富,水质好,供水量占总供水量的44%。其中农村人畜耗水的88.6%和工业耗水的84.6%来源于地表水,农业耗水量也有54%的水量来自于地表水;城镇生活耗水主要来自于地下水,所占比例达到了70%。2016年葫芦河(含渝河)流域地表水供水量占总供水量的68%,地下水供水量占32%。

④ 区域内主要用水为农业用水,工业所占比例较低。

2016年葫芦河(含渝河)流域农业耗水量占总耗水量的77%,工业耗水量仅占2%;泾河(含茹河)流域农业耗水量占总耗水量的80%,工业耗水量仅占4%。

⑤ 区域内无大中型水利枢纽工程,水资源调蓄能力较低。

经调查,泾河干流内无大中型水利枢纽工程,仅有一座小型水利枢纽工程,为龙潭水库,总库容只有45万立方米,水资源调蓄能力较低。葫芦河流域供水工程均为中小型水库和地下水井,以小型水库为主,目前水库淤积较为严重,水资源调节能力有限,生态水量保障的客观条件十分不利。

12.2.8 水资源开发利用工程状况

宁夏的水库工程主要分布在黄河、葫芦河、泾河、茹河、渝河、苦水河、清水河等河流上,红柳沟和典农河上无大中型水库。由于宁夏位于黄土高原地区,大多数河流水土流失较为严重,许多水库淤积严重,部分水库甚至已经丧失了调节功能,水资源调节能力整体不高,对生态流量保障十分不利。宁夏主要河流主要水库工程如表12-9,具体现状如图12-13所示。

图12-13 苦水河干流郝家台水库现状图

表12-9 宁夏主要河流水库基本情况表

序号	分区	河流名称	水库名称	所在县区	坝址控制流域面积（平方千米）	坝址多年平均径流量（万立方米）	建成日期	总库容（万立方米）	兴利库容（万立方米）	死库容（万立方米）
1	北部引黄灌区	黄河	青铜峡水利枢纽	青铜峡市	275010	3240000	1967-8	73500	8957	697
2			沙坡头水利枢纽	沙坡头区	253400	3360000	2007-9	2600	938	
3	中部干旱风沙区	苦水河	郝家台水库	盐池县	568	583.8	2004-10	4865		2775
4			十里山水库	同心县	530	371	1977-7	69		
5			长山头水库	中宁县	3000	12400	1960-8	30500		24760
6		清水河	沈家河水库	原州区	313	2100	1959-10	4640	740	310
7			四营水库	海原县	760.2	1520	1980-10	1562.5	69.51	685.72
8			二营水库	原州区	94.8	186.3	1972-8	1181	120	100
9	南部黄土丘陵区		咀头水库	西吉县	867	2861.1	1975-5	4442	265.6	2115.7
10			夏寨水库	西吉县	492	1130	1972-12	2417	160.2	69.6
11		葫芦河	马连水库	西吉	240.8	1200	1959	2660		
12			什字水库	西吉	175	752.5	1960	2764		
13			八台新水库	西吉	190	456	2008	1882		
14		泾河	龙潭水库	泾源县	101	3535	1973-10	45		

续表

序号	分区	河流名称	水库名称	所在县区	坝址控制流域面积（平方千米）	坝址多年平均径流量（万立方米）	建成日期	总库容（万立方米）	兴利库容（万立方米）	死库容（万立方米）
15		茹河	虎沟门水库	彭阳县	8.05	28.175	1978-12	112.99	17	45
16			吴川水库	彭阳县	152.5	610	1972-10	143.8	25	67
17			小湾水库	原州区	5.8	11.6	1972-11	57	20	
18		渝河	三里店水库	隆德县	107	756.8	1960-6	1200	177	740

12.2.9 主要河湖特征

宁夏地处我国干旱半干旱地区,土地荒漠化、盐碱化较为严重,生态环境十分脆弱。区域河湖具有干旱与半干旱气候相适应的典型特点,水体蒸发量大,河流生态系统生物贫乏,区域水资源对黄河引水依赖程度大,引黄灌区沟渠纵横,湖泊星罗棋布。本次以宁夏境内的黄河、典农河、清水河、苦水河、红柳沟、渝河、茹河、泾河和葫芦河等9条主要河流和沙湖、阅海、鸣翠湖、宝湖和星海湖等5个主要湖泊为主,概述主要河湖特征。

12.2.9.1 主要河流

(1) 黄河

黄河干流宁夏河段自宁夏中卫市南长滩翠柳沟入境,至石嘴山市惠农区头道坎麻黄沟出境(右岸平罗县陶乐镇都思兔河),在宁夏平原奔流而过,穿越中卫、吴忠、银川、石嘴山4个地级市的11个市县(区),全长397千米,占黄河总长的1/14,流域面积5万平方千米,属黄河上游下段。黄河是宁夏的重要供水水源,引黄渠系发达。宁夏境内黄河两岸平原区土地辽阔,地势平坦,是宁夏社会经济发展的精华所在,沿黄经济区的国土面积为2.87万平方千米,占全区总面积的43.2%,聚集了全区60%的人口(城镇人口占81.5%)和80%以上的产业,分布有宁夏90%的GDP和财政收入,在宁夏经济社会发展中占有极其重要的地位,宁夏依黄河而生存,唯黄河而发展,素有"天下黄河富宁夏"的美誉。黄河宁夏段湿地分布广泛,大鼻吻鮈、兰州鲶等特有土著鱼类资源较为丰富。该河段分布有沙坡头、青铜峡库区湿地2处自然保护区和黄河卫宁段兰州鲶、黄河青石段大鼻吻鮈2处国家级水产种质资源保护区。

(2) 典农河

典农河,为青铜峡河西灌区排水总干沟扩建形成的集防洪、排水、生态、景观为一体的水利工程。典农河南起永宁县唐徕渠永家湖退水闸,北至石嘴山入黄河,河道总长158.5千米,跨永宁县、兴庆区、金凤区、贺兰县、平罗县和惠农区等县(区),连通贺兰山东麓6个拦洪库和2个滞洪区,接引了永清沟、过江沟、第二排水沟、四二干沟、第三排水沟等10条沟道,控制排水面积11.7万公顷,沿途连化雁湖、大盐湖、阅海、沙湖等湖泊湿地,形成水面面积达0.33万公顷。典农河分为3段,上端从永宁县唐徕渠永家湖退水闸至阅海闸,长59.0千米,主要功能是生态恢复、城市景观和城市防洪;中段从阅海至沙湖,长27.5千米,主要功能是排洪和灌区排水;下段从沙湖至惠农区入黄河口,长 72 千米,主要功能是灌区排水。

(3) 清水河

清水河是我区直接入黄的最大支流,发源于固原市原州区开城乡黑刺沟脑,于中宁县泉眼山汇入黄河,流域面积 14481 平方千米(区内 13511 平方千米),河长 320 千米。水文特点是水少、沙多,水土流失严重,水质差,呈现出干旱、半干旱河流特征。

清水河年径流深自上游至下游为 3.0~105.0 毫米,全河多年平均径流量 2.02 亿立方米(区内 1.886 亿立方米),区内平均径流深 12.0 毫米,年产水模数 1.40 万立方米/平方千米。韩府湾水文站以上区内面积 4742 平方千米,占全河面积的三分之一,多年平均径流量 1.37 亿立方米,占全河总水量的三分之二以上。径流量年际年内变化大,全河变差系数 0.42。历年最大年径流 5.40 亿立方米(1964 年),最小 0.883 亿立方米(1987 年),最大最小倍比达 6.1。汛期 6—9 月平均径流量占全年的 72.9%。多年平均各月最大径流量在 8 月,占全年 31.7%,最小为 1 月,占全年的 1.7%,月最大、最小之比达 18.6。

清水河流域苦水分布广泛,地表水矿化度多为 2—7 克/升,多年平均实测输沙量 0.46 亿吨。流域北部降水稀少,年降水量仅 200 毫米左右,是黄河流域少雨干旱地区。水库淤积现象较为严重,清水河唯一大型水库中宁长山头水库已经全部淤平,基本丧失调蓄能力,库区已进行农田开发种植枸杞。清水河三营至四营段曾出现断流现象,清水河水质本底值较差,近年进行了河道综合治理,原州段开展了河道内人工湿地建设,河流水质有所改善。

(4) 苦水河

苦水河位于宁夏和甘肃境内,发源于甘肃省环县,经灵武市新华桥汇入黄河,干流全长 224 千米,流域面积 5218 平方千米,其中宁夏面积为 4942 平方千米。水文特点是干旱,径流少,水质差。全河水资源量 0.162 亿立方米(区内 0.146 亿立方米),区内平均径流深 3.0 毫米,年产水模数 0.30 万立方米/平方千米。径流的年际年内变化大,全河变差系数 C_v 达 0.78。历年最大径流量 0.54 亿立方米(1996 年),最小径流量 0.027 亿立方米(1963 年),最大最小倍比 20.0。汛期 6—9 月多年平均径流量 0.115 亿立方米,占全年水量的 71%。该河进入灌区后接纳灌区回归水,平均年排水量 0.66 亿立方米,占实测年径流量的 80.3%。

(5) 红柳沟

红柳沟位于宁夏境内,干流全长107千米,流域面积1064平方千米,年径流量650万立方米。流域总人口约为12.9万人,国内生产总值约为4.3亿元。耕地面积102.90万亩,有效灌溉面积23.82万亩。红柳沟发源于同心县小罗山,经中宁县鸣沙洲汇入黄河,面积为1064平方千米,水文特点是干旱、径流量少、泥沙大。水资源量0.065亿立方米,平均径流深6.1毫米。年际变化大,最大最小倍比达40.7。下游进入灌区后有灌溉回归水加入。

(6) 泾河

泾河发源于六盘山南麓的泾源县泾河源乡老龙潭以上,河源处海拔高程2850米左右,河流由西南流向东北,河流全长455千米,流域面积45421平方千米。泾河流域位于我区南部六盘山脉东麓,包括原州区东南部、彭阳、泾源县全部及盐池县南部的麻黄山区,区内面积4955平方千米,是我区水资源最丰富的地区,水文特点是水量多,水质好,径流地区变化大。年径流深15~300毫米,多年平均径流量3.264亿立方米,径流深65.9毫米,年产水模数6.59万立方米/平方千米,历年最大6.77亿立方米(1964年),最小1.57亿立方米(1997年),最大最小倍比4.3。泾河是我区出境水量最多的河流。

(7) 茹河

茹河发源于六盘山脉东侧,固原市大湾乡境内,流经宁夏彭阳县、甘肃镇原县,汇入蒲河、再入泾河进渭河,是黄河的四级支流,全长171千米,流域面积2470平方千米。流域水土流失较为严重,开展了大量淤地坝建设,河流含沙量较高。

(8) 葫芦河

葫芦河属于渭河水系一级支流,位于六盘山西麓,发源于西吉县月亮山,河源高程2550米,由南向北汇入渭河。河流全长300.6千米,流域面积10730平方千米。水文特点是左岸水量较丰富、水质好、泥沙少,右岸水量小、质差、泥沙多、水土流失严重。区内地表水资源1.532亿立方米,区内平均年径流深46.7毫米,年产水模数4.67万立方米/平方千米,径流年际变化相对较小,C_v为0.36。历年最大径流量3.284亿立方米(1961年),历年最小0.633亿立方米(1971年),最大最小倍比5.2。目前开展了葫芦河水环境综合治理,关闭了污染较为严重的土豆淀粉加工企业,河流水质有所改善。

(9) 渝河

渝河,也称南河,发源于六盘山西麓,全长47.1千米,自东向西流经固原市隆德县城关、沙塘、神林、联财4个乡镇后,汇入东峡水库,进入甘肃省静宁县葫芦河,最终汇入渭河,为黄河三级支流,流域面积481平方千米。渝河曾经频繁断流,污染严重,近年来渝河开展了大规模河道内近自然的人工湿地建设,河流出境水质改善明显。

12.2.9.2 主要湖泊

(1) 沙湖

沙湖处于贺兰山东麓,银川平原的中北部,位于贺兰山前洪积倾斜平原前缘的洼地区域,即西大滩,是一个呈北向东微倾的碟形洼地区,其中心部位即为沙湖,因沙湖是区域地势低洼之所在,是一封闭型湖泊,对外联系的水道只有输入的人工沟渠,包括第二农场渠(东一支渠)、典农河,无输出水道。沙湖是由地下水溢出、降水、农田退水等形成的湖泊,原名红渠注,又称鱼湖,是河流古道型湖泊。如今沙湖已经和宁夏银川阅海—典农河连通,沙湖东西长约6千米,南北宽约7千米。沙湖的主要补水来源:一是黄河灌区第二农场渠的黄河水;二是与之连通的典农河,典农河自身在汇集农田灌溉退水的同时,补给沙湖;三是间歇性洪水和沙湖周围的侧渗水。沙湖周边广大区域地表水和地下水往往汇集其中,而自身水体向东北方向排泄不畅,易于累积污染物质。沙湖作为国家5A级景区,随着旅游人数逐年激增,输入性污染物增加,湖泊中过剩的浮游生物造成湖泊的内源性有机物增加,加速了湖泊水体恶化。此外,鸟岛区域由于循环不畅,形成一定规模的滞留型水体,鸟类产生的粪便等造成主航道和鸟岛等区域水质恶化加剧,鸟岛内部湖荡作用小,水质交换能力弱,自净能力下降。近年来沙湖实施了综合整治,水质明显好转。

(2) 阅海

阅海湖地处银川市金凤区偏北,是由天然湖泊经人工改造形成的,占地面积约2000公顷,水域广阔,风景秀美,生物种类较为丰富,是目前银川市区内面积最大一块人工湿地。

(3) 鸣翠湖

鸣翠湖位于银川市东部,湖泊湿地面积为667公顷,湖面面积为280公顷,湖区年平均水深为1.6米。鸣翠湖湿地是历史上黄河古道改道而成的自然湖泊,为七十二连湖中长湖的重要组成部分,目前分为南北二湖。湖泊的来水主要是黄河水、农田退水、沟渠补水和地下水。

(4) 宝湖

宝湖位于银川市金凤区内,东靠唐徕渠,南临宝湖路,北到铁路线,西到正源街。总面积82.6公顷,其中湖泊面积39.2公顷,绿地面积36.5公顷。宝湖是银川城内规模较大的自然水面,属于典型的城市湖泊,湖水最深处2.2米左右,平均水深1.4米左右。

(5) 星海湖

星海湖位于石嘴山市大武口区境内,湖区面积为48.08平方千米,水域面积约12.7平方千米,平均水深1.2米。湖区地处贺兰山东麓洪积扇下沿,毗邻石嘴山市老城区东侧。由于黄河淤澄作用,地势平坦,海拔高度为1109—1105米之间。星海湖湿地植物种类主要有水生植物、耐盐碱植物类型,以草本植物为主,植物群落生长茂密。星海湖为山洪、降雨、引黄水、灌溉排水等汇集而成的拦洪库,目前已经开展景观建设,成为石嘴山市主要景观湖泊。

12.3 湖泊空间分布及历史演变

12.3.1 湖泊形成及分布

宁夏湖泊主要分布在引黄灌区的宁夏平原上,其中以宁夏平原的青铜峡河西、河东灌区最为密集,湖泊的形成演变与黄河变迁、引黄灌区发展及黄河水资源支撑条件有密切的关系。宁夏湖泊的演变受地面沉降、黄河变迁、气候干旱等因素影响,并与不同历史时期的水利开发建设,尤其是引黄灌溉发展紧密相关。宁夏湖泊与引黄灌溉沟渠水系,构成了独特的西北干旱地区湖泊湿地生态系统。

宁夏平原是断陷盆地型沉积平原,由黄河冲积与贺兰山洪流堆积而形成,按成因分为黄河冲积湖积平原和贺兰山山前洪积倾斜平原。黄河冲积湖积平原顺黄河流向,自西南而东北微有倾斜。宁夏平原冲层阶地不发育,地势平坦,坡降较小,排水不畅,加上地球偏转力的作用,黄河极易迁移、改道,在黄河两岸留下了众多位于黄河古道的湖泊湿地。宁夏平原沟渠纵横,湖沼棋布,历史上有银川"七十二连湖"之称。

宁夏平原自秦汉始,兴盛于汉唐,并持续发展至今,已有近两千年的引黄灌溉历史。汉代宁夏平原开始大规模开发,在平原南部湖沼较少的上游地段首先兴修引黄渠道,限于当时生产力水平,灌溉退水不能全部复归黄河,在平原中北部地带低洼地段汇集,湖泊面积有所扩大。到了唐代,新扩建一些渠道,特别是唐徕渠大规模发展,平原中部地区汇聚形成一些新的湖沼,湖沼面积进一步扩大。明清之后,修建了惠农等引黄渠,平原灌区继续大规模扩展,而排水设施并未得到相应建设,大量农灌退水造成了大量的渠间洼地积水湖泊。

新中国成立后,建设了较为完整的排水沟系,许多浅水湖泊与积水洼地梳干,湖泊面积减少。而后,20世纪60至80年代开发农田、开垦鱼塘等,湖泊面积进一步减少。进入21世纪,宁夏实施了大规模的湖泊恢复与保护建设,湖泊面积有所增加并保持稳定。

此外,南部黄土丘陵上的湖泊则集中分布在西吉县、海原县,主要为1920年海原大地震造成黄土滑坡体阻塞河道而形成的堰塞湖。

12.3.2 湖泊功能及保护

宁夏湖泊位于引黄灌区,地处我国干旱半干旱地带,区域水资源贫乏,湖泊水源主要通过引黄灌溉退水补给,大部分为人工和半人工湿地。该区域湖泊湿地位于全国主体功能区划确定的宁夏沿黄经济地区和河套灌区农产品主产区,也属于全国生态功能区规划的西鄂尔多斯—贺兰山—阴山生物多样性与防风固沙重要生态功能区和全国生态脆弱区保护规划纲要的西北荒漠绿洲交接生态脆弱区,同时地处宁夏主体功能区规划确定的宁夏沿黄经济带、银—吴城市圈、北部宁夏平原引黄灌区现代农业示范区、宁夏平原绿洲生态带和贺兰山防风防沙生态屏障。相关部门在宁夏主要湖泊划定了自然保护区、水产种质资源保护区和国家湿地公园等。根据国家相关功能定位及保护要求,维持沙湖基本生态功能对于维护区域生态平衡、抵御风沙侵袭、改善区域生态环境、保护生物多样性、提升城乡景观品质具有重要功能。

宁夏湖泊发展演变与水利开发建设,尤其是引黄灌溉发展紧密相连,历史上银川周边湖泊素有七十二连湖之称。20世纪60至90年代,受排水沟建设、农田开垦、城市建设和补给来源等方面综合影响,湖泊湿地一度萎缩较为严重,湖泊生态退化形势严峻。2000年以来,为加强湖泊生态保护,宁夏水利部门等相关单位大力开展湖泊生态保护与修复,积极实施湖泊生态补水和河湖水系连通建设,湖泊规模得到一定程度恢复,湖泊生态功能持续改善。

宁夏湖泊属于干旱半干旱地区,水资源贫乏,生态、生产用水矛盾极为突出,宁夏河道外湖泊生态保护应根据国家生态保护的战略要求,按照国务院批复的黄河流域综合规划要求,根据水资源条件以水定保护规模,严格限制人工湿地规模和数量,将生态用水纳入省(区)水资源配置,协调农业发展与生态用水之间的关系。

宁夏湖泊生态用水保障,应严格落实国务院批复的《黄河流域综合规划》提出的对于河道外湖泊湿地生态用水保障要求,加强水资源的管理与协调,大力推进节水型社会建设,提高用水效率,研究、细化宁夏生态保护需水指标,将河道外生态用水纳入宁夏内水资源配置,将湿地及自然保护区用水指标和落实保障措施纳入宁夏水资源监管体系,并监督实施,保证河道外重要保护目标生态用水。

12.4 宁夏主要河湖功能定位与需水分析

12.4.1 宁夏生态功能定位及保护要求

12.4.1.1 全国主体功能区规划

《全国主体功能区规划》是我国国土空间开发的战略性、基础性和约束性规划,将全国划分了城市化地区、农产品主产区和重点生态功能区3个类别,其中全国共划定城市化发展地区21处,宁夏回族自治区以银川为中心的黄河沿岸地区被划定为宁夏沿黄经济区,该区域的功能定位是:全国重要的能源化工、新材料基地,清真食品及穆斯林用品和特色农产品加工基地,区域性商贸物流中心。

按照农产品主产区布局,全国共有7处主产区,其中宁夏沿黄灌区连通内蒙古沿黄灌区被划定为河套灌区粮食主产区,该区的功能定位是保障农产品供给安全的重要区域、农村居民安居乐业的美好家园、社会主义新农村建设的示范区,保障农产品供给,确保国家粮食安全和食物安全。

按照全国生态安全战略布局,全国共布设有两屏三带5处重要生态功能区,宁夏回族自治区南部六盘山区是我国黄土高原—滇藏生态屏障的重要部分。

12.4.1.2 全国生态功能区划

《全国生态功能区划》(修编版)在全国国土范围内确定了63个重要生态功能区,其中宁夏回族自治区石嘴山市、银川市、吴忠市和中卫市面积为32706平方千米被划为西鄂尔多斯—贺兰山—阴山生物多样性保护与防风固沙重要区。

此外,全区分别被划分为Ⅰ-01-37六盘山水源涵养与生物多样性保护功能区、Ⅰ-03-20陇东—宁南土壤保持功能区、Ⅰ-04-11陇中-宁中防风固沙功能区、Ⅱ-01-37陇中—宁南农产品提供功能区、Ⅱ-01-38宁夏平原农产品提供功能区和Ⅲ-02-24银川城镇群6个生态功能区。

12.4.1.3 全国生态脆弱区保护规划纲要

2008年,原环境保护部制订的《全国生态脆弱区保护规划纲要》对全国重要生态脆弱区进行了划定,提出了8个生态脆弱区,其中宁夏回族自治区贺兰山及河套平原被划为西北荒漠绿洲交接生态脆弱区的贺兰山及蒙宁河套平原外围荒漠绿洲生态脆弱重点区域。生态环境脆弱性表现为:典型荒漠绿洲过渡区,呈非地带性岛状或片状分布,环境异质性大,自然条件恶劣,年降水量少、蒸发量大,水资源极度短缺,土壤瘠薄,植被稀疏,风沙活动强烈,土地荒漠化严重。重要生态系统类型包括:高山亚高山冻原、高寒草甸、荒漠胡杨林、荒漠灌丛以及珍稀、濒危物种栖息地等。

12.4.1.4 黄河流域综合规划

《黄河流域综合规划》在"水生态保护与修复总体意见"中明确黄河上游"属于全国农产品提供等生态功能区、生态脆弱区,水资源贫乏,生态、生产用水矛盾极为突出,水生态保护应根据国家生态保护的战略要求,加强天然湿地和土著鱼类栖息地保护,根据水资源条件以水定保护规模,严格限制人工湿地规模和数量,将生态用水纳入省(区)水资源配置,协调农业发展与生态用水之间的关系"。

《黄河流域综合规划》同时在"主要支流规划意见"章节部分对宁夏清水河流域治理开发与保护提出了重点及主要措施,确定"清水河流域要以水土流失治理和保障城乡饮水安全为重点,加强水资源的节约与保护,合理调配水资源,完善城镇河段防洪工程,提高防洪能力"。

12.4.1.5 宁夏主体功能区规划

《宁夏主体功能区规划》将宁夏国土空间划定为重点开发区、限制开发区和禁止开发区。其中宁夏重点开发区域包括国家级重点开发区域和自治区级重点开发区域,国家级重点开发区域为沿黄经济区(含宁东能源化工基地)银川市兴庆区、金凤区、西夏区,石嘴山市大武口区、惠农区、宁东能源化工基地(含太阳山),以及贺兰县、永宁县、灵武市、平罗县、利通区、青铜峡市、沙坡头区、中宁县8个县区的城关镇和工业园区所在乡镇。自治区级重点开发区域为固原市原州区固原市城区、原州区彭堡镇和清河镇。重点开发区域面积10041平方千米,占国土空间比重为15.1%。

限制开发区的农产品主产区主要为宁夏北部引黄灌区,包括银川市所辖贺兰县、永宁县和灵武市,石嘴山市所辖平罗县,吴忠市所辖利通区和青铜峡市,中卫市所辖沙坡头区和中宁县8个县区以及农垦14个国有农林牧场,面积为12236平方千米,占国土空间比重为18.5%。

限制开发区的国家级重点生态功能区有彭阳县、盐池县、同心县、西吉县、隆德县、泾源县、海原县、红寺堡区等7县1区;自治区级重点生态功能区,包括原州区、灵武市、沙坡头区、中宁县部分乡镇。宁夏重点生态功能区总面积为38113平方千米,占国土空间比重为57.4%。宁夏生态功能区分为水源涵养型、水土保持型、防风固沙型3种类型。

宁夏禁止开发的生态区域包括自然保护区、风景名胜区、国家森林公园、地质公园、湿地公园(及湿地保护与恢复示范区)5类,共54处,面积6006平方千米,占国土空间比重为9%。

12.4.1.6 中国生物多样性保护战略与行动计划

1994年6月,经国务院环境保护委员会同意,原国家环境保护局会同相关部门发布了《中国生物多样性保护行动计划》,有力地促进了我国生物多样性保护工作的开展。为落实公约的相关规定,进一步加强我国的生物多样性保护工作,2010年,环境保护部会同20多个部门和单位颁布了《中国生物多样性保护战略与行动计划》(2011—2030年)(环发〔2010〕106号),提出了我国未来20年生物多样性保护总体目标、战略任务和优先行动。

根据此《计划》,宁夏地区被划入蒙新高原荒漠区和华北平原黄土高原区。规划"按山系、流域、荒漠等生物地理单元和生态功能区建立和整合自然保护区,扩大保护区网络","建立保护区之间的生物廊道,恢复优先区内已退化的环境。加强区域内特大城市周围湿地的恢复与保护"。

12.4.1.7 重点流域水生生物多样性保护方案

为贯彻落实《水污染防治行动计划》,切实做好水生生物多样性保护工作,

2018年,生态环境部会同农业农村部、水利部制订了《重点流域水生生物多样性保护方案》(环发〔2018〕3号),提出了保护要求。

根据此方案,"至2020年,重要河湖被挤占的生态用水逐步得到退减,流域综合调度得到加强"。其中黄河流域"黄河上游保护重点为刺鲍、厚唇裸重唇鱼、骨唇黄河鱼、黄河裸裂尻鱼、拟鲶高原鳅、极边扁咽齿鱼、花斑裸鲤等物种及上游宽谷河段生态系统"。

12.4.1.8　宁夏生态功能定位确定

根据上述规划、区划对宁夏生态功能的要求,宁夏各区域生态功能要求分别为:

——生态屏障功能。宁夏位于我国干旱半干旱地区和湿润半湿润地区的过渡地带,也是我国草原气候和荒漠气候的分界线之一,是我国生态安全战略格局重要组成部分,是我国西北部水源涵养及生物多样性保护的重点地区,其生态功能定位是我国西北地区防止沙漠化扩张和生物多样性保护的生态屏障,保障黄河上中游及华北、西北地区的生态安全。

——生物多样性保护功能。宁夏范围内湿地面积广阔,野生动植物众多,生物多样性丰富。黄河干流是多种土著鱼类栖息保护地,黄河及中北部沿黄灌区内各湖泊湿地是国际鸟类迁徙的重要栖息地,生物多样性保护功能显著。

——水土保持功能。宁夏中部及东部是我国水土流失最严重的区域,被列为防风固沙生态区和荒漠草原生态脆弱区。本区光热条件较好,但水资源极度匮乏,维持现有水生态格局,加强现有湿地保护,严控地下水开采,增加植被覆盖面积,遏制沙漠化发展是该区主要功能定位。

——水源涵养功能。宁夏南部六盘山区是黄土高原植被覆盖率较高的区域,是泾河、清水河、葫芦河、茹河等众多河流水系的源头区域,属于水源涵养重要功能区。增强水源涵养为主,保护现有森林资源,维持保护区生态环境现状是该区生态功能定位。

——区域水资源安全和水生态安全的保障。宁夏黄河段及其沿黄地带是宁夏境内主要经济社会发展区域,也是国家粮食主产区之一,承担着供水安全重要任务,同时其内丰富的高原宽谷游荡性湿地是该河段内兰州鲇、大鼻吻鮈等重要水生生物的栖息地。宁夏黄河生态系统是一个自然—社会—经济相交织的复杂生态系统,黄河是贯穿整个宁夏中北部区域最重要的生态廊道,是维持宁夏中北部生态系统平衡稳定的重要纽带,宁夏黄河水资源安全直接关系到宁夏中北部区域的生态安全、粮食安全、经济安全，其生态功能定位为宁夏生态屏障安全的核心架构和关键区域，是宁夏沿黄经济与生态带格局稳定和发展平衡的重要资源与生态空间，为生物多样性保护提供重要的生态空间，为宁夏生态安全、粮食安全、供水安全提供水资源保障。

12.4.2　生态保护与修复目标和格局

宁夏主要河流湖泊生态水量确定主要以保障宁夏生态定位和维持生态功能正常发挥为目标，依据生态安全、供水安全、经济安全对水资源的要求，构建宁夏主要河湖生态水量保障体系，实现敏感保护区的保护、河流生态廊道功能的维持和修复，保护区域脆弱的生态系统平衡。

根据国家和自治区主体功能区规划和生态保护战略要求，结合宁夏水资源及其开发利用特点、水生态环境现状，考虑经济社会发展需求，将宁夏划分为"保护源区（南部六盘山区）、维持廊道（中部干旱风沙区河流）、修复河湖（北部引黄灌区）"的主要河湖生态水量保障的空间格局，因地制宜、因河施策，保障主要河湖生态水量，通过六盘山区水源涵养保护、强化黄河河流廊道功能维持、主要河湖湿地修复和保护，构建宁夏主要河湖生态水量保障体系，促进宁夏水生态系统保护与修复。

12.4.3　生态水量管控要求

在宁夏生态系统功能定位和生态保护与修复格局划定基础上，因河施策，分区、分段、分期、分批提出生态水量管控要求。

12.4.3.1　北部引黄灌区

(1) 黄河宁夏段

生态功能及生态系统保护：黄河高原宽谷河流生态系统，是国家西北生态安全屏障的重要组成，是区域荒漠、戈壁生态系统稳定和区域水资源可持续利用基础。

分布有多泥沙河流特有河流及河漫滩（嫩滩）湿地（黄河湿地生态带）、产黏性卵鱼类栖息生境及珍稀濒危鸟类栖息地等重要生态单元。

河段生态水量指标与管控：协调生态保护与经济社会发展用水，落实水域纳污自净流量指标，维持河流最小生态流量保证程度，改善敏感期生态流量，促进黄河宁蒙河段生态系统维持和流域水资源可持续利用。

根据河流及河漫滩(嫩滩)湿地保护的水文规律特点需求,河段兰州鲇、黄河鲤等产黏性卵鱼类栖息生境敏感期生态水文要求,提出河段典型代表水文水资源断面的生态流量及水量(生态基流、基本生态水量)原则控制要求,为生态流量管控和河流生态功能保护提供依据。河段控制断面在下河沿、石嘴山断面—宁夏黄河段水文水资源控制断面。

(2) 典农河

生态功能及生态系统保护:引黄灌溉和农灌退水承纳的人工干渠,连接湖泊水系纽带,是区域生态安全屏障的重要组成,是平原灌区农业生态系统稳定的重要保障。河段生态水量指标与管控:维持河道渠系湖泊连通,确保河道不断流,为下游湖泊维持正常水位输送水量。

(3) 阅海、兴海湖、宝湖、鸣翠湖、沙湖

生态功能及生态系统保护:我国干旱半干旱区湖泊湿地生态系统,是区域湿地公园体系、区域生态安全屏障、区域景观的重要组成。湖泊生态水量指标与管控:维持基本湖泊水面,维护区域生态屏障安全,保证景观生态完整。湖泊控制指标有维持湖泊湿地生态保护红线确定的水面面积大小规模。

12.4.3.2　中部干旱地区

(1) 清水河

生态功能及生态系统保护:干旱半干旱区河流湿地生态系统,是生态脆弱区重要生态屏障重要构成,是区域荒漠、戈壁生态系统稳定和区域水资源可持续利用基础。

分布有河流湿地(沿河湿地)、产黏性卵鱼类栖息生境等重要生态单元。

河段生态流量指标与管控:维持河流最小生态流量保证程度,保证全年基本生态水量,促进清水河生态系统维持。

根据河流水文规律特点需求,河段黄河鲤等产黏性卵鱼类栖息生境敏感期生态水文要求,提出河段典型代表水文水资源断面的生态流量及水量(生态基流、基本生态水量)原则控制要求,及其他水文断面敏感期生态流量一般要求,为生态流量管控和河流生态功能保护提供依据。

河段控制断面:泉眼山断面—入黄段面,清水河流域水资源开发控制断面。

(2) 苦水河、红柳沟

生态功能及生态系统保护:干旱半干旱区河流湿地生态系统,是农灌退水主要渠道,是生态脆弱区重要生态屏障重要构成,是区域荒漠、戈壁生态系统稳

定和区域水资源可持续利用基础。

河段生态流量指标与管控:维持河流最小生态流量保证程度,保证全年基本生态水量,维持苦水河、红柳沟基本生态功能。

河段控制断面:郭家桥断面—入黄断面,苦水河流域水文水资源控制断面。鸣沙洲断面—入黄断面,红柳沟流域水文水资源控制断面。

12.4.3.3 南部丘陵山区

(1) 泾河、茹河

生态功能及生态系统保护:山区河流与森林生态系统,是国家生态功能区划重点水源涵养区,是宁夏经济社会和生态安全的重要区。分布有国家级森林生态水源涵养类自然保护区。

河段生态流量指标与管控:遵循自然规律、强化生态保护,维护河流源区自然生态系统结构与功能完整性,提出河段典型代表水文水资源断面的生态流量原则控制要求。

河段控制断面:泾河源—泾河水文水资源控制断面,省界断面;彭阳断面—茹河水文水资源控制断面,省界断面。

(2) 葫芦河、渝河

生态功能及生态系统保护:山区河流与森林生态系统,是国家生态功能区划重点水源涵养区,是宁夏经济社会和生态安全的重要区。

河段生态流量指标与管控:维护河流连通,保护水域条件及水流要素条件等,为流域经济社会和生态安全提供水资源与生态流量支撑。根据廊道的流域水资源连通要求,提出河段典型代表水文水资源断面的生态流量原则控制要求。

河段控制断面:静宁断面—葫芦河水文水资源控制断面,省界断面,水资源开发利用断面;隆德断面—渝河水文水资源控制断面,省界断面,水资源开发利用断面。

第十二章 宁夏生态水量管理实践

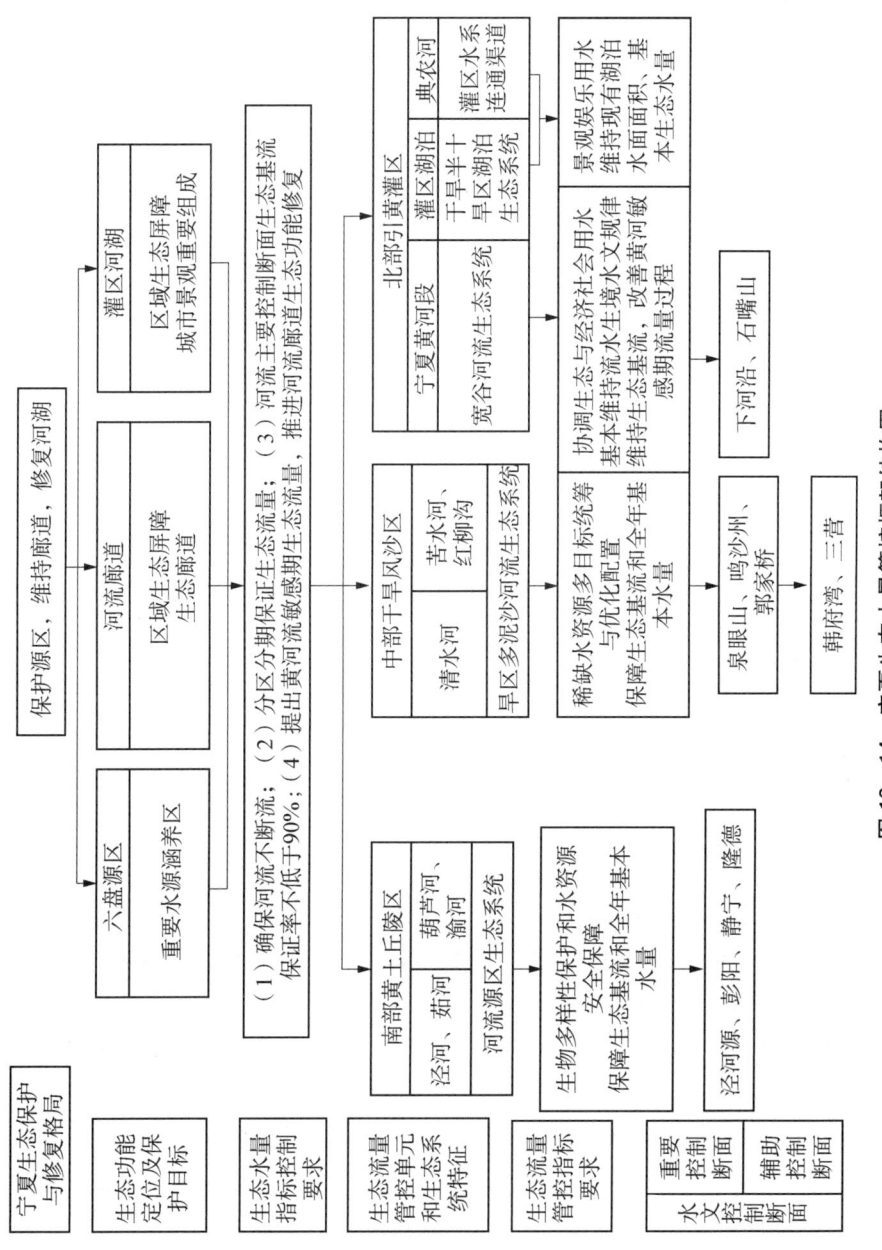

图 12-14 宁夏生态水量管控框架结构图

第十三章

苦水河生态水量管理

13.1 流域概况

13.1.1 自然概况

13.1.1.1 地理位置

苦水河是宁夏境内黄河的一级支流,发源于甘肃省环县甜水堡镇花石山沙坡子沟脑,流经宁夏吴忠市盐池、同心、利通、红寺堡、银川市灵武市等5县(市、区),于灵武市新华桥镇华一村汇入黄河,主河道全长223.8千米,流域面积5218平方千米,其中,宁夏境内苦水河长202.8千米,占河流总长度的90.61%,宁夏境内流域面积4942平方千米,占苦水河流域总面积的94.71%。

苦水河流域地处宁夏中部干旱区域,地理坐标范围为东经106°05′~107°06′,北纬36°54′~38°05′。

13.1.1.2 地形地貌

苦水河流域地势南高北低,海拔在1116~2026米之间。主河道总体呈南北走向,源头海拔2026米,入黄河口处海拔1116米,落差910米,苦水河流域地形地貌如图13-1所示。

苦水河上游为红寺堡红沟窑以上区域,上游主河道属山区型河道,长95.94千米(宁夏境内长74.94千米)。上游内羊粪沟以上属黄土丘陵沟壑区,该区域内冲沟发育活跃、地面破碎、沟壑纵横,山峦起伏,梁峁相间,河道狭窄且深,沟道切割严重。羊粪沟至红沟窑属于鄂尔多斯台地过渡区,区域内地面完整性较好,地形波状起伏,冲沟相对较少,河道宽浅且平缓。

苦水河中游为红沟窑至利通区之间区域,属于鄂尔多斯台地边缘缓坡丘陵区,主河道属冲洪积扇区河道,长52.7千米。区域内地面完整性较好,地形波

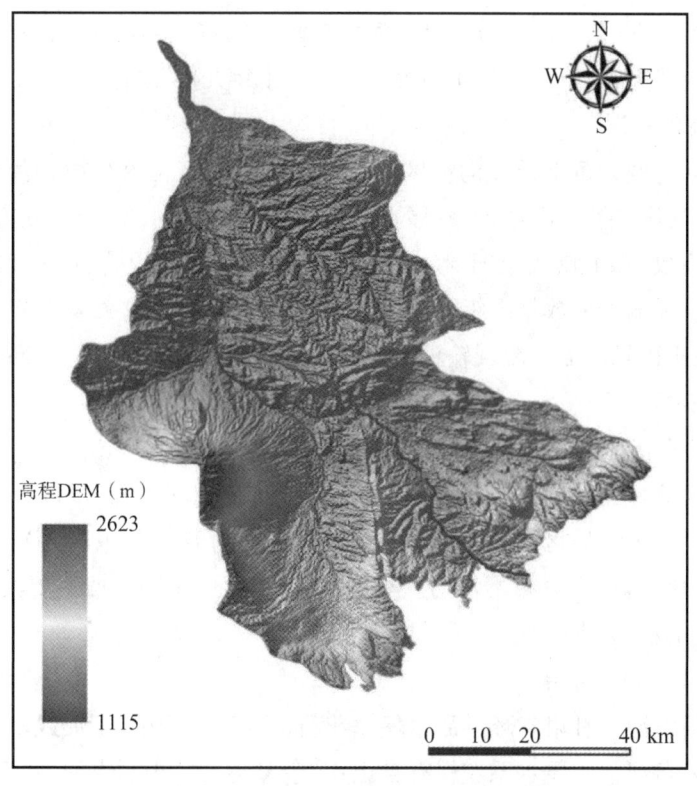

图 13-1 苦水河流域地形地貌示意图

状起伏,冲沟相对较少,河道宽浅且平缓。苦水河下游为赵家沟以下区域,属于洪积扇区和黄河平原区,主河道属冲洪积平原型河道,河长 75.16 千米。多为引黄灌区,地势平坦。

13.1.1.3 水文气象

(1) 气象条件

苦水河流域地处宁夏干旱地带,深居我国西部内陆,属温带大陆性半干旱气候。流域干旱少雨,蒸发强烈,风大沙多,日照强度大,昼夜温差大。年平均降水量仅为 260.7 毫米,最大降水量为 451 毫米(1985 年),最小降水量为 116 毫米(1980 年),降雨丰枯变化较大,极值比 3.9。多年平均蒸发量 1420 毫米,干旱指数为 5.7,年均蒸发量是降水量的 5.4 倍,属于干旱区。平均气温 9.4℃,极端最高气温 38.2℃,极端最低气温零下 25.1℃,昼夜温差一般在 13℃左右。全年日照 3080.9 小时,无霜期 216 天,年均风速 1.8 米/秒,其中大于等于5米/秒有300余次。流域内自然灾害频繁,主要有干旱、洪水、沙尘暴、霜冻和冰雹等自然灾害,干旱灾害尤为突出,素有"十年九旱"之称。

(2) 泥沙状况

苦水河流域为黄土丘陵沟壑区,区域内丘陵起伏,沟壑纵横。苦水河为多泥沙河流,河流含沙量高,实测悬移质多年平均含沙量54.2千克/立方米,流域平均输沙模数1021吨/平方千米,最大7000吨/平方千米,最小2.4吨/平方千米。含沙量和输沙模数年内年际变化大,苦水河郭家桥水文站实测年输沙量最大、最小之比达几千倍。流域输沙量年内分配极不均匀,其中绝大部分集中在汛期6至9月。

(3) 洪水特征

苦水河流域为暴雨多发区,降雨(暴雨)形成的地面径流多以洪水形式出现,具有干旱、半干旱区暴雨洪水的一般特性,暴雨笼罩面积广、强度大、历时短,年际变化大,年内分布不均匀。季节性特点较强,暴雨一般主要集中在7、8月,易发生洪水,灾害严重。

13.1.1.4 河流水系

苦水河发源于甘肃省环县甜水堡镇花石山沙坡子沟脑,于灵武市新华桥镇华一村汇入黄河。主要水系左岸有自记沟、余家沟、大、小甜水河、张家沟、杨目沟、双吉沟、扁担沟等8条支流水系,右岸有炭井沟、贺陡沟、小河、臭麻井子沟、沙沟、长流水沟等6条支流水系。其中苦水河干流长223.8千米,上游(红沟窑以上)属山区型河道,长95.94千米;中游(红沟窑~赵家沟)属冲洪积扇形河道,长52.7千米;下游(赵家沟~黄河)属冲洪积平原型河道,长75.16千米。苦水河径流量很少、矿化度高、水质差,多以暴雨洪水的形式出现。

13.1.2 社会经济

苦水河流域共涉及吴忠市利通、盐池、同心、红寺堡和银川市灵武等5县(市、区)15个乡镇。流域人口109.44万人,其中农业人口57.84万人。苦水河流域宁夏境内总土地面积4942平方千米(741.3万亩),其中农田面积358.52平方千米,建设用地6.22平方千米,其他用地4577.26平方千米。

苦水河流域内以农业为主,上、中游为旱作农业区和牧业区;下游部分位于引黄灌区,是"塞上江南"的中心地带。工业以煤炭等矿产资源开发生产为主,苦水河上游地区的太阳山开发区是以煤炭加工为主的能源化工基地。农业主要为粮油和蔬菜等农作物种植,林业为防风乔灌木和水果类经济林,牧业主要是发展滩羊和奶牛,第三产业为劳务输出和农产品加工。吴忠市主要的畜禽养殖业集中在苦水河下游区域。

13.1.3 水资源特点

苦水河流域位于宁夏中部干旱风沙区,深居我国西北内陆,属于温带大陆性干旱气候,流域干旱少雨,蒸发强烈。受自然地理条件和区域气候的影响,流域地表水资源呈现总量小,退水多,水质差,丰枯变化大,调蓄能力弱,开发利用难的特点。

(1) 水资源总量少。苦水河流域多年平均降雨量仅有260.7毫米,属于少雨干旱区,天然径流量仅有1670.19万立方米,水资源总量少。

(2) 农灌退水多。苦水河下游部分位于引黄灌溉区,受农灌退水影响,苦水河入黄实测径流量大于天然径流量。

(3) 天然水质差。苦水河流域天然水质本底较差,水体矿化度和总硬度较高。

(4) 丰枯变化大。苦水河天然来水年际变化较大,易出现连续枯水年,水量年内分配集中,汛期水量占比高达65.6%。

(5) 调蓄能力弱。苦水河河流含沙量高,主要水库淤积较为严重,水量调蓄能力弱。

(6) 开发利用难。苦水河受水质本底矿化度较高的影响,地表水资源开发利用难度较大,开发利用程度不高,地表水水资源开发率仅为11.88%。

13.1.4 生态环境特征

苦水河流域气候干旱少雨,蒸发强烈,自然条件恶劣,水土流失严重,生态环境脆弱,河流生态系统简单,水生生物贫乏。苦水河流域Landsat 8 OLI遥感影像如图13-2所示。

苦水河流域属中温带干旱区,大陆性气候特征明显。冬长夏短,春迟秋早,干旱少雨,蒸发强烈,风大沙多,日照充足。流域水土流失严重,植被属荒漠草原植被,结构单一,植被稀少,植被覆盖率较低,一般以极耐旱的草本植物、小灌木、小半灌木为主,常见的植物种类有牛心朴子、沙生针茅、茅蒿、柠条和沙柳等。

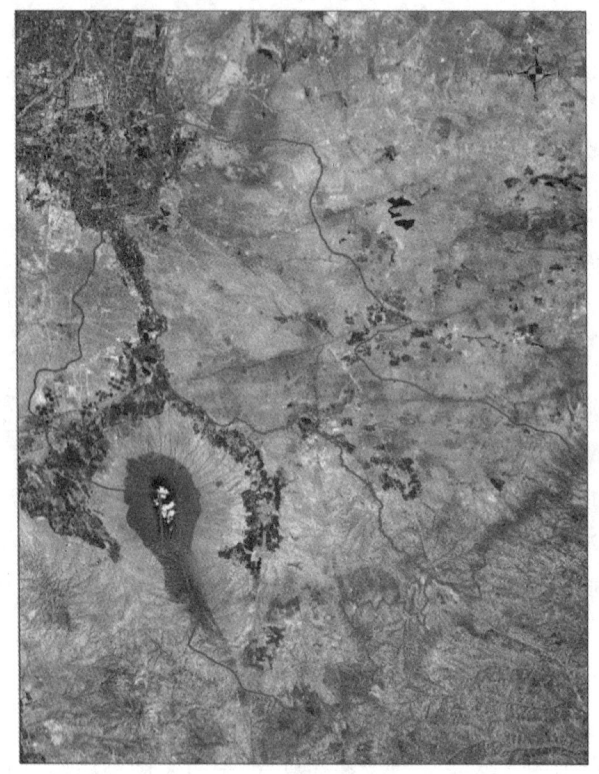

图 13-2 苦水河流域遥感影像图

苦水河流域地处黄河的中上游水蚀、风蚀交错地带,水土流失严重,水土流失特点是范围广、面积大、产沙时空分布集中、水土流失类型多样,侵蚀严重。苦水河流域水土流失面积 4045 平方千米,占流域总面积的 81.85%,土壤侵蚀模数为 500~2000 吨/平方千米·年。大部分为中度水土流失等级,部分为强度水土流失。

苦水河为西北干旱区河流,天然径流量小,径流年际变化幅度大,年内分配不均,加之天然水质本底较差,矿化度和总硬度较高,浮游及底栖等水生生物贫乏,鱼类资源稀少,未发现土著鱼类及珍稀濒危保护性鱼类分布。苦水河含沙量大和矿化度高,河道及水库淤积严重,湿地植物稀少且分布不均,以耐盐碱种为优势种,辅以少量耐干旱、耐贫瘠物种。

13.2 水资源及其开发利用状况

苦水河流域位于宁夏中部干旱风沙区，深居我国西北内陆，属于温带大陆性干旱气候，流域干旱少雨，蒸发强烈。受自然地理条件和区域气候的影响，流域地表水资源呈现总量小、退水多、水质差、丰枯变化大、调蓄能力弱、开发利用难的特点。苦水河流域水资源禀赋特征决定了维持流域生态水量的客观条件相对不利。

13.2.1 径流量及变化特征

13.2.1.1 径流量

苦水河仅有1处水文站，即郭家桥水文站，该水文站是苦水河入黄控制断面，控制着流域99%以上的来水。评价选择郭家桥作为代表站，分析苦水河流量径流变化情况及其主要特征。

郭家桥水文站位于宁夏吴忠市利通区郭家桥乡，始建于1954年10月。设站以来实测最大洪峰流量676立方米/秒（2002年6月8日），实测最大含沙量为1300千克/立方米（1992年8月9日），测站以上流域面积5216平方千米。

根据郭家桥实测水文资料，经径流还原和一致性处理后，苦水河郭家桥断面1956～2016年平均天然径流量为1670.19万立方米，实测径流量为9285.28万立方米。详见表13-1。

表13-1 苦水河郭家桥不同时段径流量　　　　单位：万立方米

时段	径流量	
	天然	实测
1956—1960	1184.33	1938.26
1961—1970	1362.46	2521.97
1971—1980	1835.81	6510.05
1981—1990	1117.89	9160.16
1991—2000	2385.19	17279.22
2001—2010	2004.66	12994.66

续表

时段	径流量	
	天然	实测
2011—2016	1483.33	12008.33
1956—2000	1620.78	8097.89
1956—2016	1670.19	9285.28

由表 13-1 和图 13-3 所示，苦水河郭家桥断面实测径流量远大于天然径流量，特别是 1976 年以来，实测径流量逐渐增大，主要是受到灌溉退水汇入的影响。

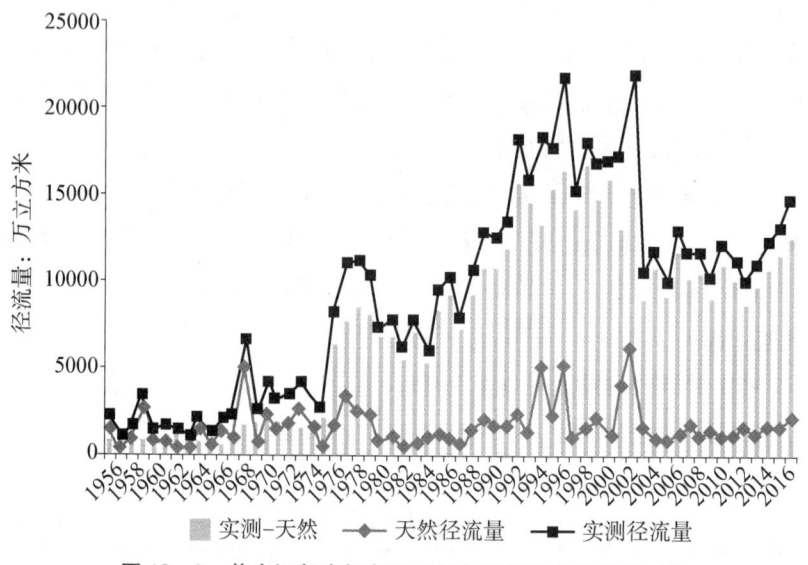

图 13-3　苦水河郭家桥断面天然与实测年径流系列对比

13.2.1.2　径流年际变化

(1) 天然径流量

苦水河流域天然径流量小，年际变化较大。郭家桥 1956—2016 年平均天然径流量为 1670.19 万立方米，径流变差系数 C_v 为 0.75，最大、最小天然年径流量分别为 6310.24 万立方米(2002 年)和 272 万立方米(1963 年)，天然径流年极值比为 23.2。天然径流量变化如图 13-4。

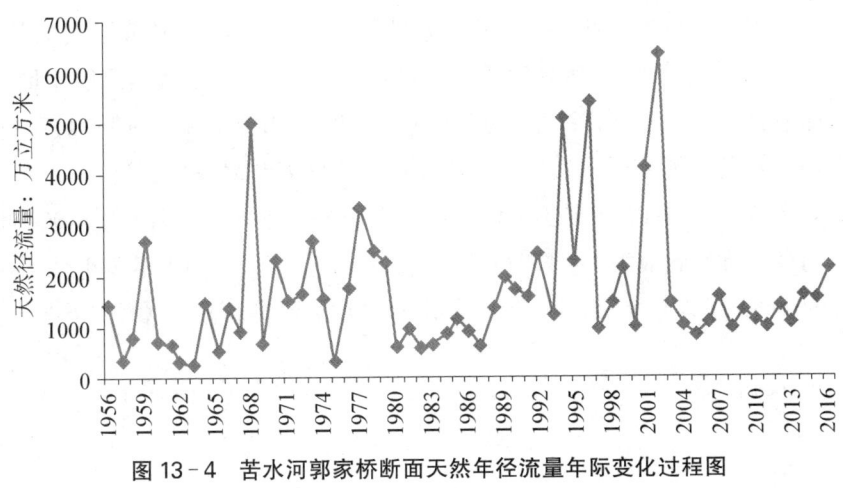

图 13-4　苦水河郭家桥断面天然年径流量年际变化过程图

(2) 实测径流量

采用变差系数 C_v 值来分析苦水河径流量年际变化情况，具体计算公式如下：

$$C_v = \sqrt{\sum_{i=1}^{n} \frac{(K_i-1)^2}{n-1}} \qquad 公式(13.1)$$

式中：n 为观测年数；K_i 为第 i 年的年径流变率，即第 i 年平均径流量与多年平均径流量的比值。$K_i > 1$ 时表明该年水量比正常情况多，$K_i < 1$ 则相反。年径流量的 C_v 值反映年径流量的总体系列离散程度，C_v 值越大，年径流的年际变化越剧烈。

根据苦水河郭家桥水文站 1956—2016 年实测年径流资料，分析年际变化特征和变化趋势，如表 13-2 所示。苦水河郭家桥断面 1956—2016 年平均实测径流量为 9285.28 万立方米，径流变差系数 C_v 为 0.62，最大、最小实测年径流量分别为 21820.2 万立方米（1996 年）和 977.5 万立方米（1963 年），实测径流年极值比为 22.3。

表 13-2　苦水河郭家桥实测径流量年际变化特征值

断面	多年平均径流量（万立方米）	C_v	实测最大		实测最小		年际极值比
			径流量（万立方米）	年份	径流量（万立方米）	年份	
郭家桥	9285.28	0.62	21820.2	1996	977.5	1963	22.3

从图 13-5 可以看出，实测年径流量 1956—2000 年呈显著增大的趋势，2000 年以后有所降低，总体呈先增大后有减小的趋势。各年代实测径流量变化具体如下：1956—1960 年平均实测径流量 1938.26 万立方米，1961—1970 年多年平均实测径流量 2521.97 万立方米，1971—1980 年多年平均径流量 6510.05 万立方米，1981—1990 年多年平均径流量 9160.16 万立方米，1991—2000 年多年平均径流量达到最大，为 17279.22 万立方米。2001—2010 年多年平均径流量 12994.66 万立方米，2011—2016 年多年平均径流量 8097.89 万立方米。

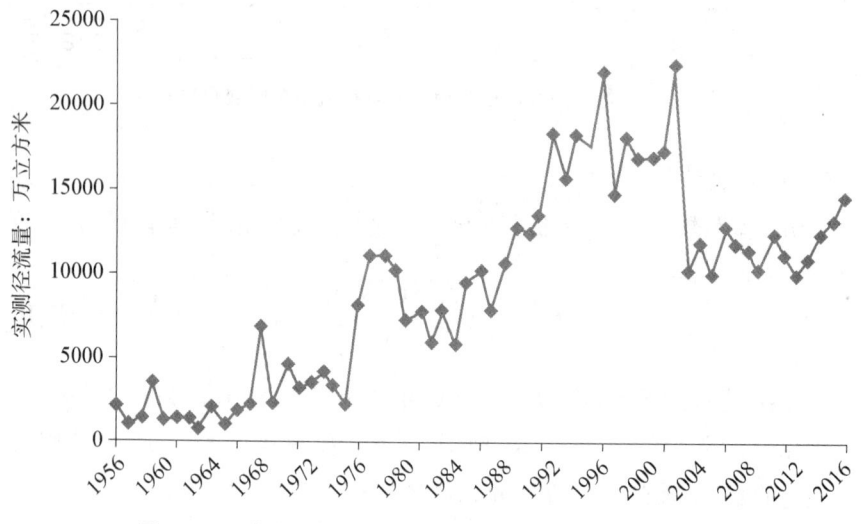

图 13-5 苦水河郭家桥断面实测年径流量年际变化过程图

综合比较苦水河天然径流量和实测径流量成果可知，受农灌退水影响，郭家桥断面实测径流量远高于天然径流量，实测径流变差系数 C_v 和年极值比均小于天然系列，说明农灌退水导致郭家桥断面实测径流量变大，丰枯变化变小。

13.2.1.3 径流年内变化

对比分析年内不同月份苦水河郭家桥断面径流量年内分配情况，结果表明：郭家桥断面年内径流量主要集中在汛期，即 6—9 月，在 8 月径流量均达到最大值。具体结果见表 13-3 和图 13-6。

表 13-3　苦水河郭家桥断面年内天然与实测径流量月份分配情况

单位:万立方米

	1月	2月	3月	4月	5月	6月	7月	8月	9月	10月	11月	12月
实测	90.8	157.7	228.3	282.2	1202.8	1441.3	1872.9	1982.3	790.9	272.4	820.3	143.6
天然	14.9	25.8	45.0	41.5	182.2	242.2	416.9	424.2	148.6	49.4	55.0	24.7

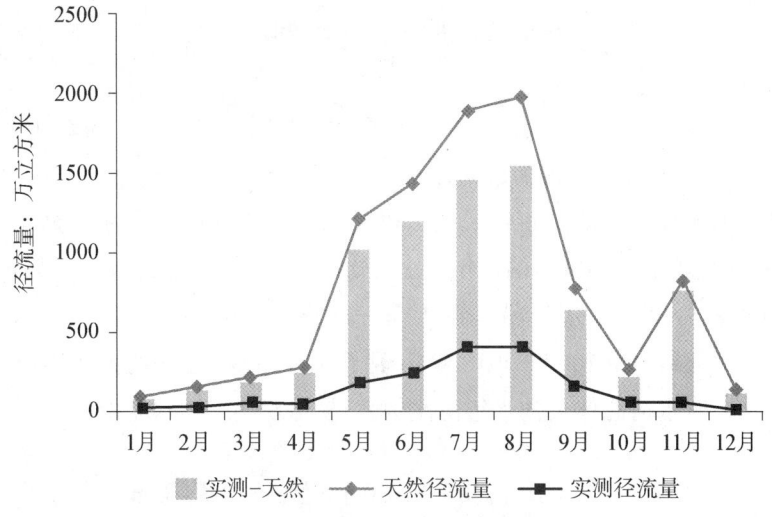

图 13-6　苦水河郭家桥断面月均径流量变化过程图

根据苦水河郭家桥断面汛期、非汛期及冰冻期实测径流量分配比例情况，如图 13-7 所示。

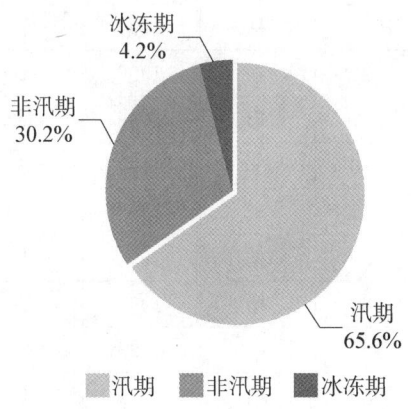

图 13-7　苦水河郭家桥断面实测径流量不同时段分配比例示意图

可以看出郭家桥来水主要集中于汛期(6至9月),占全年径流量比例高达65.6%,即苦水河径流量主要集中在汛期,年内分配较为集中。

13.2.1.4 径流丰枯变化

苦水河径流的丰枯变化可通过分析郭家桥水文站天然径流量的距平百分比p变化判定,根据《水文情报预报规范》(GB/T22482—2008),其具体计算公式如下:

$$p = \frac{某年径流量 - 多年平均值}{多年平均值} \times 100\% \qquad 公式(13.2)$$

$p > 20\%$ 为丰水;$10\% < p \leq 20\%$ 为偏丰;$-10\% < p \leq 10\%$ 为平水;$-20\% < p \leq -10\%$ 为偏枯;$p \leq -20\%$ 为枯水。

苦水河丰枯变化情况如表13-4和图13-8、图13-9所示。从中可以看出,苦水河流域枯水年份和偏枯年份出现次数最多,其所占比例达59%,说明苦水河径流容易出现枯水年份。在1956—2016年系列中,先后于1960—1967年、1980—1988年和2008—2013年出现了连续枯水年,分别长达连续8年、9年和6年。苦水河总体上枯水年份比例大,易出现连续枯水年份。

表13-4 苦水河1956—2016年天然径流丰枯变化情况

年份	丰平枯	年份	丰平枯	年份	丰平枯	年份	丰平枯
1956	偏枯	1972	平	1988	偏枯	2004	枯
1957	枯	1973	丰	1989	丰	2005	枯
1958	枯	1974	平	1990	平	2006	枯
1959	丰	1975	枯	1991	平	2007	平
1960	枯	1976	平	1992	丰	2008	枯
1961	枯	1977	平	1993	枯	2009	枯
1962	枯	1978	丰	1994	丰	2010	枯
1963	枯	1979	平	1995	丰	2011	枯
1964	偏枯	1980	枯	1996	丰	2012	偏枯
1965	枯	1981	枯	1997	枯	2013	枯
1966	偏枯	1982	枯	1998	偏枯	2014	平
1967	枯	1983	枯	1999	丰	2015	平

续表

年份	丰平枯	年份	丰平枯	年份	丰平枯	年份	丰平枯
1968	丰	1984	枯	2000	枯	206	丰
1969	枯	1985	枯	2001	丰		
1970	丰	1986	枯	2002	丰		
1971	偏枯	1987	枯	2003	平		

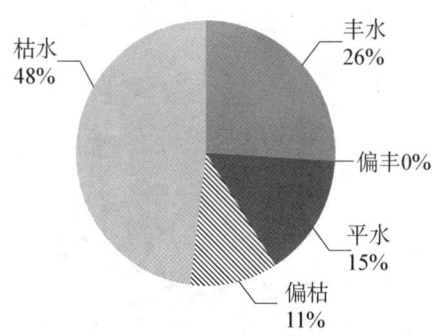

图 13-8 苦水河丰枯变化年型比例情况

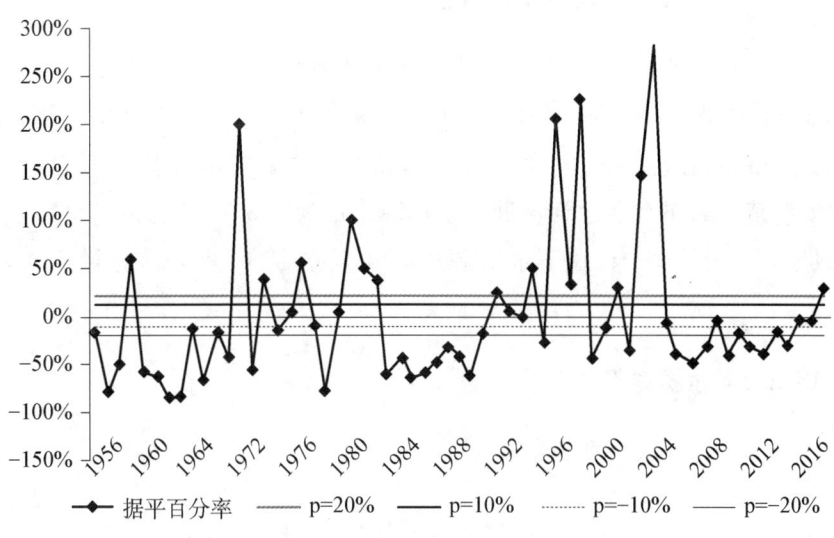

图 13-9 苦水河径流丰枯变化情况

13.2.1.5 最枯流量变化

苦水河郭家桥断面1956—2016年天然最枯月均流量变化情况如图13-10所示。从中可以看出,1956—1993年天然最枯月流量较小,基本上小于0.05立方米/秒;1994年之后,最枯月流量有所提升,且波动比较大,最枯月流量基本上维持在0.05立方米/秒以上,2013年之后最枯月流量进一步加大。

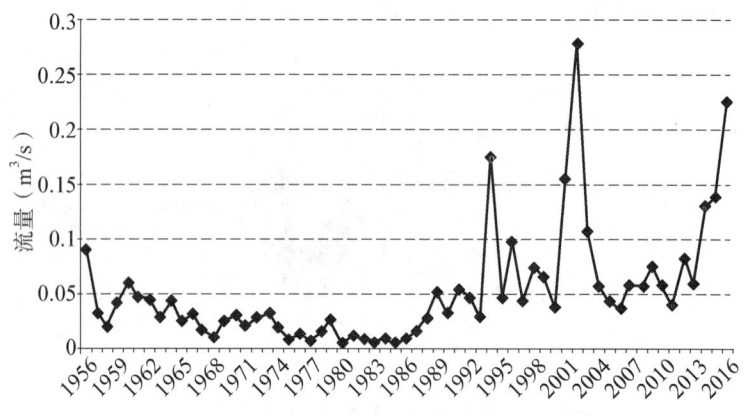

图13-10　苦水河郭家桥断面天然最枯月均流量变化情况

13.2.2　水资源量及水资源分区

根据宁夏水资源分区,苦水河流域属于黄河区一级区、兰州至河口镇二级区和清水河苦水河清水河三级区,苦水河流域分区面积为4942平方千米,范围是指灵武市、同心县、利通区、红寺堡区等市县境内的苦水河水系,以及盐池县的惠安堡镇。2016年苦水河流域的水资源总量为2130万立方米,其中地表水资源量1870万立方米,地下水资源量820万立方米,重复计算量560万立方米。

13.2.3　水资源开发利用

13.2.3.1　流域供用水量

(1) 供水量

根据《宁夏回族自治区水资源公报》,2016年苦水河流域总供水量1310万立方米,其中,流域内地表水供水量为130万立方米,占总供水量的10%;黄河供水量为 830 万立方米,占总供水量的 63%;地下水供水量为 350 万立方米,占总供水量的 27%。苦水河流域供水以黄河水为主,地下水次之,地表水最少(见图 13-11)。

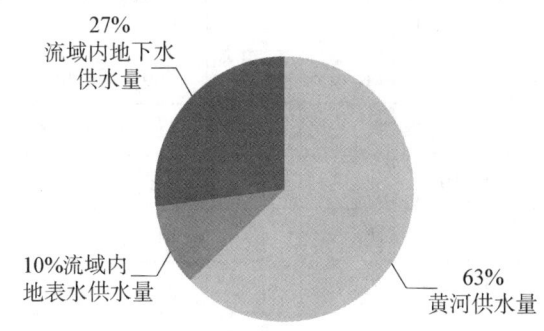

图 13-11 苦水河流域供水来源比例情况

(2) 用水量

2016 年,苦水河流域总用水量 1310 万立方米,主要为工业用水、农业用水和农村人畜用水,不涉及城镇生活用水。分项用水中,工业用水最多,为 910 万立方米,占总用水量的 69.4%;农业用水量 220 万立方米,占总用水量的 16.8%;农村人畜用水量 180 万立方米,占总用水量的 15.7%。

13.2.3.2 水资源开发利用程度

苦水河流域干旱少雨,水资源量少,天然水质差且难以利用,年际变化大且年内分配不均,开发利用难度大,主要表现为地表水资源时空分布不均,65% 以上径流集中在汛期,且多以洪水形式出现,天然水质差,矿化度高、含沙量大,难以利用。

水资源开发利用程度是评价流域水资源开发与利用水平的特征指标,以地表水资源开发利用率、地下水资源开采率进行表示。根据 2007—2016 年宁夏回族自治区水资源公报,统计分析苦水河流域 2007—2016 年逐年地表水资源开发率和地下水资源开采率,以反映近 10 年来苦水河流域水资源开发利用程度,结果如表 13-5 所示。2007—2016 年多年平均地表水资源开发率为 11.88%,地下水资源开采率为 57.59%。

表 13-5　苦水河流域水资源开发利用程度分析　　　单位:万立方米

年度	地表水			地下水			水资源总量	
	供水量	地表水资源量	开发率(%)	供水量	地下水资源量	开采率(%)	用水消耗总量	水资源总量
2007	70	1480	4.73%	270	640	42.19%	270	1680
2008	180	1250	14.40%	250	560	44.64%	280	1430
2009	200	1340	14.93%	260	580	44.83%	390	1520
2010	350	1090	32.11%	260	580	44.83%	540	1290
2011	160	990	16.16%	520	510	101.96%	670	1200
2012	110	1440	7.64%	480	670	71.64%	690	1660
2013	120	1110	10.81%	670	550	121.82%	890	1330
2014	160	1550	10.32%	290	700	41.43%	1010	1780
2015	150	1600	9.38%	290	710	40.85%	1040	1830
2016	130	1870	6.95%	350	820	42.68%	1080	2130
2007—2016年平均值	163	1372	11.88%	364	632	57.59%	686	1585

根据水资源开发利用程度的评价标准,地表水资源开发利用状况评价等级为优,总体上说明苦水河流域水资源开发利用程度不高,目前地表水水资源开发利用程度对河流生态水量影响是较为有限的。

13.2.3.3　水资源开发利用特点

根据上述分析,苦水河流域禀赋条件差,丰枯变化大,其水资源开发利用具有如下几个典型特点:

(1)流域内地表水开发率较低,地下水开采率较高。从苦水河流域近10年水资源开发利用情况可以看出,近10年地表水资源平均开发率仅有11.88%,最高为2010年的32.11%,最低为2007年的4.73%。而地下水开采率普遍较高,10年平均开采率为57.69%,其中2011年和2013年地下水开采率分别高达101.96%和121.82%。

(2)引黄水为流域内主要供水水源。流域内地表水具有矿化度高、天然水质差、含沙量大等特点,难以利用;地表水供水量比例最小,仅占总供水量的

10%左右;黄河水供水量比例最高,占总供水量的63%;地下水供水量比例约为总供水量的27%。

(3) 流域内用水主要为工业用水、农业用水和农村人畜用水,不涉及城镇生活用水。

(4) 流域内主要水库淤积较为严重,水量调蓄能力极弱。

13.2.4 水库与灌区情况

13.2.4.1 水库工程

苦水河流域先后共建水库7座,其中中型水库3座,小型水库4座。中型水库分别为太阳山刘家沟水库、盐池李家坝水库和郝家台水库;小(Ⅰ)型水库为同心十里山水库和利通区甜水河水库,小(Ⅱ)型水库为利通区扁担沟水库和双吉沟水库。

在已建水库工程中,郝家台水库和盐池李家坝水库位于苦水河干流,在盐池李家坝水库淤积报废后,2004年建成郝家台中型水库进行替代,但该水库淤积严重,调节能力极弱。支流上的太阳山刘家沟水库为2006年新建,通过调蓄黄河水,为太阳山工业园区供水;其他的十里山水库、扁担沟水库、双吉沟水库均已淤满,调节能力有限,水库运行对生态水量影响不大。苦水河流域水库如表13-6所示,郝家台水库现状实景航拍图详见图13-12。

表13-6 苦水河干流水库基本情况

水库名称	所在县区	坝址控制流域面积(平方千米)	坝址多年平均径流量(万立方米)	建成时间	最大泄洪流量(立方米/秒)	总库容(万立方米)	防洪库容(万立方米)
郝家台水库	盐池县	568	583.8	2004	112	4865	2090
十里山水库	同心县	530	371	1977		69	
刘家沟水库	盐池县	22	1825	2007	10.5	1000	
甜水河水库	红寺堡区	33.1	16.55	2010	3.6	315.9	
扁担沟水库	利通区	63.4	9.51	1975		181	

图 13-12　苦水河干流郝家台水库现状图

13.2.4.2　灌区情况

苦水河流域上中游地区主要为旱作农业区和牧业区,部分区域属于扬黄灌区;下游地势平坦、开阔,多为引黄灌区。苦水河流域内灌区属于青铜峡河东灌区,其中苦水河上中游扬黄灌区多为盐环定扬黄工程灌区;下游灌区属于青铜峡引黄自流灌区。苦水河下游黄河青铜峡河东灌区灌排水系发达,沟渠纵横,引水渠有秦渠、汉渠、马莲渠和东干渠,排水沟主要有山水沟、清水沟和南干沟等。

苦水河上中游扬黄灌区多为盐环定扬黄工程灌区。盐环定扬黄工程于1988年初开工建设,设计流量为11立方米/秒,分配给宁夏7立方米/秒,工程从东干渠取水,设有12级泵站、13条干渠,1993年开始投入运行,1996年9月通过竣工验收,由宁夏盐环定扬水管理处负责运行管理。宁夏灌区灌溉面积41.5万亩,主要由盐池灌区、韦州灌区、利通区灌区、红寺堡区、盐环定管理处基地5片组成,2017年高效节水灌溉面积发展到26.04万亩,占灌溉面积的比例为62.77%,农田灌溉水有效利用系数为0.648。

苦水河下游灌区属于青铜峡河东自流灌区,主要由秦渠、汉渠、马莲渠和东干渠等干渠供水,其中秦渠和汉渠为汉代开凿的宁夏最古老的引黄渠道,马莲渠原为汉渠的支渠。目前秦渠、汉渠和马莲渠的渠首位于青铜峡余家桥秦汉分水闸,分水闸以上为河东总干渠,分水闸将河东总干渠引入的黄河水一分为三,进入秦渠、汉渠和马莲渠三条干渠。东干渠是青铜峡河东灌区部位最高的一条干渠,是新中国成立以来宁夏新建的第一条全断面砼防渗砌护的大型渠道,为1975年10月底竣工,11月开始进行冬灌,东干渠建成对于改善河东灌区引水条件、保护秦汉古渠全区具有关键作用,也为灌区外缘扬水灌溉提供了水源,是盐环定扬黄工程建设的基础。其中,秦渠长度为51.45千米,设计引水能力为73立方米/秒;汉渠长度为41千米,引水能力为42立方米/秒;马莲渠长度为27.2千米,设计引水能力为20立方米/秒;东干渠长度为54.3千米,设计引水能力为45立方米/秒。青铜峡河东自流灌区灌溉供水由宁夏秦汉渠管理处负责运行管理。根据宁夏秦汉渠管理处提供数据,2000—2018年灌溉面积变化如图13-13所示。2000年灌溉面积为110万亩,而后逐年减少,2009年减少至101万亩,此后灌溉面积持续维持在101万亩水平。其中,青铜峡河东自流灌区高效节水灌溉面积为26万亩,占灌溉面积的比例为25.74%,农田灌溉水有效利用系数为0.465。

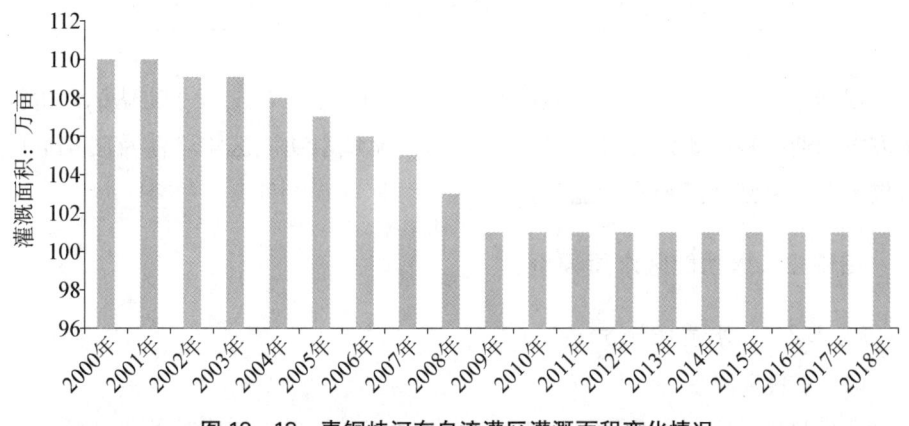

图13-13 青铜峡河东自流灌区灌溉面积变化情况

综上可见,苦水河流域灌区主要由盐环定扬黄灌区和青铜峡河东引黄灌区构成。盐环定扬黄灌区分布在苦水河上中游地区,青铜峡河东引黄灌区主要位于苦水河下游地区。盐环定扬黄灌区由于自然地理条件和节水灌溉程度较高,难以形成退水。而青铜峡河东灌区沟渠纵横,灌排系统发达,苦水河径流组成的退水由青铜峡河东灌区退水构成,其中1976年东干渠运行以来,苦水河退水规模逐渐发生了较大变化。

13.3 水生态环境现状调查与评价

13.3.1 水功能区划

根据《宁夏回族自治区水功能区划》(宁政发〔2003〕158号),苦水河干流有两个一级水功能区,分别为苦水河同心源头水保护区和苦水河吴忠开发利用区。水功能区具体信息如表13-7所示。

表13-7 苦水河水功能区基本情况

河湖水系	一级区名称	二级区名称	起始断面	终止断面	水质目标
苦水河	苦水河同心源头水保护区		源头	李家大湾	保持自然状态
	苦水河吴忠开发利用区	苦水河吴忠过渡区	李家大湾	入黄口	保持自然状态

根据《水利部办公厅关于印发全国重要江河湖泊水功能区水质达标评价技术方案的通知》(办资源〔2014〕54号),苦水河流域水功能区均不涉及国家近期考核宁夏重要江河湖泊水功能区。

13.3.2 水功能区水质评价

13.3.2.1 水质评价方法

(1) 资料来源

项目收集了宁夏水环境监测中心2013—2017年近三年完整的水功能区水质监测成果资料。本次水质评价以2016年水质监测数据为基础,分全年、汛期和非汛期开展水质评价,判断水质类别。

(2) 水质评价标准

评价标准采用《地表水环境质量标准》(GB3838—2002),评价方法采用《地表水资源质量评价技术规程》(SL395—2007)。

(3) 水质评价断面

根据水功能区划及水污染防治行动工作方案,苦水河的水质评价断面确定为李家大湾和郭家桥两个水质断面。

(4) 水质评价指标

选用钾、钠、钙、镁、重碳酸盐、氯化物、硫酸盐、碳酸盐等项目，采用阿列金分类法划分水化学类型，分析总硬度和矿化度。采用全指标开展水质类别评价。评价指标为《地表水环境质量标准》(GB3838—2002)基本监测项目，其中总氮不参与评价，具体评价指标包括：水温、氢离子浓度指数(pH)、溶解氧、高锰酸钾指数、生化需氧量(COD)、五日生化需氧量(BOD_5)、氨氮、总磷、铜、锌、氟化物、硒、砷、汞、镉、六价铬、铅、氰化物、挥发酚、石油类、阴离子表面活性剂、硫化物和粪大肠菌群等项目。

(5) 水质达标评价方法

依据《地表水资源质量评价技术规程》(SL395—2007)，单次水功能区达标评价参照水功能区水质目标进行，水质类别符合或优于该目标的为达标，劣于该目标的为不达标。

苦水河郭家桥水质断面现状年 2016 年监测频次为 6 次，采用频次法进行年度水功能区达标评价。在水质评价的基础上对单个水功能区，进行全年水功能区达标评价，达标率按照水功能区达标个数进行统计。年度水功能区达标评价应在各水功能区单次达标评价成果基础上进行，采用测次法，进行年度水质状况评价，水功能区年度测次达标率大于等于 80% 的为达标。苦水河同心源头水保护区的李家大湾断面每年监测 1 次，因此采用均值法进行达标评价。

13.3.2.2 水功能区水质现状

2016 年苦水河水功能区水质状况如表 13-8 所示。其中，苦水河同心源头水保护区全年水质及汛期和非汛期水质均达到了Ⅲ类水质目标。苦水河吴忠过渡区全年水质类别为劣Ⅴ类，其中非汛期水质为劣Ⅴ类，汛期水质为Ⅳ类。

表 13-8 苦水河水功能区水质类别状况

河湖水系	一级区名称	二级区名称	全年水质	汛期水质	非汛期水质
苦水河	苦水河同心源头水保护区		Ⅲ	Ⅲ	Ⅲ
	苦水河吴忠开发利用区	苦水河吴忠过渡区	劣Ⅴ	Ⅳ	劣Ⅴ

13.3.2.3 水功能区水质达标状况

苦水河水功能区水质达标状况评价结果如表 13-9 所示,苦水河同心源头水保护区、苦水河吴忠开发利用区的苦水河吴忠过渡区达标率均为 100%。

表 13-9 苦水河水功能区水质达标状况

河湖水系	一级区名称	二级区名称	达标次数	达标率
苦水河	苦水河同心源头水保护区		1	100%
	苦水河吴忠开发利用区	苦水河吴忠过渡区	6	100%

13.3.2.4 水功能区水质变化趋势

为了分析苦水河水质变化趋势,针对苦水河吴忠过渡区,选用水功能区达标考核采用的 COD、氨氮双指标,分析 2004—2016 年苦水河郭家桥断面近 13 年水质变化趋势。水质指标 COD 和氨氮的变化趋势分别如图 13-14 和图 13-15 所示。总体上,苦水河郭家桥断面 COD 和氨氮浓度值在降低,水质呈现出改善的趋势。其中 COD 浓度在 2010 年之前在 40 毫克/升(Ⅴ类水质标准)以上,而 2010 年后基本维持在 40 毫克/升以下;氨氮浓度在 2008 年之前在 1.5 毫克/升(Ⅳ类水质标准)以上,而 2010 年后基本维持在 1.5 毫克/升以下。

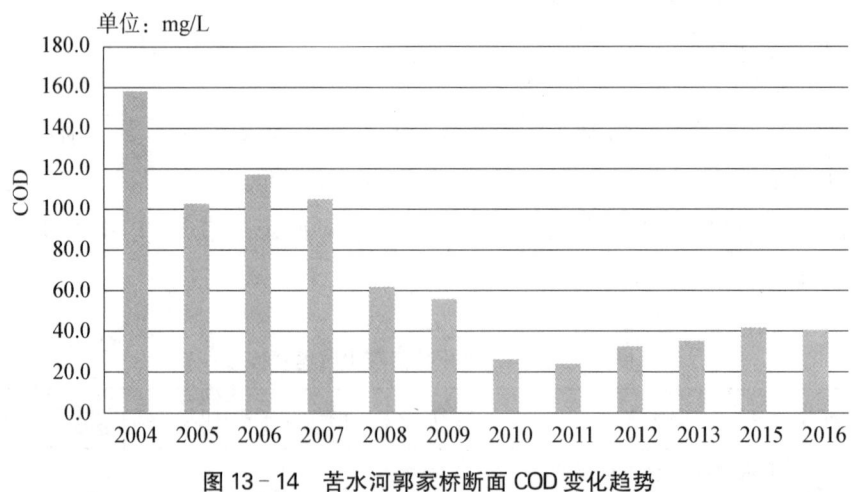

图 13-14 苦水河郭家桥断面 COD 变化趋势

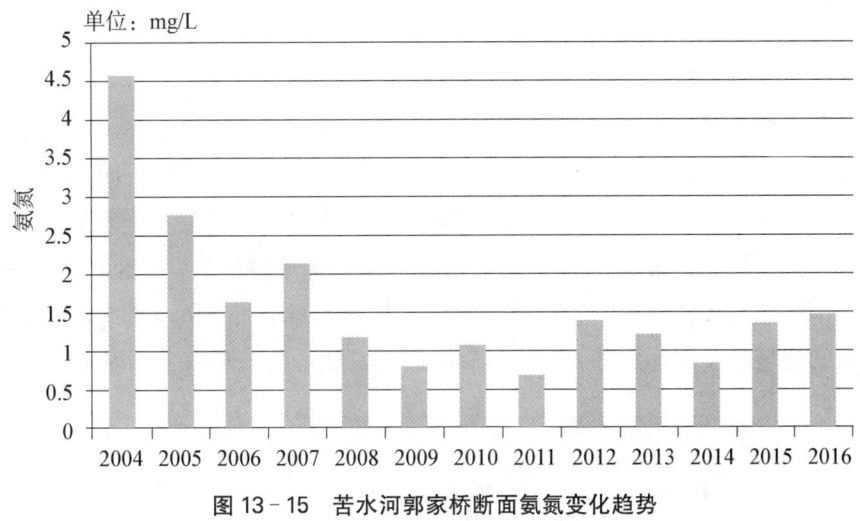

图 13‑15　苦水河郭家桥断面氨氮变化趋势

13.3.3　天然水化学特征

苦水河天然水化学类型以 Cl_{II}^{Na} 型水为主,苦咸水分布广泛,其矿化度和总硬度较高,天然水质本底较差。

苦水河流域地表水矿化度平均值为 9993 毫克/升,最大值为 21400 毫克/升,地表水矿化度分布规律为:上游各支流矿化度很高,沿程随低矿化度水的汇入,至使其矿化度逐渐降低。

苦水河流域地表水总硬度平均值也较高,平均值达 2588 毫克/升,最大值 6488 毫克/升,最小值 834 毫克/升,地表水总硬度的分布规律是:随河流流程,总硬度逐渐降低,这与沿途支流汇水总硬度大小有直接关系。

此外,苦水河天然水质随水文、气象等要素呈规律性的变化,季节和水文条件的改变都能使水化学成分发生变化。其中,非汛期属枯水季节,水位低、流量小,河流水源以浅层地下水补给为主,高矿化度的浅层地下水径流占河水的比重大,河水矿化度、总硬度等较高。汛期洪水季节,遇到洪水时水位高、流量大,河流水源补给以降雨径流为主,矿化度、总硬度等含量受雨水稀释,浓度降低,汛期与非汛期矿化度相差高达 2—8 倍。

13.3.4 水生态状况

（1）流域生态

苦水河流域气候干旱少雨，蒸发强烈，自然条件恶劣，水土流失严重。苦水河流域地处黄河的中上游水蚀、风蚀交错地带，水土流失范围广、面积大、产沙时空分布集中，水土流失类型多样，侵蚀严重。流域植被属荒漠草原植被，结构单一，植被稀少，植被覆盖率较低，一般以极耐旱的草本植物、小灌木、小半灌木为主。根据苦水河流域遥感植被指数 NDVI 分布（图 13-16），从中可以看出，苦水河流域除了灌区之外，多数区域植被较为稀少，生态环境十分脆弱。

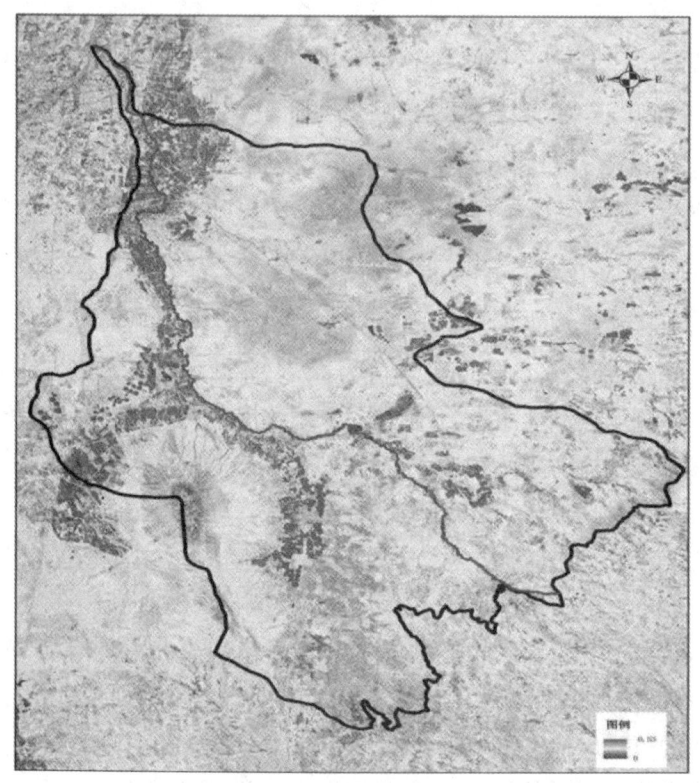

图 13-16 苦水河流域遥感植被指数 NDVI 分布图

（2）水生生态

苦水河为西北干旱区河流，天然径流量小，径流年际变化幅度大，年内分配不均，加之天然水质本底较差，矿化度和总硬度较高，浮游及底栖等水生生物贫乏,鱼类资源稀少,未发现土著鱼类及珍稀濒危保护性鱼类分布。苦水河含沙量大和矿化度高,河道及水库淤积严重,湿地植物稀少且分布不均,以耐盐碱种为优势种,辅以少量耐干旱、耐贫瘠物种。苦水河水生生物贫乏,无生态敏感保护鱼类及重要湿地分布。根据宁夏第三次水资源调查评价的河道断流情况统计分析成果,苦水河无断流现象。

(3) 湿地生态

苦水河流域内分布有一处国家级湿地公园,即宁夏太阳山温泉国家湿地公园,位于苦水河支流上。宁夏太阳山温泉国家湿地公园位于苦水河上游支流小河,地处宁夏中部干旱带的太阳山开发区范围内,由温泉湖和盐湖两个湖泊湿地构成,由地下水补给形成,湿地面积为1492.7公顷。温泉湖位于湿地公园西部,是由地下碳酸盐类裂隙岩溶水温泉常年自然上涌形成的淡水湖泊,秋冬涌水量小,春夏涌水量大,湖泊水域面积306.5公顷,平均水深2—3米,蓄水量在724万立方米左右。盐湖位于湿地公园东部,亦由地下泉眼上涌形成,但水质苦咸,含盐量高,矿化度高达10.5克/升,该泉冬季不涌,为季节性咸水湖,湖泊水域面积335公顷,平均水深1.5米,蓄水量502.5万立方米。该湿地公园陆生植被以旱生荒漠干草原植物为主,植被稀疏,覆盖度低。湿地植被主要由沉水、浮水、挺水和沼生植被构成,主要由芦苇、槐叶萍、浮叶眼子菜、节节草、拂子茅等组成。湖泊湿地内鱼类以投放的鲫鱼、鲤鱼、草鱼和鲢鱼等常见种类为主。

13.3.5 主要生态环境问题

在河湖生态环境现状调查的基础上,从河流水质、水生态等方面识别河湖存在的主要生态环境问题如下。

(1) 流域水体矿化度高,水质本底问题较为突出

苦水河是宁夏直接入黄的第二大支流,苦水河上游水矿化度和总硬度很高,最大值分别达到21400毫克/升和6488毫克/升,下游由于农灌退水的排入,矿化度和总硬度有所降低,整体上苦水河流域地表水本底问题突出,水质现状较差,开发利用难度也较大。

(2) 河流泥沙含量高、水生生物贫乏

苦水河为西北地区干旱河流,天然径流量小,径流量年际变化幅度大,年内分配不均,加之天然水质本底值较差,泥沙含量高,矿化度和总硬度较高,浮游及底栖等水生生物贫乏,鱼类资源稀少,无土著鱼类及珍稀濒危保护性鱼类分布。

13.4 生态水量综合核算

13.4.1 功能定位及保护要求

依据《全国主体功能区划》《全国生态功能区划》《全国生态脆弱区保护规划纲要》《黄河流域综合规划》《宁夏回族自治区主体功能区划》等,结合苦水河流域经济社会发展现状、规划以及水资源开发利用趋势,分析国家、流域和区域对于苦水河流域的功能定位及保护要求,为苦水河功能需水分析和生态水量计算及确定提供基础。

13.4.1.1 国家层面

(1)《全国主体功能区规划》

依据《全国主体功能区划》,苦水河流域中上游地区位于国家重点生态功能区的黄土高原丘陵沟壑水土保持生态功能区;苦水河下游部分地区位于国家重点开发区的宁夏沿黄经济地区和国家重点农产品主产区的河套灌区农产品主产区。

黄土高原丘陵沟壑水土保持生态功能区黄土堆积深厚,范围广大,土地沙漠化敏感程度高,对黄河中下游生态安全具有重要作用。该区域的发展方向是大力推行节水灌溉和雨水集蓄利用,发展旱作节水农业。限制陡坡垦殖和超载过牧。加强小流域综合治理,实行封山禁牧,恢复退化植被,建设淤地坝,巩固水土流失治理、退耕还林、退牧还草成果。

宁夏沿黄经济地区的功能定位是"全国重要的能源化工、新材料基地,清真食品及穆斯林用品和特色农产品加工基地,区域性商贸物流中心"。该区域的生态环境保护要求是"推进节水型灌区建设,加强农田设施建设和盐碱地改造,调整农牧业结构,稳定粮食生产。保护和合理利用沙区资源,建设全国防沙治沙示范区,构建以贺兰山防风防沙生态屏障、黄河湿地生态带,以及自然保护区、湿地公园、国家森林公园等为主体的生态格局"。

苦水河下游河套灌区农产品主产区的发展重点是建设以优质强筋、中筋小麦为主的优质专用小麦产业带。该区域涉及生态环境保护要求的发展方向和开发原则是建设节水农业,推广节水灌溉,发展旱作农业。加强农业面源污染防治。

(2)《全国生态功能区划》

根据《全国生态功能区划》，苦水河流域位于黄土高原土壤保持重要区和鄂尔多斯高原防风固沙重要区等全国重要生态功能区内。

黄土高原土壤保持重要区地处半湿润—半干旱季风气候区，水土流失严重和土地沙漠化敏感程度高，是我国水土流失最严重、水土保持极重要区域。该区域主要生态问题表现为坡面水土流失和沟蚀严重，河道与水库淤积严重，影响黄河中下游生态安全。该区域生态保护的主要措施为继续实施退耕还林还草，实施小流域综合治理，推行节水灌溉新技术，防治地下水污染。

鄂尔多斯高原防风固沙重要区属内陆半干旱气候，发育了以沙生植被为主的草原植被类型，土地沙漠化敏感程度极高，是我国防风固沙重要区域，该区域主要生态问题是土地沙漠化程度加重。主要生态保护措施是建立以"带、片、网"相结合为主的防风固沙体系和农田防护体系，严格限制人为破坏活动，加大植被生态修复力度。

(3)《全国生态脆弱区保护规划纲要》

依据《全国生态脆弱区保护规划纲要》，苦水河流域位于西北荒漠绿洲交接生态脆弱区，属于贺兰山及宁蒙河套平原外围荒漠绿洲生态脆弱重点区域，该区域主要生态问题是土地过垦，草地过牧，植被退化，水土保持能力下降，土壤次生盐渍化加剧，水资源短缺。该区域发展方向是禁止破坏林木资源，严格控制水土流失，发展节水农业，提高水资源利用效率，防治土壤次生盐渍化。具体保护措施是以水资源承载能力评估为基础，重视生态用水，合理调整绿洲区产业结构，以水定绿洲发展规模，限制水稻等高耗水作物的种植。严格保护自然本底，禁止毁林开荒、过度放牧，突出生态保育，积极采取生态移民、禁牧休牧、围封补播措施，严格保护绿洲外围脆弱荒漠生态系统。

13.4.1.2 流域层面

苦水河流域位于黄河上游地区。依据《黄河流域综合规划》，黄河上游位于全国农产品提供等生态功能区、生态脆弱区，水资源贫乏，生态、生产用水矛盾极为突出，水生态保护应根据国家生态保护的战略要求，根据水资源条件以水定保护规模，严格限制人工湿地规模和数量，将生态用水纳入省（区）水资源配置，协调农业发展与生态用水之间的关系。

13.4.1.3 自治区层面

根据《宁夏回族自治区主体功能区规划》，苦水河流域位于水土保持型和防风固沙型重点生态功能区、中部防沙治沙带,也位于中部旱作节水农业区的农产品主产区。苦水河下游部分区域位于银—吴核心区重点开发区。

中部防沙治沙带重点生态功能区的发展方向是大力推行节水灌溉,发展旱作节水农业。禁止陡坡垦殖。加强小流域综合治理,恢复退化植被。控制人为因素对土壤的侵蚀,巩固退耕还林成果。

中部旱作节水农业区的主要发展方向是建设以优质中筋为主的小麦产业带、优质专用玉米产业带、优质葡萄、红枣、枸杞、苹果为主的林果产业带,培育壮大硒砂瓜、马铃薯、滩羊、油料、甘草等优势特色产业。按照节水、生态、特色、避灾的发展方向,将中部干旱带建设成为引领西北、示范全国的旱作节水农业示范区。

银—吴核心区重点开发区部分区域的发展方向是发展现代农业和都市农业,建成现代农业示范区。依托宁夏平原引黄灌区实施绿洲生态系统建设工程和湖泊湿地保护恢复工程。

根据国家、流域及区域相关规划区划对苦水河流域的功能定位要求,具体如表 13-10 所示。

表 13-10 苦水河流域涉及的相关规划功能定位

涉及的河湖	所在区域	全国主体功能区规划	全国生态功能区划	全国生态脆弱区保护规划纲要	宁夏主体功能区规划
苦水河	中部干旱风沙区	黄土高原丘陵沟壑水土保持生态功能区(国家重点生态功能区)、宁夏沿黄经济地区(国家重点开发区)、苦水河下游河套灌区农产品主产区(国家农产品主产区)	黄土高原土壤保持重要区、鄂尔多斯高原防风固沙重要生态功能区	西北荒漠绿洲交接生态脆弱区	中部干旱带旱作节水农业示范区、中部防沙治沙带、银—吴核心区重点开发区

13.4.1.4 保护要求

根据国家及省区相关规划、区划对苦水河流域的生态环境定位及保护要求,苦水河流域属于宁夏中部干旱风沙区,位于全国主体功能区划确定的黄土高原丘陵沟壑水土保持生态功能区、宁夏沿黄经济地区和河套灌区农产品主产区,也属于全国生态功能区规划的黄土高原土壤保持重要区、鄂尔多斯高原防风固沙重要生态功能区,同时地处宁夏主体功能区规划确定的中部干旱带旱作节水农业示范区、中部防沙治沙带和银—吴核心区重点开发区,维持苦水河基本功能对于维持西北生态屏障、发挥防风固沙、保持水土等生态功能具有重要意义。苦水河水资源禀赋条件差,生态环境脆弱,流域内无各类涉水保护区分布,因此,苦水河生态水量的保护要求主要是维持河流基本功能。

13.4.2 功能需水分析

苦水河流域位于宁夏中部干旱区域,土地荒漠化和沙化现象严重,自然条件恶劣,水资源匮乏、天然水质差、矿化度高。根据全国主体功能区规划等相关区划规划,属于黄土高原丘陵沟壑水土保持生态功能区、宁夏沿黄经济地区和河套灌区农产品主产区等国家和区域相关规划确定的重要生态功能区、农产品主产区和重点开发区,生态水量的保护要求是维持河流等基本生态功能,生态水量主要是河流基本功能维持需水,即维持河道基本功能,维持径流连续性,确保河道不断流。

13.4.3 生态水量指标确定

按照《河湖生态环境需水计算规范》等规范关于生态水量规定,充分考虑苦水河水资源条件和生态环境特征,苦水河生态水量指标由生态基流和不同时段基本生态水量两部分构成。

13.4.4 生态水量确定原则

13.4.4.1 科学合理性原则

根据国家及流域相关功能定位及苦水河水域功能保护要求,按照《河湖生态环境需水计算规范》等相关规范的技术规定,充分考虑苦水河水资源禀赋条件和天然径流丰枯变化悬殊的实际特点,开展苦水河生态水量计算方法适用性分析,科学选择生态水量计算方法,合理确定苦水河生态水量指标。

13.4.4.2 有限目标原则

根据国家、流域及区域对苦水河流域功能定位及生态保护战略要求,结合苦水河水资源条件,坚持有限目标,量水而行,以水定保护规模。因此,充分考虑苦水河水资源总量少,径流丰枯变化大,水库调蓄能力弱的实际特点,现阶段苦水河生态水量以维护河流基本功能为目标,确保河道不断流,维持河流径流连续性。

13.4.4.3 适应性管理原则

本次提出的苦水河生态水量是基于一定的水域功能保护要求,在一定条件下、一定阶段内和一定保证率下的生态水量。在生态水量管理中,应进一步根据苦水河天然来水量、水资源配置和管理实践、水资源重大配置工程及调度运行等实际进行动态调整,实施苦水河生态水量适应性管理。

13.4.5 控制断面选择

根据宁夏全面推行河长制及落实最严格水资源管理制度、水污染防治行动计划等相关工作的要求,本次生态水量试点工作范围为宁夏境内的苦水河,涵盖苦水河干流宁甘界至入黄口段,河长202.8千米。苦水河仅有郭家桥一个水文断面,是入黄控制断面,控制着苦水河流域99.9%的来水,因此,本次选择郭家桥断面作为苦水河生态水量控制断面。

13.4.6 计算方法

13.4.6.1 《河湖生态环境需水计算规范》

根据《河湖生态环境需水计算规范》(SL/Z712—2014),河湖生态环境需水计算包括年最小值和年内不同时段值计算等。其中,年最小值计算根据资料系列数采用不同的方法,有长系列(n大于30年)水文资料的河流控制断面,可采用"Qp法""7Q10法";缺乏长系列水文资料的河流控制断面,可采用"近10年最枯月平均流量(水位)法",比较分析多种方法计算结果,合理确定基本生环境需水量最小值。

年内不同时段值计算可采用下列方法。Tennant法作为经验公式,主要适用于北温带较大的常年性河流,作为其河流规划目标管理、战略性管理方法;"频率曲线法"可根据保护目标所对应的生态环境功能,分别计算维持各项功能不丧失需要的水量,取外包作为年内不同时段值;维持河流形态功能不丧失的水量,可用"河床形态分析法";维持生物栖息地功能不丧失的水量,可用"湿周法""生物空间法";维持自净功能基本要求的水量,可按照纳污能力核定相关规定计算;应比较分析多种方法计算结果,合理确定基本生态环境需水量的年内不同时段值。

13.4.6.2 《河湖生态修复与保护规划编制导则》

根据《河湖生态修复与保护规划编制导则》(SL709—2015),在确定生态基流时,要满足以下基本要求:(1)采用尽可能多的方法计算生态基流,并对比分析各计算结果,选择符合流域实际的方法和结果。(2)对我国南方河流,生态基流一般采用不小于90%保证率最枯月平均流量和多年平均天然径流量的10%两者之间的较大值,也可采用Tennant法取多年平均天然径流量的20%～30%或以上。对北方地区河流,生态基流分非汛期和汛期两个水期分别确定,一般情况下非汛期不低于多年平均天然径流量的10%;汛期可以按多年平均天然径流量的20%～30%计算;在冰冻期,如天然来水不足多年平均天然径流量的10%,生态基流可以按天然来水下泄。对水资源开发利用程度较低的河流,可以考虑循序渐进开发控制的原则,选取适宜的生态基流。

13.4.6.3 《水资源保护规划编制规程》

根据《水资源保护规划编制规程》(SL613—2013),生态基流是指为维持河流基本形态和基本生态功能,防止河道断流,避免河流水生态系统功能遭受无法恢复的破坏的河道内最小流量。由于我国各流域水资源状况差别较大,在基础数据满足的情况下,应采用尽可能多的方法计算生态基流,对比分析各计算结果,选择符合流域实际的方法和计算结果。

在确定生态基流时,应遵循以下原则:(1)各种水利规划及工程设计必须满足河流生态基流要求。由于我国各流域水资源状况差别较大,在基础数据满足的情况下,应采用尽可能多的方法计算生态基流,对比分析各计算结果,选择符合流域实际的方法和结果。(2)对于我国南方河流,生态基流一般采用不小于90%保证率最枯月平均流量和多年平均天然径流量的10%两者之间的较大值,也可采用Tennant法取多年平均天然径流量的20%—30%或以上。对北方地区,生态基流应分非汛期和汛期两个水期分别确定,一般情况下,非汛期生态基流应不低于多年平均天然径流量的10%;汛期生态基流可按多年平均天然径流量20%—30%计算。

13.4.6.4 《水工程规划设计生态指标体系与应用指导意见》(水总环移〔2010〕248号)

该指导意见提出计算生态基流的方法有水文学法、水力学法、生境模拟法和整体法等多种方法,其中水文学法和水力学法运用较为普遍。

13.4.6.5 《水域纳污能力计算规程》(GB/T 25173—2010)

该规程明确计算河流水域纳污能力,应采用90%保证率最枯月平均流量或近10年最枯月平均流量作为设计流量。

13.4.6.6 《全国水资源调查评价生态水量调查评价补充细则》(水总环移〔2018〕506号)

全国第三次水资源调查评价工作印发了《全国水资源调查评价生态水量调查评价补充细则》,用于指导生态水量调查评价工作。

该细则规定基本生态环境需水量是指维持河湖给定的生态环境保护目标对应的生态环境功能不丧失,需要保留在河道内的最小水量(流量、水位、水深)及其过程。基本生态环境需水量是河湖生态环境需水要求的底限值,包括生态基流、敏感期生态需水量、不同时段需水量和全年需水量等指标。其中,生态基流是其过程中的最小值,一般用月均流量(或水量)表征;敏感期生态需水量是维持河湖生态敏感对象正常功能的基本需水量及其需水过程;不同时段需水量可分为汛期、非汛期两个时段的需水量,对于东北、西北等封冻期较长的地区,还应包括冰冻期时段。

《全国水资源调查评价生态水量调查评价补充细则》指出,生态基流原则上采用Qp法等综合确定。基本生态环境需水量的年内不同时段值以月为时间尺度进行分析计算,并按照汛期、非汛期两个时段统计,对于东北、西北等冰冻期较长地区的河流还应包括冰冻期时段。各时段的基本生态环境需水量,可以用Qp法或Tennant法等方法计算,相应参数取值应按照《河湖生态环境需水计算规范》等有关规定,以及河湖水系水资源情势等综合确定。基本生态环境需水量的全年值,应根据基本生态环境需水量的年内不同时段值加和得到。

按照上述生态水量计算相关规范要求,结合苦水河水资源条件和生态环境实际特点,本次采用保证率法、Tennant法、频率曲线法和近十年最枯月流量法进行生态基流和基本生态水量计算。

13.4.7 生态水量综合核算

13.4.7.1 水文系列选取

本次采用苦水河郭家桥断面1956—2016年天然和实测月均径流数据进行生态基流和基本生态水量计算,采用2011—2015年日均流量数据和1956—2016年月均流量数据进行生态水量满足程度分析及复核,生态基流计算方法见

表 13-11。

表 13-11　生态基流计算方法

序号	方法	方法类别	指标表达	适用条件及特点
1	Tennant 法	水文学法	将多年平均流量的 10%～30%作为生态基流	适用于流量较大的河流;拥有长序列水文资料(尽可能 30 或 50 年以上)
2	90%保证率法	水文学法	90%保证率最枯月平均流量	适合水资源量小,且开发利用程度已经较高的河流;要求拥有长系列水文资料
3	近十年最枯月流量法	水文学法	近十年最枯月平均流量	与 90%保证率法相同,均用于纳污能力计算
4	频率曲线法	水文学法	用长系列水文资料的月均流量、径流量的历史资料,构建各月水文频率曲线,将 95%频率相应的月平均流量、径流量作为对应月份的节点基本生态环境需水量,组成年内不同时段值,用汛期、非汛期各月的平均复核汛期、非汛期的基本生态环境需水量	考虑各个月份流量的差异
5	湿周法	水力学法	湿周流量关系图中的拐点确定生态水量;当拐点不明显时,以某个湿周率相应的流量,作为生态水量。湿周率为 50%时对应的流量可作为生态基流	适合于宽浅矩形渠道和抛物线型断面,且河床形状稳定的河道,直接体现河流湿地及河谷林草需水
6	7Q10 法	水文学法	90%保证率最枯连续 7 天的平均流量	水资源量小,且开发利用程度已经较高的河流;拥有长系列水文资料

13.4.7.2　水期划分

根据苦水河实际情况,参照宁夏第三次水资源调查评价水期划分的有关要求,苦水河汛期为每年 6—9 月,非汛期为每年 10 月至次年 5 月,其中冰冻期为每年 12 月至次年 2 月。

13.4.7.3 计算方法选择

根据相关规范规定的生态水量计算方法,结合苦水河农灌退水多、实测径流量大于天然径流量,以及苦水河径流丰枯变化悬殊的实际特点,开展了苦水河生态水量计算方法适用性分析,结果如表 13-12 所示。

苦水河实测径流中农灌退水组成较多,考虑到在进一步强化节水等措施下,农灌退水量可能进一步减少,因此本次采用天然系列开展苦水河生态水量计算。

苦水河天然径流丰枯变化大,按照 90% 保证率法计算生态水量仅占多年平均天然流量的 1.5%,比例过低,不符合相关规范的基本要求;7Q10 法采用 90%~95% 保证率下、年内连续 7 天最枯月流量值的平均值作为基本生态环境需水量的最小值,该方法计算生态水量较 90% 保证率计算的数值更低,小于多年平均天然流量的 1.5%,也不符合相关规范的基本要求;湿周法主要用于分析湿地或河谷林草需水分析,苦水河干流湿地和河岸带植被稀少,不适合用于计算苦水河生态水量。

综上,本次采用 Tennant 法、频率曲线法和近十年最枯月流量法等方法分别计算苦水河生态基流,采用 Tennant 法和频率曲线法计算苦水河基本生态水量。

表 13-12 生态基流计算方法适用性分析

方法	适用条件及特点	是否适用于苦水河
Tennant 法	适用于流量较大的河流;拥有长序列水文资料(尽可能 30 或 50 年以上)	适用
90% 保证率法	适合水资源量小,且开发利用程度已经较高的河流;要求拥有长系列水文资料	苦水河丰枯变化大,按照 90% 保证率法计算生态水量仅占多年平均天然流量的 1.5%,比例过低,不符合相关规范的基本要求
近十年最枯月流量法	与 90% 保证率法相同,用于纳污能力计算	适用
频率曲线法	考虑了各个月份流量的差异	适用
湿周法	适合于宽浅矩形渠道和抛物线型断面,且河床形状稳定的河道,直接体现河流湿地及河谷林草需水	主要用于分析湿地需水分析,苦水河湿地稀少,不适合用该方法计算生态水量

续表

方法	适用条件及特点	是否适用于苦水河
7Q10法	水资源量小,且开发利用程度已经较高的河流;拥有长系列水文资料	苦水河丰枯变化大,按照7Q10法计算生态水量低于90%保证率法,占多年平均天然流量的比例不足1.5%,不符合相关规范的基本要求

13.4.7.4 生态基流计算

(1) 基于 Tennant 法

该法依据国内外长期观测建立的流量和河流生态环境状况之间的经验关系,用历史流量资料确定年内不同时段的生态基流。不同河道内生态环境状况对应的流量百分比见表13-13。根据《河湖生态环境需水计算规范》规定,在水资源短缺、用水紧张地区河流生态基流取值可在"好"的分级之下。根据苦水河水资源总量少、丰枯变化大的实际特点,选择生态基流占多年平均天然流量的百分比值介于10%~20%之间。

表13-13 不同河道内生态环境状况对应的流量百分比   单位:(%)

不同流量百分比对应河道内生态环境状况	推荐的基流标准(年平均流量百分数)	
	占同时段多年年均天然流量百分比(年内较枯时段)	占同时段多年平均天然流量百分比(年内较丰时段)
最大	200	200
最佳流量	60~100	60~100
极好	40	60
非常好	30	50
好	20	40
中	10	30
差	10	10
极差	0~10	0~10

根据以上规范关于生态基流的计算要求,考虑苦水河流域年内径流特点及水资源开发利用情况,利用1956—2016年天然径流量数据,将多年平均天然径流量的10%~20%作为生态基流初值,具体计算结果详见表13-14。

表 13-14　基于 Tennant 法计算的苦水河生态基流初值表　单位：立方米/秒

代表断面	生态基流初值（Tennant 法）
	1956—2016 年天然系列（10%～20%）
郭家桥	0.05—0.11（10%—20%）

(2) 基于频率曲线法

利用苦水河 1956—2016 年天然水文系列的月平均流量构建各月水文频率曲线，将 95% 保证率平均流量作为苦水河生态基流，具体计算结果详见表 13-15。

表 13-15　基于频率曲线法计算的苦水河生态基流初值表　单位：立方米/秒

代表断面	生态基流初值（占多年平均天然流量百分比）
郭家桥	0.04（7.54%）

(3) 基于近十年最枯月流量法

近十年最枯月流量法可用近十年最枯月（或旬）平均流量、月（或旬）平均径流量，即十年中的最小值，作为生态基流。应用苦水河 2007—2016 年近十年系列天然月均流量计算生态基流，具体计算结果详见表 13-16。

表 13-16　基于近十年最枯月流量法计算的苦水河生态基流初值　单位：立方米/秒

代表断面	生态基流初值（占多年平均天然流量百分比）
郭家桥	0.04（7.54%）

13.4.7.5　基本生态水量计算

(1) 基于 Tennant 法

根据生态水量有关规范的相关规定，对北方地区，生态水量应分非汛期和汛期两个水期分别确定，一般情况下，非汛期生态水量应不低于多年平均天然径流量的 10%；汛期生态水量可按多年平均天然径流量 20%～30% 确定。

根据以上规范关于生态水量计算要求，考虑苦水河流域水资源总量少，年内径流分配不均的实际特点，利用 1956—2016 年天然径流量数据，采用不同时段多年平均天然径流量的10%计算苦水河基本生态水量,结果详见表13-17。

表13-17 苦水河郭家桥断面不同时段多年平均径流量情况表　　单位:万立方米

时段	类型	多年平均值	10%	20%
汛期(6—9月)	天然	1232	123	246
非汛期(10月—次年5月)	天然	438	44	88
冰冻期(12月—次年2月)	天然	65	7	13
全年	天然	1670	167	334

(2)基于频率曲线法

利用苦水河郭家桥断面1956—2016年天然水文系列的月平均流量或径流量构建各月水文频率曲线,将95%保证率对应的月平均流量或径流量作为对应月份的生态水量,组成年内不同时段基本生态水量。具体计算结果详见表13-18。

表13-18 基于频率曲线法计算的苦水河郭家桥断面基本生态水量初值表

类型	95%频率不同时段生态水量(万立方米)		
	汛期	非汛期	冰冻期
天然	252	80	9

13.4.7.6　生态水量计算成果汇总

在前述Tennant法、频率曲线法和近十年最枯月流量法等计算的基础上,汇总苦水河郭家桥断面生态基流和不同时段基本生态水量初值,如表13-19和表13-20所示。

(1)生态基流

基于Tennant法、频率曲线法和近十年最枯月流量法等方法计算的苦水河郭家桥断面生态基流汇总如表13-19所示。

表13-19 基于不同计算方法的苦水河生态基流初值汇总表   单位：立方米/秒

代表断面	Tennant法天然系列（10%～20%）	频率曲线法	近十年最枯月流量法
郭家桥	0.05—0.11(10%～20%)	0.04(7.54%)	0.04(7.54%)

其中不同方法计算的生态基流数值相差不大，占多年平均天然流量的百分比如图13-17所示。Tennant法计算生态水量约占多年平均天然流量的10%，频率曲线法和近十年最枯月流量法计算的生态水量约占多年平均天然流量的8%。

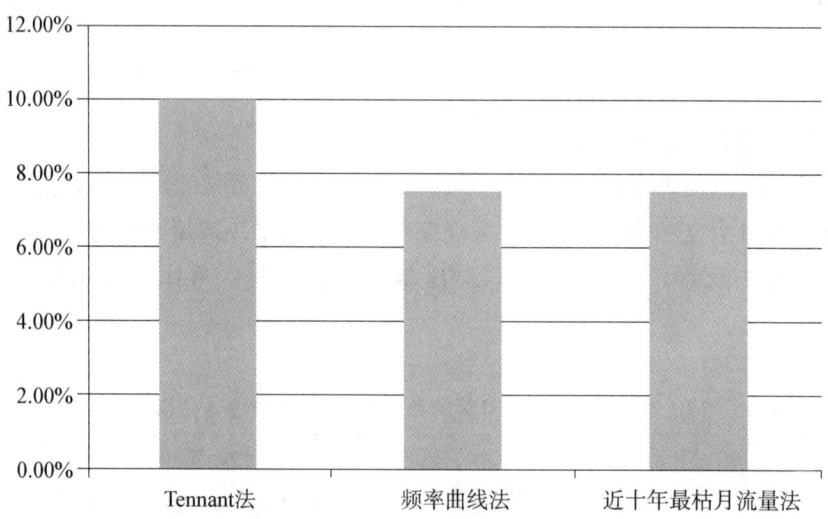

图13-17 基于不同计算方法的苦水河生态基流占多年平均天然流量的百分比

（2）基本生态水量

基于Tennant法和频率曲线法等方法计算苦水河郭家桥断面基本生态水量如表13-20所示。

表13-20 基于不同计算方法的苦水河不同时段基本生态水量初值汇总表

单位：万立方米

Tennant法				频率曲线法			
汛期	非汛期	冰冻期	全年	汛期	非汛期	冰冻期	全年
10%～20%	10%～20%	10%～20%	10%～20%	95%	95%	95%	
123.2—246.4	44—88	7—13	167—334	252	80	9	332

13.4.8 生态水量满足程度分析

为了确保本方案提出的苦水河郭家桥断面生态水量成果科学合理,考虑水文资料可获取性,应用历史年份(1956—2016年)及不同时期(涵盖丰、平、枯水年)月均流量和日均流量实测成果对生态水量成果进行对比分析,开展生态水量满足状况评价。生态基流满足状况采用日均(或月均)实测流量满足生态基流的天数满足评估时段总天数的百分比例来表征。如所提生态水量满足程度非常低或者是实测流量远远大于所提生态水量,一般需要对生态水量成果进行校核。

其中,生态基流满足状况采用1956—2016年日均流量、最小日流量、月均流量和最枯月流量数据开展评估;基本生态水量满足程度采用1956—2016年数据进行评估。

13.4.8.1 生态基流满足程度分析

(1)日均流量满足程度

本次采用苦水河郭家桥断面1956—2016年实测日均流量数据,分析苦水河生态基流的现状满足程度,结果如表13-21所示。当生态基流分别为0.04立方米/秒和0.05立方米/秒时,不同年代系列日均生态基流满足程度均在90%以上;当生态基流为0.11立方米/秒时,1980年之前生态基流满足程度不足80%,1980年以后,生态基流满足程度在90%以上。

表13-21 不同生态基流条件下日均实测流量满足情况表

生态基流(立方米/秒)	0.04	0.05	0.11
1956—1960	97.81%	97.10%	80.56%
1961—1970	95.73%	90.60%	73.46%
1971—1980	96.85%	93.12%	77.29%
1981—1990	98.96%	98.30%	90.33%
1991—2000	100%	100%	100%
2001—2016	100%	100%	100%

本次通过分析天然与实测径流的对比关系，如图 13-18 所示，1976 年以来，受新建东干渠农灌退水增多影响，实测径流量超过天然径流量。因此受农灌退水影响，实测径流组成中农灌退水较多，1980 年之后生态基流满足状况在 90% 以上。

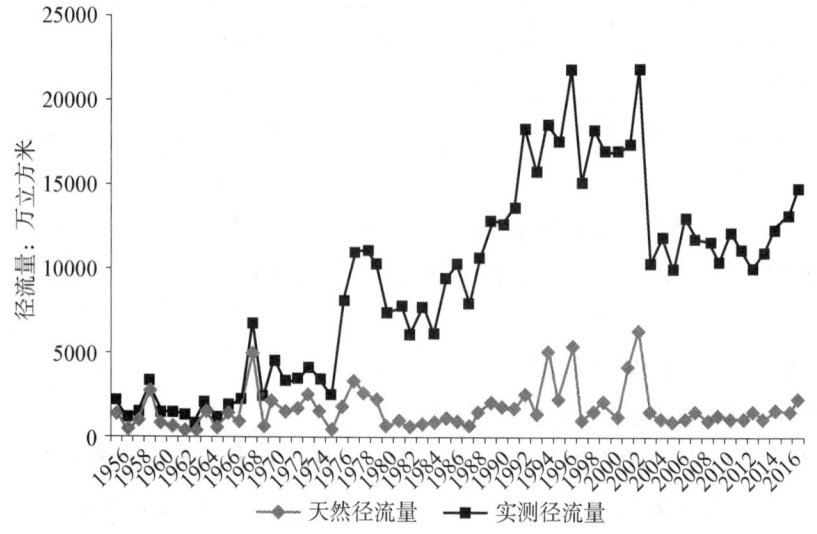

图 13-18　苦水河郭家桥断面实测与天然径流对比分析

（2）最小日均流量满足程度

根据 1956—2016 年各年度最小日均流量数据，分析生态基流满足状况，如图 13-19 所示。结果表明 20 世纪 80 年代以前最小日均流量满足状况较差，之后生态基流满足状况较好，其主要原因是实测径流组成中农灌退水增多。

图 13-19　苦水河郭家桥断面最小日均流量满足程度分析

(3) 月均流量满足程度

采用苦水河郭家桥断面 1956—2016 年月均实测径流量数据,分析苦水河生态基流的现状满足程度,统计分析不同年代生态基流满足状况如表 13-22 所示。在当生态基流分别为 0.04 立方米/秒和 0.05 立方米/秒时,生态基流满足状况在 90% 以上。当生态基流为 0.11 立方米/秒时,1961—1970 年系列生态基流满足程度仅有 82%,1971—1980 年系列生态基流满足程度仅有 88%,20 世纪 80 年代之后,受农灌退水逐渐增加影响,生态基流满足程度在 90% 以上。2001—2016 年系列生态基流满足程度达到 100%。

表 13-22 不同生态基流条件下月均实测流量满足情况表

生态基流(立方米/秒)	0.04	0.05	0.11
1956—1960	98%	98%	92%
1961—1970	98%	95%	82%
1971—1980	99%	97%	88%
1981—1990	99%	99%	92%
1991—2000	100%	100%	93%
2001—2016	100%	100%	100%

(4) 最枯月流量满足程度

采用苦水河郭家桥断面 1956—2016 年实测最枯月流量数据,分析计算不同生态基流的满足程度,如图 13-20 所示。

当生态基流为 0.04 立方米/秒时,1956—2016 年实测最枯月生态基流满足程度为 91.8%,其中 20 世纪 80 年代以前生态基流满足程度为 83.3%,80 年代之后最枯月实测流量均满足生态基流要求。当生态基流为 0.05 立方米/秒时,1956—2016 年生态基流满足程度为 85.2%,其中 80 年代之前生态基流满足程度为 70%,80 年代之后最枯月实测流量均满足生态基流要求。

当生态基流为 0.11 立方米/秒时,1956—2016 年实测最枯月生态基流满足程度为 55.7%,满足状况较差,其中 80 年代之前生态基流满足程度仅有 15.3%,80 年代之后最枯月实测流量生态基流满足状况为 96.8%。

总体上,当生态基流为 0.04 立方米/秒或 0.05 立方米/秒时,80 年代之前农灌退水较少,生态基流满足状况一般,80 年代后农灌退水逐渐增多,生态基流满足状况较好。生态基流为 0.11 立方米/秒时,80 年代之前生态基流满足状况较差。

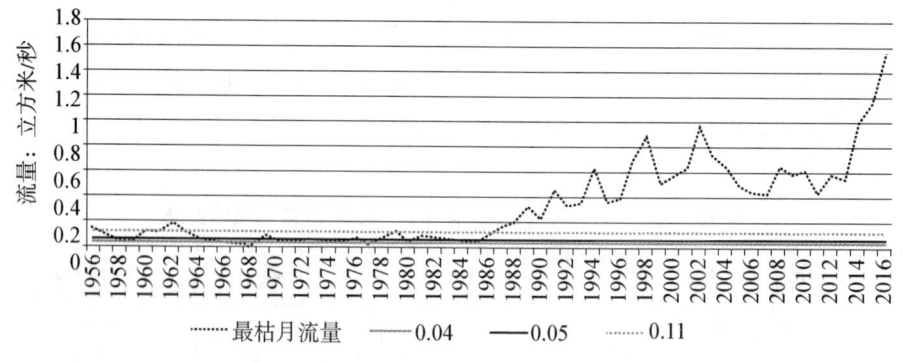

图 13-20　苦水河郭家桥断面实测最枯月均流量满足状况示意图

13.4.8.2　基本生态水量满足程度分析

采用苦水河郭家桥断面 1956—2016 年不同水期的实测径流量数据,分析苦水河郭家桥断面全年及汛期、非汛期和冰冻期的基本生态水量现状满足程度,统计分析基本生态水量满足状况如表 13-23 至表 13-26 所示。

表 13-23　不同水平下全年基本生态水量满足情况表

全年基本生态水量(万立方米)	167	332	334
1956—1980	100%	96%	96%
1981—2016	100%	100%	100%

表 13-24　不同水平下汛期基本生态水量满足情况表

汛期基本生态水量(万立方米)	123	246	252
1956—1980	100%	88%	88%
1981—2016	100%	100%	100%

表 13-25　不同水平下非汛期基本生态水量满足情况表

非汛期基本生态水量(万立方米)	44	80	88
1956—1980	100%	100%	100%
1981—2016	100%	100%	100%

表 13-26　不同水平下冰冻期基本生态水量满足情况表

冰冻期基本生态水量(万立方米)	7	9	13
1956—1980	100%	92%	92%
1981—2016	100%	100%	92%

13.4.9　生态水量综合确定

13.4.9.1　相关规范要求

(1) 生态基流。

根据《河湖生态修复与保护规划编制导则》(SL709—2015),对北方地区河流,一般情况下非汛期不低于多年平均天然径流量的10%。对水资源开发利用程度较低的河流,可以考虑循序渐进开发控制的原则,选取适宜的生态基流。

根据《水资源保护规划编制规程》(SL613—2013),由于我国各流域水资源状况差别较大,在基础数据满足的情况下,应采用尽可能多的方法计算生态基流,对比分析各计算结果,选择符合流域实际的方法和计算结果。对北方地区,一般情况下,非汛期生态基流应不低于多年平均天然径流量的10%。

根据《水工程规划设计生态指标体系与应用指导意见》,对北方地区,非汛期一般情况下生态基流应不低于多年平均天然流量的10%。

因此,根据生态水量现行相关规范要求,生态基流应不低于多年平均天然流量的10%。

(2) 基本生态水量。

《河湖生态环境需水计算规范》规定,在河流基本生态水量计算的基础上,应按照河流生态水量参考阈值(表13-27),确定基本生态水量占多年平均地表水资源量的比例。

根据河流分级标准,苦水河属于北方较小河流,苦水河近十年多年平均地表水资源开发率为 11.88%，水资源开发利用程度不高，根据河流生态水量参考阈值(表 13-27)，水资源开发利用程度属于低，基本生态水量占地表水资源量比例应不低于 20%。

根据相关规范提出的生态水量参考阈值(表 13-27)，综合确定苦水河基本生态水量占地表水资源量的比例阈值范围为 20%。

表 13-27　不同类型河流水系生态水量参考阈值　　　　　　单位：%

河流类型		开发利用程度					
		高		中		低	
		基本 a	目标 b	基本	目标	基本	目标
大江大河	北方	10～20	40～50	15～25	45～55	≥25	≥60
	南方	20～30	65～80	25～35	70～80	≥35	≥80
较大江河	北方	10～15	40～50	10～20	40～55	≥25	≥55
	南方	15～30	60～70	20～35	65～75	≥35	≥75
中小河流	北方	5～10	40～45	10～20	40～50	≥20	≥50
	南方	15～25	50～60	20～30	55～65	≥30	≥65

注：表中值为"生态水量/地表水资源量比例"。
a：基本生态水量；b：目标生态水量。

13.4.9.2　三调成果

根据正在开展的宁夏第三次水资源调查评价成果，苦水河郭家桥断面生态水量指标如表 13-28 所示。

表 13-28　第三次水资源调查评价苦水河生态水量成果表

断面	水文系列	生态基流		基本生态水量(万立方米)				
		指标(立方米/秒)	占多年平均天然流量百分比	汛期	非汛期	冰冻期	全年	全年占多年平均径流量百分比
郭家桥	1956—2016	0.004	0.8%	123	44	7	167	10%

13.4.9.3 生态水量综合确定

苦水河生态水量综合确定根据国家及流域区域相关规划定位和保护要求,结合苦水河水资源总量少、农灌退水多,天然径流丰枯变化悬殊,枯水年份比例大,枯水时段长等实际特点,按照《河湖生态环境需水计算规范》《河湖生态修复与保护规划编制导则》《水资源保护规划编制规程》与《水工程规划设计生态指标体系与应用指导意见》等规范的规定,按照科学合理、有限目标、适应性管理等原则,结合生态水量满足程度分析,综合确定苦水河郭家桥断面生态水量成果,如表 13-29 所示。

表 13-29 苦水河生态水量综合确定成果

代表断面	生态基流		基本生态水量(万立方米)			
	指标(立方米/秒)	占多年平均天然流量百分比	汛期	非汛期(冰冻期)	全年	全年占多年平均径流量百分比
郭家桥	0.05	10%	246	88(14)	334	20%

本次确定的苦水河郭家桥断面生态基流为 0.05 立方米/秒,约占 1956—2016 年多年平均天然流量的 10%;全年基本生态水量为 334 万立方米,占 1956—2016 年平均径流量的 20%。

13.4.9.4 合理性和可达性分析

(1) 合理性分析

本次确定的苦水河郭家桥断面生态基流为 0.05 立方米/秒,约占多年平均天然流量的 10%,符合《河湖生态环境需水计算规范》《河湖生态修复与保护规划编制导则》《水资源保护规划编制规程》与《水工程规划设计生态指标体系与应用指导意见》等规范的原则规定。

本次确定全年基本生态水量占多年平均径流量比例为 10%,考虑苦水河位于西北干旱地区,属于国家重点开发区、农产品主产区,水资源贫乏,天然径流丰枯变化悬殊,枯水年份比例大、枯水时段长,无涉水类保护区分布等实际特点,苦水河基本生态水量成果符合《河湖生态环境需水计算规范》规定要求。

表 13-30 苦水河郭家桥断面相关成果对比分析表

成果来源	水文系列	生态基流		基本生态水量(万立方米)			
		数值（立方米/秒）	占多年平均天然流量百分比	汛期	非汛期（冰冻期）	全年	全年占多年平均径流量百分比
本次成果	1956—2016	0.05	10%	246	88(14)	334	20%
第三次水资源调查评价	1956—2016	0.004	0.8%	123	44(7)	167	10%

(2) 可达性分析

生态基流：苦水河生态基流可达性分析结果表明，按照 1956—2016 年系列日均流量和月均流量进行满足程度分析，生态基流满足程度均在 90% 以上。

基本生态水量：苦水河汛期、非汛期、冰冻期、全年的基本生态水量指标可达性分析表明，1991—2016 年系列实测径流量满足程度均达到了 100%。

根据国家及流域区域相关规划对于苦水河流域的功能定位和水域功能保护要求，结合苦水河水资源总量少，农灌退水多，天然径流丰枯变化悬殊，枯水年份比例大，枯水时段长等实际特点，按照《河湖生态环境需水计算规范》等相关规范的技术规定，综合确定了苦水河郭家桥断面生态基流和基本生态水量成果，符合相关规范要求，符合苦水河实际状况，具有一定的科学合理性和可实施可操作性。

13.5 生态水量保障对策措施

13.5.1 生态水量管控目标

苦水河流域水资源总量少，径流丰枯变化大，水库调蓄能力弱。试点方案立足于苦水河水资源禀赋条件，结合相关规范要求，采用多种方法开展生态水量计算，协调平衡保护与开发的关系，根据不同来水条件，综合确定了苦水河郭家桥断面生态水量管理目标要求，如表 13-31 所示，作为今后水资源配置、管理和水量调度的重要控制性目标之一。

苦水河地表水资源开发利用不高，对河流生态水量影响有限，河流丰枯变化主要受天然来水影响,考虑到枯水年缺乏有效的工程调度手段,生态基流保障难度极大。本次方案提出在枯水年,不对苦水河郭家桥断面基本生态水量提出要求。在平水年和丰水年,在本次确定的天然径流量20%(334万立方米)的基础上,进一步提升苦水河郭家桥断面基本生态水量目标。本方案确定苦水河郭家桥断面生态水量管理目标按照天然径流量的30%进行控制,年径流量不低于500万立方米。

表 13 - 31　苦水河郭家桥断面生态水量管理目标

水平年	基本生态水量
枯水年	—
平水年	年径流量不低于500万立方米
丰水年	

考虑到苦水河天然径流丰枯变化大,农灌退水在实测径流组成中占比较高,在后续水资源管理中,可结合不同天然来水条件和灌溉退水状况,合理调整和动态优化生态水量管理目标,维持苦水河基本功能。

13.5.2　生态水量管控思路

苦水河流域具有水资源总量小,农灌退水多,天然水质差,丰枯变化大,调蓄能力弱,开发利用难等特点,维持苦水河生态水量的客观条件相对不利。受流域地质、地形地貌及补给来源的影响,苦水河水体矿化度较高,天然水质差。综合苦水河流域的实际情况,为实现本方案提出的生态水量管理目标,按照"节水优先、空间均衡、系统治理、两手发力"的思路,坚持以保护优先为基础,加大水污染防治力度,以节水型社会建设为统揽,落实最严格水资源管理制度,实施水污染防治行动计划和全民节水行动计划,多措并举,各业齐抓,综合施策,提高水资源利用效率和效益,促进苦水河水质改善,保障苦水河不断流,维持苦水河基本功能。

13.5.3　生态水量调度措施

13.5.3.1　工程保障能力分析

苦水河流域先后建设有7座水库,包括3座中型水库和4座小型水库,水库状况如表 13-32 所示。苦水河泥沙含量高,水库普遍淤积严重,苦水河干流盐池李家坝水库淤积报废后,2004 年建成郝家台中型水库进行替代,但该水库淤积严重,调节能力极弱。苦水河流域的太阳山刘家沟水库 2006 年新建,通过调蓄盐环定引黄供水,为太阳山工业园区供水;其他支流十里山水库、扁担沟水库、双吉沟水库均已淤满,调节能力十分有限,水库运行对生态水量影响不大。本次通过水库工程对于生态水量的保障能力分析,现有水库工程对于苦水河生态水量保障能力有限。本方案以苦水河干流的郝家台水库为重点,开展苦水河生态水量调度探索。郝家台水库位于苦水河上游的吴忠市盐池县惠安堡镇境内,该水库控制流域面积 568 平方千米,总库容 4865 万立方米,坝址多年平均径流量为 583.8 万立方米。水库功能以防洪为主,没有供水任务。目前该水库淤积较为严重,基本无调节能力。

表 13-32 苦水河流域水库基本情况

水库名称	所在县区	坝址控制流域面积（平方千米）	坝址多年平均径流量（万立方米）	建成时间	最大泄洪流量（立方米/秒）	总库容（万立方米）	防洪库容（万立方米）
郝家台水库	盐池县	568	583.8	2004	112	4865	2090
十里山水库	同心县	530	371	1977		69	
刘家沟水库	盐池县	22	1825	2007	10.5	1000	
甜水河水库	红寺堡区	33.1	16.55	2010	3.6	315.9	
扁担沟水库	利通区	63.4	9.51	1975		181	

13.5.3.2 生态水量调度原则

为实现苦水河生态水量管理目标,郝家台水库生态水量调度的基本原则如下:

(1) 确保苦水河不断流原则。合理安排农业、工业、生态环境用水,科学确定郝家台水库下泄生态水量要求,确保苦水河不断流。

(2) 符合防洪安全原则。郝家台水库生态调度,应符合防洪安全要求,确保重点保护目标防洪安全。

(3) 保护生态环境原则。郝家台水库生态调度,应在水污染有效防治和农灌退水水质改善的前提下,在确保苦水河不断流基础上,保障苦水河基本生态功能维持用水。

(4) 丰增枯减原则。生态调度应根据年度来水量及水库蓄水量,按照相同比例,实行丰增枯减原则。

13.5.3.3 生态水量调度目标

郝家台水库在满足防洪要求和度汛安全的前提下,为实现苦水河生态水量管理目标,结合苦水河实际条件,郝家台水库坝址多年平均天然流量为0.18立方米/秒。依据生态环境相关规范要求,水库下泄生态水量一般不低于天然条件下多年平均流量的10%,结合郝家台水库运行现状,设定郝家台水库生态调度目标如下:

(1) 在敞泄运用条件下,郝家台水库生态水量调度目标与水库来水水量保持一致。

(2) 在蓄水条件下,当水库蓄水库容超过死库容时,郝家台水库下泄生态水量不低于0.02立方米/秒。

13.5.3.4 生态水量调度措施

(1) 落实调度主体责任

吴忠市水务局作为郝家台水库生态水量调度的责任主体,应加强水库生态水量调度管理,在满足防洪要求和度汛安全的前提下,将下泄生态水量调度要求纳入水库调度规程,确保水库生态水量下泄目标的有效落实,适时开展生态水量调度效果评估。

(2) 加强调度基础建设

实行苦水河流域水资源统一调度管理,制定调度预案,强化管理。要加强郝家台水库、太阳山工业园区湿地公园、盐湖、小甜水河水库等苦水河沿线湖库的统一管理和调度,杜绝截流现象,切实保障考核断面生态水量要求。鉴于目前郝家台水库淤积较为严重,建议必要时在科学论证的基础上,进一步采取水库除险加固、清淤扩容等工程措施,增强水库水量调节能力。

(3) 强化生态调度监管

将生态水量纳入郝家台水库调度方案,方案经批准后应严格执行,吴忠市水务局及水库主管单位等相关单位和部门应服从调度方案,确保调度方案有效落实,郝家台水库下泄生态水量目标得以实现。同时,吴忠市水务局应加强郝家台水库下泄生态水量监管,采用定期及不定期巡查的方法,监督检查水库运用方式及下泄生态水量状况。

13.5.4 生态水量管理要求

苦水河流域水资源总量小,丰枯变化大,下游退水多。针对苦水河水资源及其开发利用特点,结合生态水量管理目标要求,在实施郝家台水库生态水量调度的基础上,本方案落实主体责任、建立健全生态水量保障机制、加强生态水量监控监管,落实苦水河生态水量保障措施。

13.5.4.1 落实主体责任,建立健全生态水量保障机制

苦水河流域所在市、县政府应落实生态水量保障的主体责任,在制定发展规划、工程建设布局、水资源开发利用及生态环境保护规划等方面,应以生态水量作为重要的约束条件,将生态用水纳入水资源配置和管理,加大资金投入,建立生态水量保障机制。水务、自然资源、生态环境、发展改革、工业信息等主管部门各司其职,实施生态水量适应性管理,构建生态水量监测监控系统平台及预警机制,逐步建立并完善生态水量保障制度,提升生态水量保障能力。

13.5.4.2 加强监控监管,保障苦水河生态水量

依托苦水河郭家桥水文站已有监控设施,完善生态水量实时监测监控和在线传输设施,开展苦水河生态水量实时监控。

依托河长制、最严格水资源管理制度、水污染防治行动计划等相关工作,宁夏回族自治区政府依据苦水河生态水量管理目标,开展生态水量保障的日常监督管理和年度考核。

第十四章

葫芦河生态水量管理

14.1 流域概况

14.1.1 自然概况

14.1.1.1 地理位置

葫芦河是渭河上游的第一大支流,古称瓦亭水、陇水。因河床狭窄多曲折,形似葫芦而得名。葫芦河发源于宁夏西吉县与海原县交界处的月亮山南麓,河源处海拔 2570 米,纵贯固原市西吉县南北,在西吉县南部兴隆镇下范村进入甘肃省静宁县北峡口,在甘肃境内由北向南流经静宁、庄浪、秦安汇入渭河。葫芦河全长 300.6 千米,流域面积 10730 平方千米。宁夏位于葫芦河上游地区,宁夏境内葫芦河河流长度 120 千米,流域面积 3281 平方千米。

葫芦河流域地处宁夏南部山区,地理范围为东经 $105°20'\sim106°04'$,北纬 $35°35'\sim36°14'$,涉及宁夏固原市原州区、西吉县和隆德县等 3 个县(区)。

14.1.1.2 地形地貌

宁夏境内葫芦河流域山峦重叠,沟壑纵横,属典型的黄土丘陵沟壑区。葫芦河流域东、西部为黄土丘陵沟壑区,中南部为河谷川台地两大地貌,地势基本走向为北高南低、东高西低,呈波状倾斜,河源海拔高程 2420 米,宁夏出境海拔高程 1656 米,部分河段两岸阶地地势较平坦,台面平整,前缘直立,一般高出河床 3~8 米,多属于二级河谷阶地,Ⅱ级阶地在左右岸均有分布,且比较连续,两岸左右为黄土丘陵区。葫芦河川道区长 67 千米,宽 1~2 千米,海拔高程 1688~2107 米,地势平坦、向阳、土层厚,其自然条件较为优越,是流域的主要灌区分布区,见图 14-1。

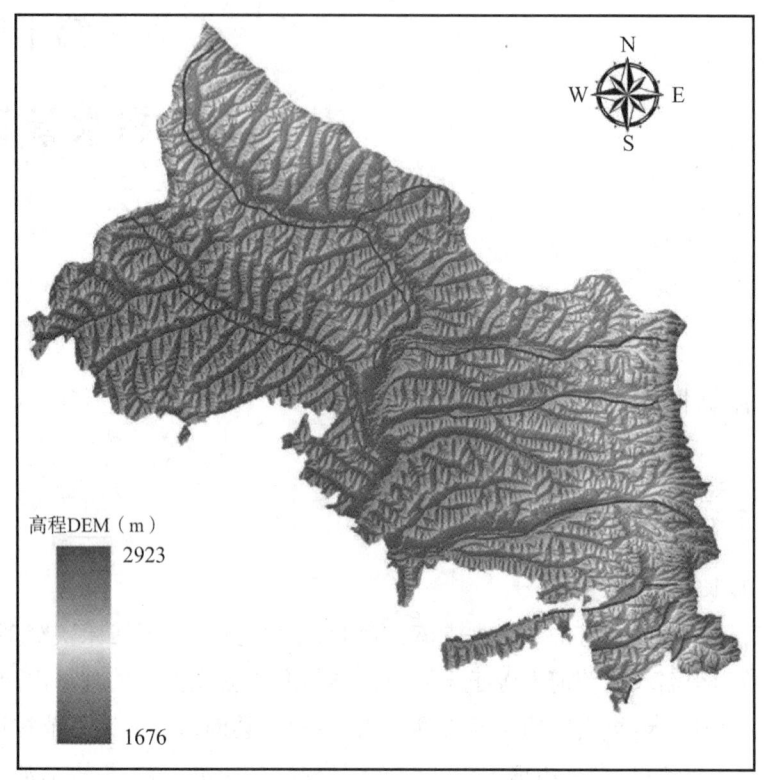

图 14-1 葫芦河流域地形地貌示意图

14.1.1.3 河流水系

葫芦河是渭河一条较大的支流,发源于西吉县月亮山南坡,葫芦河支流众多,主要支流有唐家河、马莲川河、滥泥河、什字路河、好水川河、渝河等。

葫芦河年土壤最高侵蚀模数 5600 吨/平方千米,年总输沙量 487 万立方米,河流泥沙含量高,河两岸川台地是西吉县主要粮食产区,也是农田水利设施分布最多的地区。

葫芦河在西吉县境内主要支流有东侧的马莲河、什字河、好水川河和西侧的滥泥河。马莲河、什字河、好水川河等支流水质好、少部分区域水质溶解性总固体介于 1~2 克/升之间,水量丰富、泥沙少;西侧的滥泥河,流域面积 727 平方千米,年径流量 1930 万立方米,年径流模数 2.2 万立方米/平方千米,年输沙量 396 万吨,年侵蚀模数 6880 吨/平方千米,泥沙大,产水少,矿化度较高,在 1~3 克/升之间,也有部分泉水从含盐量较高的沟谷红土中流出,矿化度达 3.5

克/升。

14.1.1.4 水文气象

葫芦河流域地处温带半湿润半干旱区,属大陆性季风气候,多年平均气温6.2℃;7月份最高,平均气温17.9℃;1月份最低,平均气温零下8.6℃,极端最高气温33.9℃,极端最低气温零下27.5℃。光能资源丰富,多年平均日照时数2300小时以上,无霜期约150天。春季气温多变,夏季短暂凉爽,秋季降温迅速,冬季寒冷漫长,风季多集中在春秋两季,风向以西北风为主,夏季多东南风,春季风最多,最大风速14.4米/秒,风向西北,多年平均风速1.9米/秒。最大冻土层厚度为1.2米。

葫芦河流域平均降雨量为440毫米,汛期6~9月降水量占年降水量的70%左右。水面蒸发量在850~890毫米之间,平均蒸发量为870毫米,水面蒸发的年际变化小,年内变化大,其随各月气温、湿度、日照、风速的变化而变化。11月至次年3月为结冰期,水面蒸发量小。水面蒸发量最小月一般出现在气温最低的1月和12月。春季风大,气温回升,蒸发量增大。

葫芦河径流季节变化与降水的季节变化关系十分密切,70%的降水集中在6~9月汛期,冬季(11月~次年3月)由于降水较少,径流主要靠地下水补给,冬季径流量占年径流的14.7%。夏粮作物主要生长期的4~6月径流量,占年径流量的23.7%,不利于作物生长;汛期由于暴雨集中,降水强度大,往往产生局部暴雨洪水,引起局地洪灾,年径流量月分配的不均匀性比降水量大。径流的年际变化较大,不仅有丰枯交替的特点,而且存在连续偏枯的情况。

14.1.2 社会经济

宁夏境内葫芦河流域位于宁夏南部、六盘山西麓的黄土高原中心地带,葫芦河干流主要集中在西吉县境内。西吉县是革命老区、民族地区、六盘山集中连片特殊困难地区,全县共辖19个乡镇,总面积3130平方千米,耕地面积242万亩,总人口49.6万人,其中农业人口42.5万人,非农业人口7.1万人。2016年,西吉县实现地区生产总值55.5亿元,其中第一产业增加值14.79亿元,第二产业增加值12.00亿元,第三产业增加值28.69亿元。全县完成农业总产值32.47亿元,全县城镇居民人均可支配收入21410.6元,农村居民人均可支配收入7565.6元。西吉县是宁夏人口第一大县、少数民族聚居县和国家、自治区扶贫开发重点县。

14.1.3 水资源特点

葫芦河流域位于宁夏南部黄土丘陵沟壑区,深居我国西北内陆,属于温带大陆性半湿润半干旱气候。受自然地理条件和区域气候的影响,流域地表水资源呈现水资源总量衰减严重、径流丰枯变化悬殊、径流年内分配集中、长期连续枯水等特点。

(1) 水资源总量衰减严重。自 1968 年以来,葫芦河静宁断面实测径流量呈显著的衰减趋势,由 1961—1970 年的 1.1 亿立方米,持续减少到 2011—2016 年的 1040 万立方米。

(2) 径流丰枯变化悬殊。葫芦河径流静宁断面径流变差系数 C_v 高达 0.86,最大实测年径流量 19195 万立方米,最小实测径流量仅为 281 万立方米,实测径流年极值比高达 68.3。

(3) 径流年内分配集中。根据葫芦河来水主要集中于汛期(6—9月),占全年径流量比例高达 62%,年内分配较为集中。

(4) 长期连续枯水。葫芦河流域枯水年份比例高,易出现枯水年份,1991 年至今出现长达 27 年的连续枯水年份,葫芦河近十几年来径流为持续偏枯状态。

(5) 河道断流频繁。葫芦河河道断流频繁,葫芦河夏寨水库以上河段基本处于常年断流状态,葫芦河静宁段自 20 世纪 90 年代以来频繁断流,1992—2016 年的 25 年中有近 20 年发生了河道断流。

(6) 调节能力有限。葫芦河流域水库总体上以小型水库为主,水库建设年代较早,淤积现状较为严重,水库调节能力十分有限。

14.1.4 生态环境特征

葫芦河流域地处宁夏南部黄土高原丘陵沟壑区,区域干旱少雨,黄土堆积深厚,水土流失严重,生态环境脆弱,河流生态系统简单,水生生物贫乏。

葫芦河流域大陆性气候特征明显。冬长夏短,春迟秋早,干旱少雨,水资源贫乏,旱灾频繁。流域水土流失严重,植被属荒漠草原植被,结构单一,植被稀少,植被覆盖率较低,一般以耐旱草本植物、小灌木、小半灌木为主,常见的植物种类有柠条、针茅、沙蒿、芒草等。

葫芦河流域位于黄河中上游水蚀、风蚀交错地带,水土流失严重,水土流失特点是范围广、面积大、产沙时空分布集中、水土流失类型多样,侵蚀严重。葫芦河流域属于国家水土流失重点治理区,年土壤最高侵蚀模数5600吨/平方千米,年总输沙量487万立方米,大部分为中度水土流失等级,部分为强度水土流失,遥感影像图详见图14-2。

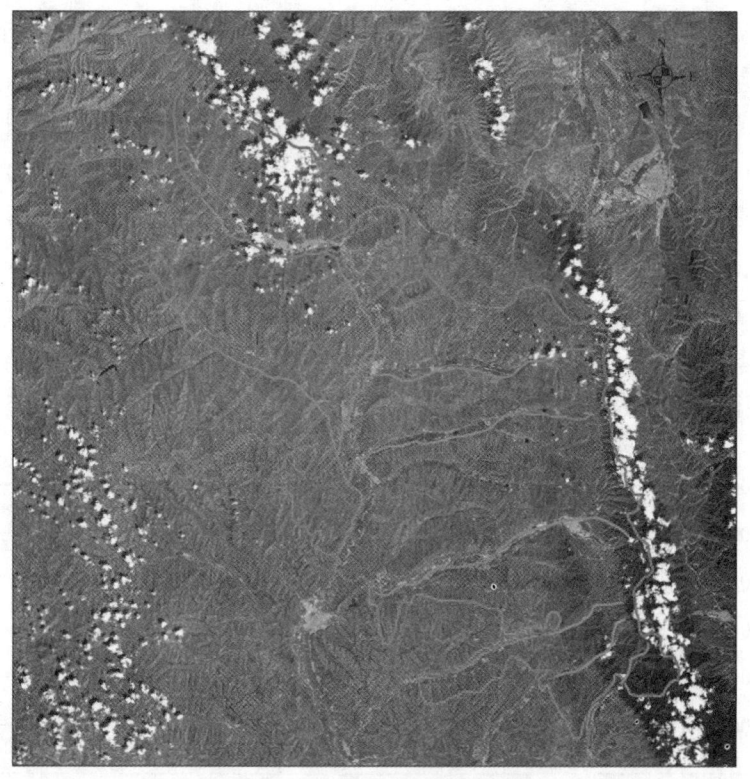

图14-2 葫芦河流域遥感影像图

葫芦河为黄河高原西部地区河流,水资源贫乏,近年来出现长期连续枯水年,一度频繁断流,河流湿地多为近年新建的人工湿地,湿地植物稀少且分布不均。以往河流水质较差,近年水质改善,但浮游及底栖等水生生物依然贫乏,鱼类资源稀少,未发现珍稀濒危保护性鱼类分布。

14.2 水资源及其开发利用状况

14.2.1 径流量及变化特征

14.2.1.1 径流量

根据葫芦河流域水文站分布情况,葫芦河静宁水文站是目前葫芦河最上游的水文站,位于甘肃省平凉市静宁县。葫芦河静宁水文站控制流域面积为2811平方千米,葫芦河静宁以上流域在宁夏境内的面积为2731平方千米,甘肃境内仅有80平方千米。因此,本次分析选用静宁水文站,分析葫芦河径流变化情况及其主要特征。

根据葫芦河静宁站实测水文资料,葫芦河静宁断面1956—2016年平均实测径流量为5095.7万立方米。1956—2016年,不同年代径流量变化如图14-3所示。其中,1960—1970年平均径流量为1.1亿立方米,此后不断衰减,2010—2016年径流量仅为1040万立方米。

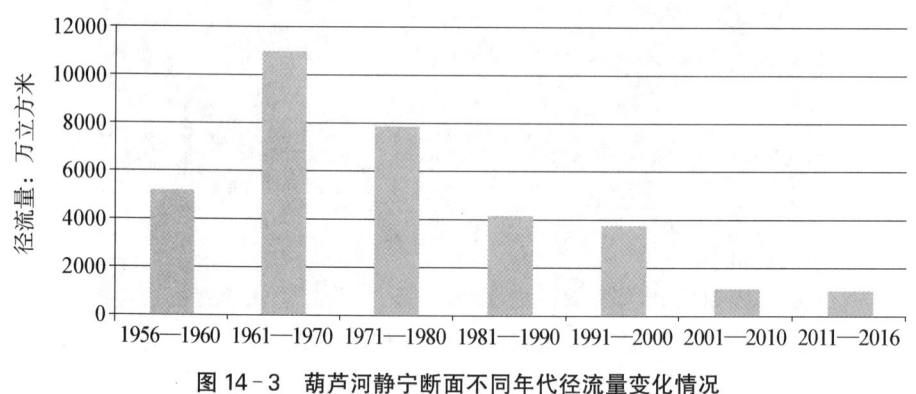

图14-3 葫芦河静宁断面不同年代径流量变化情况

14.2.1.2 径流年际变化

采用变差系数C_v值来分析葫芦河径流量年际变化情况,具体计算公式如下:

$$C_v = \sqrt{\sum_{i=1}^{n} \frac{(K_i-1)^2}{n-1}} \qquad 公式(14.1)$$

式中：n 为观测年数；K_i 为第 i 年的年径流变率，即第 i 年平均径流量与多年平均径流量的比值。$K_i>1$ 时表明该年水量比正常情况多，$K_i<1$ 则相反。年径流量的 C_v 值反映年径流量的总体系列离散程度，C_v 值越大，年径流的年际变化越剧烈。

根据葫芦河静宁水文站 1956—2016 年实测年径流资料，分析年际变化特征和变化趋势，如表 14-1 所示。葫芦河静宁断面 1956—2016 年平均实测径流量为 5095.7 万立方米，径流变差系数 C_v 为 0.86，最大、最小实测年径流量分别为 19195 万立方米（1968 年）和 281 万立方米（2009 年），实测径流年极值比为 68.3。

表 14-1　葫芦河静宁断面实测径流量年际变化特征值

断面	多年平均径流量（万立方米）	C_v	实测最大		实测最小		年际极值比
			径流量（万立方米）	年份	径流量（万立方米）	年份	
静宁	5095.7	0.86	19195	2009	281	2009	68.3

从图 14-4 可以看出，1956—2000 年实测年径流量系列自 1968 年以来，径流量呈显著的衰减趋势。各年代实测径流量变化具体如下：1956—1960 年平均实测径流量 5211.8 万立方米，1961—1970 年多年平均实测径流量 11017.9 万立方米，1971—1980 年多年平均径流量 7905.4 万立方米，1981—1990 年多年

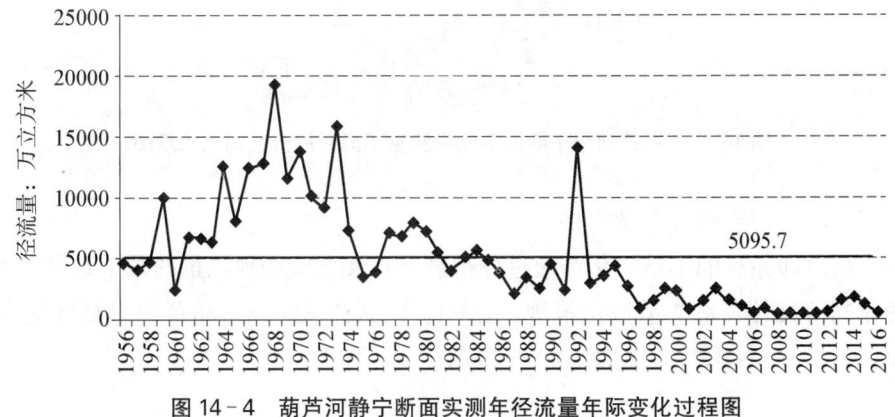

图 14-4　葫芦河静宁断面实测年径流量年际变化过程图

平均径流量 4189.6 万立方米，1991—2000 年多年平均径流量为 3729.9 万立方米，2001—2010 年多年平均径流量 1101 万立方米，2011—2016 年多年平均径流量 1040 万立方米。

14.2.1.3 径流年内变化

对比分析年内不同月份静宁断面径流量年内分配情况，结果表明：静宁断面年内径流量主要集中在汛期，即 6—9 月，在 8 月径流量均达到最大值。具体结果见表 14-2 和图 14-5。

表 14-2　葫芦河静宁断面实测径流量月份分配情况　　单位：万立方米

	1月	2月	3月	4月	5月	6月	7月	8月	9月	10月	11月	12月
静宁	104.5	112.1	189.7	110.3	108.6	296.5	570.2	707.0	259.3	149.3	83.1	86.5

根据葫芦河静宁断面汛期、非汛期及冰冻期实测径流量分配比例情况，如图 14-5 所示，可以看出葫芦河来水主要集中于汛期（6—9 月），占全年径流量比例高达 62%，即葫芦河径流量主要集中在汛期，年内分配较为集中。

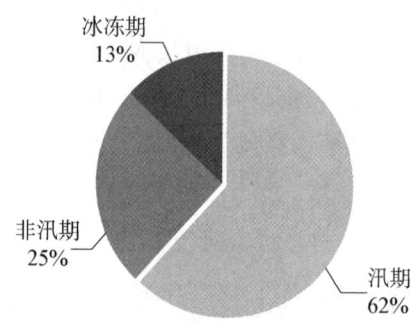

图 14-5　葫芦河静宁断面实测径流量不同时段分配比例示意图

14.2.1.4 径流丰枯变化

葫芦河径流的丰枯变化可通过分析静宁水文站实测径流量的距平百分比 p 变化判定，根据《水文情报预报规范》（GB/T22482—2008），葫芦河丰枯变化情况如表 14-3 和图 14-6、图 14-7 所示。

表 14-3　葫芦河 1956—2016 年天然径流丰枯变化情况

年份	丰平枯	年份	丰平枯	年份	丰平枯	年份	丰平枯
1956	平	1972	丰	1988	枯	2004	枯
1957	偏枯	1973	丰	1989	枯	2005	枯
1958	平	1974	丰	1990	平	2006	枯
1959	丰	1975	枯	1991	枯	2007	枯
1960	枯	1976	枯	1992	丰	2008	枯
1961	丰	1977	丰	1993	枯	2009	枯
1962	丰	1978	丰	1994	枯	2010	枯
1963	丰	1979	丰	1995	偏枯	2011	枯
1964	丰	1980	丰	1996	枯	2012	枯
1965	丰	1981	平	1997	枯	2013	枯
1966	丰	1982	偏枯	1998	枯	2014	枯
1967	丰	1983	平	1999	枯	2015	枯
1968	丰	1984	偏丰	2000	枯	2016	枯
1969	丰	1985	平	2001	枯		
1970	丰	1986	枯	2002	枯		
1971	丰	1987	枯	2003	枯		

从中可以看出，葫芦河流域枯水年份最多，其所占比例达 39%，说明葫芦河径流容易出现枯水年份。在 1956—2016 年系列中，1993—2016 年出现了连续长达 23 年的连续枯水年份，近十几年来葫芦河天然径流量总体为偏枯状态。

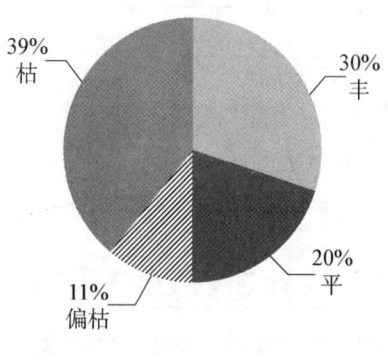

图 14-6　葫芦河丰枯变化年型比例情况

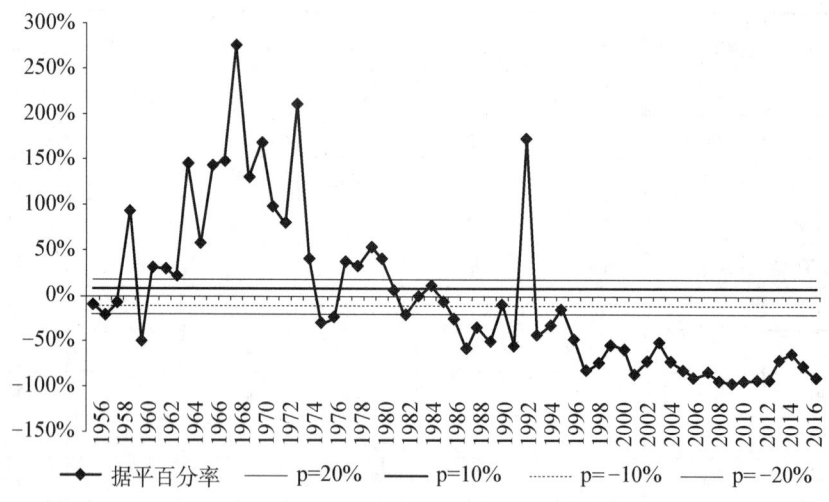

图 14-7 葫芦河径流丰枯变化情况

14.2.1.5 最枯流量变化

葫芦河静宁断面 1975—2016 年最枯月均流量变化情况如图 14-8 所示。从中可以看出,1995 年之前最枯月均流量基本在 0.1 立方米/秒。1995 年之后,最枯月均流量衰减较为严重,其中 1995 年、1997—2000 年和 2007—2010 年最枯月均流量为 0,2011 年以后最枯月流量有所增加。

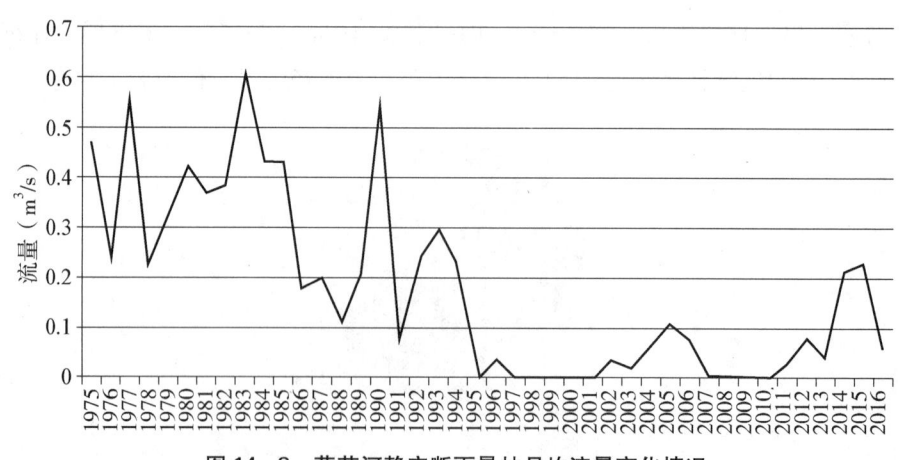

图 14-8 葫芦河静宁断面最枯月均流量变化情况

14.2.2 水资源量

14.2.2.1 水资源分区

根据宁夏水资源分区,葫芦河流域属于黄河区一级区、龙门至三门峡二级区和渭河宝鸡峡以上三级区、渭河宝鸡峡以上北岸四级区,葫芦河流域涉及甘肃和宁夏两省区,其中宁夏境内葫芦河流域分区面积为3281平方千米。

表14-4 葫芦河流域涉及的水资源分区

一级区	二级区	三级区	四级区
黄河区	龙门至三门峡	渭河宝鸡峡以上	渭河宝鸡峡以上北岸

14.2.2.2 地表水资源量

根据《宁夏回族自治区水资源公报》,2016年葫芦河流域地表水资源量为7710万立方米,对应的径流深为23.5毫米。

14.2.2.3 地下水资源量

根据《宁夏回族自治区水资源公报》,葫芦河流域地下水资源均为山丘区地下水资源,2016年葫芦河流域地下水量为3580万立方米。

14.2.2.4 水资源总量

根据《宁夏回族自治区水资源公报》,2016年葫芦河流域的水资源总量为8950万立方米,其中地表水资源量7710万立方米,地下水资源量3580万立方米,重复计算量2340万立方米。

14.2.3 水资源开发利用

14.2.3.1 流域供用水量

(1) 供水量

根据《宁夏回族自治区水资源公报》,2016年葫芦河流域总供水量5090万立方米,其中,地表水供水量为3460万立方米,占总供水量的68%;地下水供水量为1630万立方米,占总供水量的32%。葫芦河流域供水以地表水为主,地表水与地下水供水量的比例接近7:3,见图14-9。

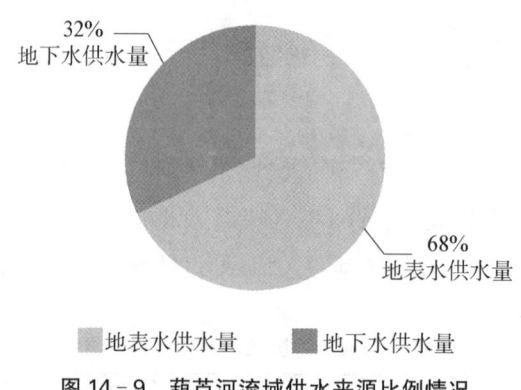

图 14-9 葫芦河流域供水来源比例情况

(2) 用水量

2016年,葫芦河流域总用水量5090万立方米,用水对象为工业、农业、城镇生活和农村人畜。分项用水中,农业用水量最多,为3710万立方米,占总用水量的72.89%;工业用水量为230万立方米,占总用水量的4.52%;城镇生活用水量为500万立方米,占总用水量的9.82%;农村人畜用水量640万立方米,占总用水量的12.57%。

从行业用水结构来看,农业用水量比例最大超过七成,工业用水量较少,不足5%,农村人畜用水量超过了城镇生活用水量。

14.2.3.2 水资源开发利用程度

根据《宁夏回族自治区水资源公报》,采用水资源开发利用程度对宁夏境内葫芦河流域水资源开发与利用水平进行评价,以地表水资源开发利用率、地下水资源开采率进行表示。根据2007—2016年宁夏回族自治区水资源公报,统计分析葫芦河流域2007—2016年逐年地表水资源开发率和地下水资源开采率,以反映近10年来葫芦河流域水资源开发利用程度,结果如表14-5所示。2007—2016年多年平均地表水资源开发率为32.12%,地下水资源开采率为37.18%。

表 14-5 葫芦河流域水资源开发利用程度分析　　单位:万立方米

年度	地表水			地下水			水资源总量	
	供水量	地表水资源量	开发率	供水量	地下水资源量	开采率	用水消耗总量	水资源总量
2007	5100	11600	43.97%	1710	4830	35.40%	5320	12950

续表

年度	地表水			地下水			水资源总量	
	供水量	地表水资源量	开发率	供水量	地下水资源量	开采率	用水消耗总量	水资源总量
2008	2710	10320	26.26%	1730	4470	38.70%	3400	11690
2009	2980	6460	46.13%	1670	3230	51.70%	3580	7750
2010	2970	7650	38.82%	1470	5060	29.05%	3480	8790
2011	3020	9180	32.90%	1390	3850	36.10%	3440	10280
2012	2900	11070	26.20%	1270	4210	30.17%	3310	12060
2013	1950	18770	10.39%	2720	7790	34.92%	3720	20930
2014	3790	11240	33.72%	1580	4600	34.35%	4270	12470
2015	4220	9050	46.63%	1860	4190	44.39%	4800	10520
2016	3460	7710	44.88%	1630	3580	45.53%	3880	8950
2007—2016年平均值	3310	10305	32.12%	1703	4581	37.18%	3920	11639

根据水资源开发利用程度的评价标准,地表水资源开发利用状况评价等级为良。

14.2.3.3 水资源开发利用特点

根据上述分析,葫芦河流域水资源开发利用具有如下几个典型特点:

(1)葫芦河流域供水均为流域内水资源,无外流域调水。葫芦河流域2007年至2016年的供水均为流域内的地表水和地下水,无外流域调水。

(2)葫芦河流域地表水和地下水的开发程度相近。葫芦河流域2007—2016年地表水资源开发率为32.12%,地下水资源开采率为37.18%,地表水和地下水开发利用比例相近。

(3)葫芦河流域用水以农业用水为主,工业用水较少。葫芦河农业用水量比例最大超过七成,工业用水量比例较小,比例不足5%,农村人畜用水比例比城镇生活用水比例大,反映了葫芦河流域以农业生产为主的社会经济结构特征。

(4)葫芦河供水工程主要为中小型水库和地下水井,水资源调节能力弱。

葫芦河流域供水工程较多,均为中小型水库、人畜饮水工程和地下水井,以小型水库为主,目前水库淤积较为严重,水资源调节能力有限。

14.2.4 水库与灌区情况

14.2.4.1 水库工程

根据固原市2018年4月汇编的水库基础数据资料,宁夏境内葫芦河流域共建有104座水库,其中中型水库有5座,均在西吉县;小(Ⅰ)型水库有54座,其中,原州区有2座,西吉县有36座,隆德县有16座;小(Ⅱ)型水库有45座,其中原州区有4座,西吉县有18座,隆德县有23座。葫芦河流域总体上水库以小型水库为主,水库建设年代较早,目前淤积较为严重,水库调节能力有限。葫芦河流域5座中型水库的基本情况如表14-6所示。

表14-6　葫芦河流域中型水库基本情况

水库名称	所在县区	控制流域面积（平方千米）	坝址多年平均径流量（万立方米）	建成时间	总库容（万立方米）	年供水量（万立方米）	供水对象
夏寨水库	西吉	492	1130	1972	2417	16.37	夏寨灌区、夏寨扬水站灌区
张家咀头水库	西吉	867	2861.1	1975	4442	0.01	将台灌区及咀头、明台扬水灌区
马莲水库	西吉	240.8	1200	1959	2660	0.01	马莲灌区
什字水库	西吉	175	752.5	1960	2764	0.01	什字灌区
八台轿水库	西吉	190	456	2008	1882	63.14	城乡生活

14.2.4.2 灌区情况

宁夏境内的葫芦河流域以农业为主,葫芦河灌区主要分布在葫芦河干支流两岸的川台地上,由水库自流灌区和井灌区组成,设计灌溉面积8920公顷。其中水库自流灌区包括夏寨、马莲、什字、东坡、将台和下范6大片区,设计灌溉面积6000公顷;井灌区包括新营、吉强、兴隆和玉桥4大片区,设计灌溉面积2900公顷。灌区地势平坦、土层深厚、土壤肥沃,水土资源开发利用条件较好,农业增产潜力大,是该区域主要的粮食生产基地。

14.3 水生态环境现状调查与评价

14.3.1 水功能区划

根据《宁夏回族自治区水功能区划》(宁政发〔2003〕158号),宁夏境内葫芦河干流有3个一级水功能区,分别为葫芦河西吉源头水保护区、葫芦河西吉开发利用区和葫芦河宁甘缓冲区。水功能区具体信息如表14-7所示。其中,葫芦河宁甘缓冲区被列入全国重要江河湖泊水功能区。

表14-7 葫芦河水功能区基本情况

河湖水系	一级区名称	二级区名称	起始断面	终止断面	代表断面	水质目标
葫芦河	葫芦河西吉源头水保护区		源头	新营	新营	Ⅱ
	葫芦河西吉开发利用区	葫芦河西吉农业用水区	新营	玉桥	玉桥	Ⅲ
	葫芦河宁甘缓冲区		玉桥	静宁	郭罗	Ⅲ

根据《水利部办公厅关于印发全国重要江河湖泊水功能区水质达标评价技术方案的通知》(办资源〔2014〕54号),确定宁夏境内葫芦河干流中水功能区中葫芦河宁甘缓冲区为国家近期考核宁夏的重要江河湖泊水功能区。

根据《宁夏回族自治区水污染防治工作方案》(宁政发〔2005〕106号)确定了葫芦河地表水水质目标,葫芦河玉桥断面水质目标为Ⅳ类,达标年限为2017年。

14.3.2 现状水质

根据《宁夏回族自治区水污染防治工作方案》(宁政发〔2005〕106号)要求,确定了葫芦河地表水水质目标,葫芦河玉桥断面2017年达到Ⅳ类。本书根据《宁夏回族自治区地表水环境质量状况月报》,统计分析了2017年以来葫芦河玉桥断面的水质变化趋势,如表14-8所示。2017年葫芦河玉桥断面水质较差,通过葫芦河水环境综合治理开展,葫芦河水质有所好转,2018年葫芦河水质达到了水质目标。

表 14-8　葫芦河玉桥断面 2017 年和 2018 年水质变化状况

年度	月份	水质状况	年度	月份	水质状况
2017 年	1月	劣Ⅴ	2018 年	1月	Ⅲ
	2月	劣Ⅴ		2月	Ⅲ
	3月	Ⅴ		3月	Ⅳ
	4月	Ⅴ		4月	Ⅱ
	5月	劣Ⅴ		5月	Ⅱ
	6月	Ⅲ		6月	Ⅱ
	7月	Ⅳ		7月	Ⅱ
	8月	Ⅴ		8月	Ⅱ
	9月	Ⅳ		9月	Ⅲ
	10月	Ⅱ		10月	Ⅱ
	11月	Ⅲ		11月	Ⅲ
	12月	Ⅳ		12月	Ⅱ

14.3.3　天然水化学特征

葫芦河干流和西岸支流的天然水化学类型以 $S_Ⅱ^{Na}$ 型水为主，葫芦河东岸支流的天然水化学类型以 $C_Ⅰ^{Na}$ 型和 $C_Ⅱ^{Ca}$ 型为主。

葫芦河流域矿化度的平均值 1408 毫克/升，其分布规律是葫芦河东岸矿化度较低，且由南向北逐渐升高；葫芦河西岸地表水矿化度普遍较高。其中葫芦河东岸的六盘山南边各支流矿化度较低，而滥泥河等葫芦河西岸支流矿化度较高，最大值高达 3910 毫克/升。

葫芦河流域总硬度平均值为 499 毫克/升，最大值 1118 毫克/升，最小值 225 毫克/升。分布规律是葫芦河东岸自下游而上，总硬度逐渐升高。葫芦河西岸总硬度普遍较高。

14.3.4　水生态状况

(1) 流域生态

葫芦河流域大陆性气候特征明显。冬长夏短，春迟秋早，干旱少雨，水资源贫乏,旱灾频繁。流域地处宁夏南部黄土高原丘陵沟壑区,区域干旱少雨,黄土堆积深厚,水土流失严重,生态环境脆弱。葫芦河流域水土流失范围广、面积大、产沙时空分布集中、水土流失类型多样,侵蚀严重,属于国家水土流失重点治理区。流域分布的植被主要为荒漠草原植被,结构单一,植被稀少,植被覆盖率较低,一般以耐旱草本植物、小灌木、小半灌木为主,常见的植物种类有柠条、针茅、沙蒿、芒草等。根据葫芦河流域遥感植被指数 NDVI 分布(图 14-10),葫芦河流域 NDVI 多数区域植被较为稀少,生态环境十分脆弱。

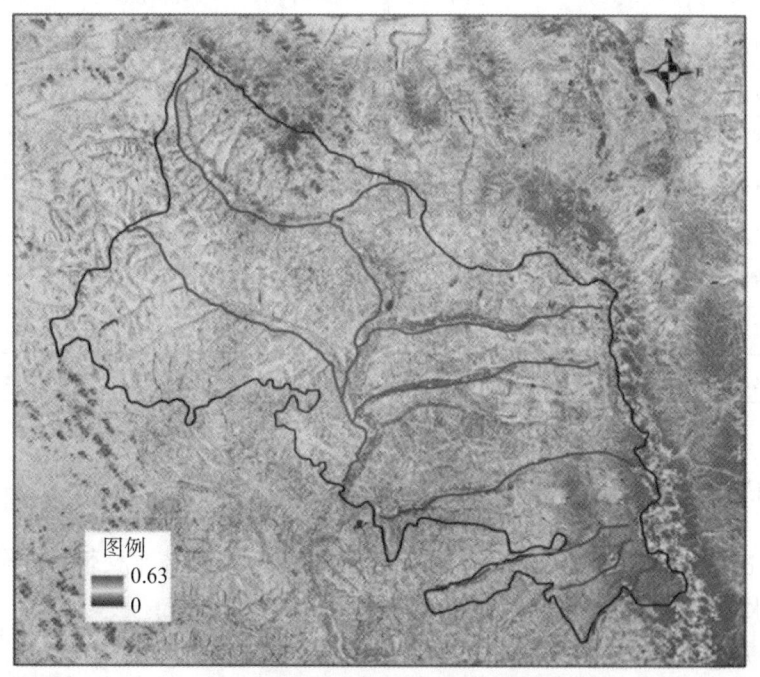

图 14-10 葫芦河流域遥感植被指数 NDVI 分布图

(2) 水生生态

葫芦河为黄河高原西部地区河流,水资源贫乏,近年来出现长期连续枯水年,一度频繁断流,河流湿地多为近年新建的人工湿地,湿地植物稀少且分布不均。葫芦河干流以往水质较差,近年水质有所改善,但浮游及底栖等水生生物依然贫乏,鱼类资源稀少,未发现土著鱼类及珍稀濒危保护性鱼类分布。

现场调查发现,葫芦河夏寨水库以上河段基本处于常年断流状态,黄家川水库基本淤满,成为基本农田。根据第三次水资源调查评价成果,葫芦河静宁段自20世纪90年代以来,受天然降水减少、水资源开发利用、水土保持减水、河道内采砂等综合影响,葫芦河静宁段频繁断流,1992—2016年的25年中近20年发生了河道断流,具体断流情况统计如表14-9所示。

表14-9 葫芦河断流情况统计表

河流名称	断流年份	断流天数	河流名称	断流年份	断流天数
葫芦河	1992	20	葫芦河	2004	28
葫芦河	1995	76	葫芦河	2005	34
葫芦河	1996	34	葫芦河	2006	22
葫芦河	1997	100	葫芦河	2007	74
葫芦河	1998	132	葫芦河	2008	39
葫芦河	1999	79	葫芦河	2009	164
葫芦河	2000	67	葫芦河	2010	98
葫芦河	2001	56	葫芦河	2011	58
葫芦河	2002	30	葫芦河	2013	14
葫芦河	2003	26	葫芦河	2016	20

14.3.5 存在的主要生态环境问题

本次研究在河湖生态环境现状调查的基础上,从河流水文情势变化、河流水质、水生态等方面识别河湖存在的主要生态环境问题如下。

(1)葫芦河断流频繁,近年呈现连续枯水年

葫芦河1991年至今出现连续枯水年份,近十几年来葫芦河径流为持续偏枯状态,葫芦河夏寨水库以上河段基本处于常年断流状态,葫芦河静宁段频繁断流,1992—2016年间,近20年葫芦河静宁段发生河道断流。

(2)葫芦河曾严重污染,近年水质改善

葫芦河曾经受土豆淀粉厂、城镇生活等散乱排污的影响,2016年以前水质为劣五类,处于严重污染状态。近年来,随着河长制落实,葫芦河采取了环境综合治理,水质有所改善,2018年葫芦河玉桥断面水质基本达到了水质目标要求。

(3)葫芦河水生物贫乏,水生生态系统简单

葫芦河受断流、水质以及河道破坏的影响,河流水生生物贫乏,湿地稀少且分布不均,近年河流水质和河道生态有所改善,但浮游及底栖等水生生物依然贫乏,鱼类资源稀少,未发现珍稀濒危保护性鱼类分布。

14.4 生态水量综合核算

14.4.1 功能定位及保护要求

依据《全国主体功能区划》《全国生态功能区划》《全国生态脆弱区保护规划纲要》《宁夏回族自治区主体功能区划》等在国家、流域和自治区层面对葫芦河流域的功能定位和保护要求,结合葫芦河流域经济社会发展现状、规划以及水资源开发利用趋势,分析国家和区域对于葫芦河流域的功能定位及保护要求,为葫芦河功能需水分析和生态水量计算及确定提供基础。

14.4.1.1 国家层面

(1)《全国主体功能区规划》

依据《全国主体功能区划》,葫芦河流域属于"三障两带"国家生态安全战略格局的黄土高原—川滇生态屏障和国家重点生态功能区的黄土高原丘陵沟壑水土保持生态功能区。

黄土高原丘陵沟壑水土保持生态功能区内黄土堆积深厚,范围广大,土地沙漠化敏感程度高,对黄河中下游生态安全具有重要作用。该区域的发展方向是大力推行节水灌溉和雨水集蓄利用,发展旱作节水农业。限制陡坡垦殖和超载过牧,加强小流域综合治理,实行封山禁牧,恢复退化植被,建设淤地坝,巩固退耕还林还草成果。

(2)《全国生态功能区划》

根据《全国生态功能区划》,葫芦河流域属于全国重要生态功能区的黄土高原土壤保持重要区。黄土高原土壤保持重要区地处半湿润半干旱季风气候区,水土流失严重和土地沙漠化敏感程度高,是我国水土流失最严重的地区,水土保持极重要区域。该区域主要生态问题表现为坡面水土流失和沟蚀严重,河道与水库淤积严重,影响黄河中下游生态安全。该区域生态保护的主要措施为继续实施退耕还林还草,实施小流域综合治理,推行节水灌溉新技术,防治地下水

污染。

(3)《全国生态脆弱区保护规划纲要》

依据《全国生态脆弱区保护规划纲要》,葫芦河流域属于北方农牧交错生态脆弱区,该区域生态环境脆弱性主要表现为气候干旱,水资源短缺,土壤结构疏松,植被覆盖度低,容易受风蚀、水蚀和人类活动的强烈影响。该区域的生态保护方向是以退耕还林、还草和沙化土地治理为重点;发展替代产业和特色产业,降低人为活动对土地的扰动;合理开发、利用水资源,增加生态用水量。

14.4.1.2 自治区层面

根据《宁夏回族自治区主体功能区规划》,葫芦河流域是六盘山水源涵养、水土流失防治的重要区域,属于水源涵养型和水土保持型重点生态功能区,也属于南部黄土丘陵农业区的农产品主产区。

水源涵养型生态功能区的发展方向是推进土石山区天然林保护和南部山区围栏封育,治理土壤侵蚀,维护与重建森林、草原、湿地等生态系统。严格保护具有水源涵养功能的自然植被,限制或禁止无序采矿、毁林开荒、开垦草地等行为。加大植树造林力度,减少面源污染。

水土保持型生态功能区的发展方向是大力推行节水灌溉,发展旱作节水农业。禁止陡坡垦殖。加强小流域综合治理,恢复退化植被。控制人为因素对土壤的侵蚀。大力发展草畜产业、马铃薯产业、林果产业、中药材产业等适合当地资源环境的特色农业和加工业,拓宽农民增收渠道,解决农民长远生计,巩固退耕还林成果。

南部黄土丘陵农业区的发展方向是建设以优质弱筋为主的小麦产业带,优质淀粉加工薯和菜用薯为主的马铃薯产业带,培育壮大肉牛、冷凉蔬菜、中药材、油料等特色产业。加快生态恢复和农田水利基础设施建设,提高水资源利用效率,把南部黄土丘陵区建成西北乃至全国的生态农业示范区。

根据国家、流域及区域相关规划对葫芦河流域的功能定位要求,具体如表14-10所示。

表 14-10　葫芦河流域涉及的相关规划功能定位

涉及的河湖	所在区域	全国主体功能区规划	全国生态功能区划	全国生态脆弱区保护规划纲要	宁夏主体功能区规划
葫芦河	黄土高原丘陵沟壑区	黄土高原—川滇生态屏障、黄土高原丘陵沟壑水土保持生态功能区	黄土高原土壤保持重要区	北方农牧交错生态脆弱区	六盘山水源涵养、水土流失防治生态屏障、南部黄土丘陵农业区农产品主产区

14.4.1.3　保护要求

根据国家及省区相关规划、区划对葫芦河流域的生态环境定位及保护要求,葫芦河流域属于宁夏南部黄土丘陵沟壑区,位于全国主体功能区划确定的黄土高原丘陵沟壑水土保持生态功能区,也属于全国生态功能区规划的黄土高原土壤保持重要区,同时地处宁夏主体功能区规划确定的六盘山水源涵养、水土流失防治生态屏障、南部黄土丘陵农业区农产品主产区。维持葫芦河基本功能对于维持西北生态屏障,发挥水源涵养、水土保持等生态功能具有重要意义。葫芦河水资源禀赋条件差,生态环境脆弱,流域内无各类涉水保护区分布,因此,葫芦河生态水量的保护要求主要是维持葫芦河基本功能,力争实现葫芦河不断流。

14.4.2　功能需水分析

依据全国主体功能区规划等相关规划,葫芦河流域属于黄土高原丘陵沟壑水土保持生态功能区、宁夏沿黄经济地区和河套灌区农产品主产区等国家重要生态功能区域,流域位于宁夏南部黄土丘陵沟壑区,流经区域水土流失严重,水资源衰减严重,因此,葫芦河生态水量的保护要求是维持河流基本功能,生态水量主要是河流基本功能维持所需水量。

表 14-11　葫芦河生态功能需水组成分析

河流名称	所属区域	保护要求	功能性需水组成
葫芦河	黄土丘陵沟壑区	维持河道基本功能	河流基本功能需水

14.4.3 生态水量指标确定

葫芦河流域位于宁夏中部干旱风沙区,属于黄土高原丘陵沟壑水土保持生态功能区、宁夏沿黄经济地区和河套灌区农产品主产区等国家和区域相关规划确定的重要生态功能区、农产品主产区和重点开发区。根据国家及区域相关区划和规划确定的功能定位,葫芦河生态水量主要是河流基本功能维持需水。按照《河湖生态环境需水计算规范》《河湖生态修复与保护规划编制导则》《水资源保护规划编制规程》与《水工程规划设计生态指标体系与应用指导意见》等规范关于生态水量规定,结合本次生态水量工作要求,充分考虑葫芦河水资源条件和生态环境特征,尤其是葫芦河河道频繁断流的具体特点,确定葫芦河生态水量指标为葫芦河基本生态水量。

依据《河湖生态环境需水计算规范》,基本生态水量是表征河道内生态环境需水的指标,是维持河流给的生态环境保护目标所对应的生态环境功能不丧失,需要留在河道内的最小水量,河道内基本生态水量是河道内生态需水要求的下限值。

14.4.4 生态水量确定原则

葫芦河生态水量的确定应按照相关规范的要求,充分考虑葫芦河实际,遵循以下原则进行确定。

14.4.4.1 科学合理性原则

葫芦河生态水量的确定应按照《河湖生态环境需水计算规范》《河湖生态修复与保护规划编制导则》《水资源保护规划编制规程》与《水工程规划设计生态指标体系与应用指导意见》等规范的规定,充分考虑葫芦河枯水年份比例大、断流频繁、长期连续枯水的实际特点,进行科学合理确定。

14.4.4.2 有限目标原则

根据国家、流域及区域对葫芦河流域的功能定位及保护要求,充分考虑葫芦河枯水年份比例大、断流频繁、长期连续枯水的实际特点,生态保护应根据国家生态保护的战略要求,坚持因地制宜、符合实际、保护优先的原则,根据水资源条件以水定保护规模。因此,现阶段葫芦河流域生态水量以维护河流基本功能为目标,力争实现葫芦河不断流。

14.4.4.3 适应性管理原则

本次提出的葫芦河生态水量是基于一定的水域功能保护要求,在一定条件下、一定阶段内和一定保证率下的生态水量。在生态水量管理中,应进一步根据葫芦河天然来水量、水资源配置和管理实践进行动态调整,实施葫芦河生态水量适应性管理。

14.4.5 控制断面选择

根据葫芦河流域水文站分布情况,葫芦河静宁水文站是目前葫芦河最上游的水文站,位于甘肃省平凉市静宁县。葫芦河静宁水文站控制流域面积为2811平方千米,葫芦河静宁以上流域在宁夏境内的面积为2731平方千米,甘肃境内仅有80平方千米。因此,本次选择葫芦河静宁断面作为生态水量控制断面。

14.4.6 计算方法

14.4.6.1 《河湖生态环境需水计算规范》

根据《河湖生态环境需水计算规范》(SL/Z712—2014),河湖生态环境需水计算包括年最小值和年内不同时段值计算等。其中,年最小值计算根据资料系列数采用不同的方法,有长系列(n大于30年)水文资料的河流控制断面,可采用"Qp法""流量历时曲线法""7Q10法";缺乏长系列水文资料的河流控制断面,可采用"近10年最枯月平均流量(水位)法",比较分析多种方法计算结果,合理确定基本生环境需水量最小值。

年内不同时段值计算可采用下列方法。"Tennant法"作为经验公式,主要适用于北温带较大的常年性河流,作为河流规划目标管理、战略性管理方法;"频率曲线法"可根据保护目标所对应的生态环境功能,分别计算维持各项功能不丧失需要的水量,取外包作为年内不同时段值;维持河流形态功能不丧失的水量,可用"河床形态分析法";维持生物栖息地功能不丧失的水量,可用"湿周法""生物空间法";维持自净功能基本要求的水量,可按照纳污能力核定相关规定计算;应比较分析多种方法计算结果,合理确定基本生态环境需水量的年内不同时段值。

14.4.6.2 《水域纳污能力计算规程》(GB/T 25173—2010)

该规程明确计算河流水域纳污能力,应采用90%保证率最枯月平均流量或近10年最枯月平均流量作为设计流量。

14.4.6.3 《全国水资源调查评价生态水量调查评价补充细则》

全国第三次水资源调查评价工作印发了《全国水资源调查评价生态水量调查评价补充细则》用于指导生态水量调查评价工作。

《全国水资源调查评价生态水量调查评价补充细则》指出,生态基流原则上采用 Qp 法等综合确定。基本生态环境需水量的年内不同时段值以月为时间尺度进行分析计算,并按照汛期、非汛期两个时段统计,对于东北、西北等冰冻期较长地区的河流还应包括冰冻期时段。各时段的基本生态环境需水量,可以用 Qp 法或 Tennant 法等方法计算,相应参数取值应按照《河湖生态环境需水计算规范》等规范的有关规定,以及河湖水系水资源情势等综合确定。基本生态环境需水量的全年值,应根据基本生态环境需水量的年内不同时段值加和得到。

14.4.6.4 生态水量计算方法

按照上述生态水量计算相关规范要求,本研究中基本生态水量的内涵是河道内基本生态环境需水量,是表征河道内生态环境需水的指标,是维持河流、湖泊、沼泽给定的生态环境保护目标所对应的生态环境功能不丧失,需要保留在河道内的最小水量。河道内基本生态环境需水量是河道内生态环境需水要求的下限值。依据《河湖生态环境需水计算规范》等相关规范,目前生态环境需水量计算方法有 Qp 法、流量历时曲线法、7Q10 法、近 10 年最枯月平均流量法、Tennant 法、频率曲线法、湿周法等,见表 14-12。

表 14-12 河流生态水量计算方法

序号	方法	方法类别	指标表达	适用条件及特点
1	Qp 法	水文学法	又称不同频率最枯月平均值法,以节点长系列(n≥30 年)天然月平均流量、月平均水位或径流量(Q)为基础,用每年的最枯月排频,选择不同频率下的最枯月平均流量、月平均水位或径流量作为节点基本生态环境需水量的最小值	频率 P 根据河湖水资源开发利用程度、规模、来水情况等实际情况确定,宜取 90% 或 95%。适合水资源量小,且开发利用程度已经较高的河流;要求拥有长系列水文资料
2	流量历时曲线法	水文学法	利用历史流量资料构建各月流量历时曲线,应以 90% 或 95% 保证率对应流量作为基本生态环境需水量的最小值	该方法在使用时,应分析至少 20 年的日均流量资料

续表

序号	方法	方法类别	指标表达	适用条件及特点
3	7Q10法	水文学法	缺乏长系列水文资料时,可用近10年最枯月(或旬)平均流量、月(或旬)平均水位或径流量,即10年中的最小值,作为基本生态环境需水量的最小值	本方法适合水文资料系列较短时近似采用,与Q_P法相同,均用于纳污能力设计流量计算
4	近10年最枯月流量法	水文学法	缺乏长系列水文资料时,可用近10年最枯月(或旬)平均流量、月(或旬)平均水位或径流量,即10年中的最小值,作为基本生态环境需水量的最小值	能力计算
5	Tennant法	水文学法	依据观测资料建立的流量和河流生态环境状况之间的经验关系,用历史流量资料就可以确定年内不同时段的生态环境需水量,使用简单、方便。根据选取生态环境保护目标对应的生态环境功能所期望的河道内生态环境状态,确定相应生态环境状态下年内水量较枯和较丰时段(或非汛期、汛期)生态环境流量占同时段多年平均天然流量的百分比。两个时段包括的月份根据计算对象实际情况具体确定。该百分比与同时段多年平均天然流量的乘积为该时段的生态环境流量,与时长的乘积为该时段的生态环境需水量	该方法作为经验公式,主要适用于北温带较大的常年性河流,作为河流规划目标管理、战略性管理方法。使用时,较枯较丰时段的划分,可根据多年平均天然月径流量排序确定;也可根据当地汛期、非汛期时段划分确定
6	频率曲线法	水文学法	用长系列水文资料的月平均径流量的历史资料构建各月水文频率曲线,将95%频率相应的月平均径流量作为对应月份的节点基本生态环境需水量,组成年内不同时段值,用汛期、非汛期各月的平均值符合汛期、非汛期的基本生态环境需水量	频率宜取95%,也可根据需要做适当调整,该方法一般需要30年以上的水文系列资料
7	湿周法	水力学法	湿周法是水力学法中最常用的方法,利用湿周作为生物栖息地指标,通过收集水生生物栖息地的河道尺寸及对应的流量数据,分析湿周与流量之间的关系,建立	适合于宽浅矩形渠道和抛物线型断面,且河床形状稳定的河道,直接体现河流湿地及河谷林草需水

续表

序号	方法	方法类别	指标表达	适用条件及特点
			湿周—流量的关系曲线,采用曲线拐点对应流量座位基本生态环境需水量,即维持生物栖息地功能不丧失的水量	

14.4.7 生态水量核算

14.4.7.1 水文系列选取

根据本次数据获取情况,葫芦河静宁断面 1956—2916 年仅有年天然及实测径流资料,而频率曲线等生态水量计算方法需要月均资料,月均资料仅有 1975—2016 年的实测数据,因此本次采用葫芦河静宁断面 1975—2016 年实测月均径流数据进行基本生态水量计算。

14.4.7.2 计算方法选择

根据相关规范规定的生态水量计算方法,结合葫芦河葫芦河枯水年份比例大、断流频繁、长期连续枯水的实际特点,开展了葫芦河生态水量计算方法适用性分析,适用性分析结果如表 14-13 所示。根据葫芦河实际特点,本次采用 1975—2016 年实测系列水文资料开展葫芦河基本生态水量计算。

葫芦河丰枯变化大,枯水时段长,按照 Q_p 法计算基本生态水量仅占多年平均的 2% 左右,比例过低,不符合相关规范基本要求。葫芦河断流频繁,应用近 10 年最枯月流量法计算葫芦河基本生态水量为 0,也不符合相关规范基本要求。7Q10 法采用 90%~95% 保证率下、年内连续 7 天最枯月流量值的平均值作为基本生态环境需水量的最小值。该方法计算生态水量较 Q_p 法计算的数值更低,小于多年平均的 2% 左右,不符合相关规范基本要求。湿周法主要用于分析湿地或河谷林草需水分析,葫芦河湿地和河岸带植被稀少,不适合用该方法计算生态水量。

综上,本次研究采用 Tennant 法和频率曲线法等方法分别计算葫芦河静宁断面基本生态水量。

表 14-13　生态水量计算方法适用性分析

方法	适用条件及特点	是否适用于葫芦河
Tennant 法	适用于流量较大的河流;拥有长序列水文资料(尽可能 30 或 50 年以上)	适用
90%保证率法	适合水资源量小,且开发利用程度已经较高的河流;要求拥有长系列水文资料	葫芦河丰枯变化大,按照 90%保证率法计算生态水量仅占多年平均流量的 2%左右,比例过低,不符合相关规范的基本要求
近 10 年最枯月流量法	与 90%保证率法相同,用于纳污能力计算	葫芦河断流频繁,应用近 10 年最枯月流量法计算葫芦河生态基流为 0,也不符合相关规范基本要求
频率曲线法	考虑了各个月份流量的差异	适用
湿周法	适合于宽浅矩形渠道和抛物线型断面,且河床形状稳定的河道,直接体现河流湿地及河谷林草需水	主要用于分析湿地需水分析,葫芦河湿地稀少,不适合用该方法计算生态水量
7Q10 法	水资源量小,且开发利用程度已经较高的河流;拥有长系列水文资料	葫芦河丰枯变化大,按照 7Q10 法计算生态水量低于 90%保证率法,占多年平均流量的比例不足 2%,不符合相关规范的基本要求

14.4.7.3　基本生态水量计算

(1) 基于 Tennant 法

根据《河湖生态环境需水计算规范》等生态水量有关规范的相关规定,考虑葫芦河流域水资源总量少,年内径流分配不均的实际特点,根据水文数据可获取性,利用 1975—2016 年实测径流量数据,按照 5%~10%计算葫芦河基本生态水量。葫芦河静宁断面多年平均实测径流量为 3144 万立方米,,对应的生态水量计算结果详见表 14-14。

表 14-14　葫芦河静宁断面 1975—2016 年多年平均径流量及生态水量结果

单位:万立方米

时段	多年平均值	5%	10%	20%	30%	40%
全年	3144	157	314	629	943	1258

(2) 基于频率曲线法

根据《河湖生态环境需水计算规范》要求,频率曲线法使用长系列水文资料的月平均径流量的历史资料构建各月水文频率曲线,将95%频率相应的月平均径流量作为对应月份的节点基本生态环境需水量,组成年内不同时段值,用汛期、非汛期各月的平均值符合汛期、非汛期的基本生态环境需水量。频率宜取95%,也可根据需要做适当调整,该方法一般需要30年以上的水文系列资料。

按照《河湖生态环境需水计算规范》要求,利用葫芦河静宁断面1975—2016年42年实测水文系列的月平均流量或径流量构建各月水文频率曲线,将95%频率对应的月平均流量或径流量作为对应月份的生态水量,组成年内不同时段基本生态水量。葫芦河静宁断面1975—2016年42年对应的95%频率月径流量如表14-15所示。

表14-15 葫芦河静宁断面1975—2016年42年系列95%频率下月径流量

单位:万立方米

类型	1月	2月	3月	4月	5月	6月	7月	8月	9月	10月	11月	12月
月径流量	11.14	20.57	40.34	12.76	18	6.92	10.41	12.59	13.21	22.9	8.26	21.39

综合基于频率曲线法计算葫芦河静宁断面基本生态水量为198.49万立方米。

14.4.7.4 生态水量计算成果汇总

在前述Tennant法、频率曲线法计算的基础上,将不同方法计算的葫芦河静宁断面基本生态水量初值汇总,如表14-16示。

表14-16 基于不同计算方法的葫芦河静宁断面基本生态水量初值汇总表

单位:万立方米

类型	基本生态水量		
	Tennant法		频率曲线法
	5%	10%	95%
实测	157	314	198.49

14.4.8 生态水量满足程度分析

为了确保本方案提出的葫芦河静宁断面生态水量成果科学合理,基本生态水量满足程度评估采用1975—2000年、2001—2016年和1975—2016年实测径流数据进行满足状况评估。如果所提生态水量满足程度非常低或者是实测流量远远大于所提生态水量,一般需要对生态水量进行复核。针对葫芦河静宁断面的基本生态水量,采用葫芦河静宁断面实测径流量进行基本生态水量满足状况评价,如表14-17所示。从满足程度分析结果来看,不同方法确定的全年基本生态水量满足程度比例均在90%以上。

表 14-17 全年基本生态水量满足情况表

全年生态水量(万立方米)	157	198	314
1975—2000	100%	100%	100%
2001—2016	100%	100%	93.75%
1975—2016	100%	100%	97.62%

14.4.9 生态水量综合确定

14.4.9.1 相关规范要求

《河湖生态环境需水计算规范》规定,在河流基本生态水量计算的基础上,应按照河流生态水量参考阈值(表14-18)确定基本生态水量占多年平均地表水资源量的比例。根据河流分级标准,葫芦河属于北方较小河流,葫芦河流域水资源供需矛盾突出,水资源开发程度为高,根据河流生态水量参考阈值,基本生态水量占地表水资源量比例应介于5%~10%之间。

表 14-18 不同类型河流水系生态水量参考阈值   单位:%

河流类型		开发利用程度					
		高		中		低	
		基本 a	目标 b	基本	目标	基本	目标
大江大河	北方	10~20	40~50	15~25	45~55	≥25	≥60
	南方	20~30	65~80	25~35	70~80	≥35	≥80

续表

河流类型		开发利用程度					
		高		中		低	
		基本 a	目标 b	基本	目标	基本	目标
较大江河	北方	10～15	40～50	10～25	40～55	≥25	≥55
	南方	15～30	60～70	20～35	65～75	≥35	≥75
中小河流	北方	5～10	40～45	10～20	40～50	≥20	≥50
	南方	15～25	50～60	20～30	55～65	≥30	≥65

注：表中值为"生态水量/地表水资源量比例"。
a：基本生态水量；b：目标生态水量。

14.4.9.2 生态水量综合确定

结合葫芦河实际情况，依据《河湖生态环境需水计算规范》等相关规范的要求开展葫芦河基本生态水量计算的多种方法比选。从方法层面，葫芦河丰枯变化大，枯水时段长，按照 Qp 法计算基本生态水量仅占多年平均的 2% 左右，比例过低，不符合相关规范基本要求。葫芦河断流频繁，运用近 10 年最枯月流量法计算葫芦河基本生态水量为 0，也不符合相关规范基本要求。7Q10 法采用 90%～95% 保证率下、年内连续 7 天最枯月流量值的平均值作为基本生态环境需水量的最小值。该方法计算生态水量较 Qp 法计算的数值更低，小于多年平均的 2% 左右，不符合相关规范基本要求。湿周法主要用于分析湿地或河谷林草需水分析，葫芦河湿地和河岸带植被稀少，不适合用该方法计算生态水量。本研究按照 Tennat 法和频率曲线法计算了基本生态水量，考虑到结合葫芦河水资源总量严重衰减、径流丰枯变化悬殊且年内分配集中、长期连续枯水及近年频繁断流等实际特点，在满足相关规范要求的前提下，从可实施、可操作的角度，推荐葫芦河静宁断面基本生态水量确定方法为 Tennat 方法，选取的比例参数为 5%，对应的基本生态水量成果数据详见表 14-19 所示。

表 14-19 葫芦河静宁断面基本生态水量综合确定成果

代表断面	基本生态水量（万立方米）	
	全年	全年占多年平均径流量百分比
静宁	157	5%

本次确定葫芦河静宁断面全年基本生态水量占多年平均径流量比例为5%，符合《河湖生态环境需水计算规范》规定要求。葫芦河静宁断面1975—2016年和2001—2016年系列实测径流量的基本生态水量满足程度均为100%。

14.5 生态水量保障对策措施

14.5.1 生态水量管控目标

葫芦河流域水资源禀赋条件差，水资源总量呈现严重衰减态势，径流丰枯变化悬殊，水量年内分配集中，河道长期连续枯水，近年河道断流频繁。本书立足于葫芦河水资源禀赋条件，结合相关规范要求，开展生态水量计算，平衡保护与开发的关系，根据不同来水条件，综合确定了葫芦河静宁断面生态水量管控目标要求，如表14-20所示，葫芦河流域水资源衰减严重，近年来长期连续枯水，断流频繁，工程调度能力有限，生态水量保障难度极大，提出了基本生态水量的管控目标，可作为今后水资源配置、管理和水量调度的重要控制性目标之一。

表14-20　葫芦河静宁断面生态水量管理目标

水平年	基本生态水量
枯水年	—
平水年	年径流量不低于157万立方米
丰水年	

在后续水资源管理中，可结合不同天然来水条件和工程规划建设及运行调度状况，合理调整和动态优化生态水量管控目标，持续改善葫芦河基本生态功能。

14.5.2 生态水量保障思路

葫芦河流域水资源具有总量严重衰减、丰枯变化悬殊、年内分配集中的特点。葫芦河曾严重污染,近年来随着河长制、最严格水资源管理制度和水污染防治等管控和治理力度加大,2018年葫芦河水质显著改善。葫芦河地处黄土高原丘陵沟壑区,小型水库众多,淤积较为严重,水库调节能力有限。综合葫芦河实际情况,为实现本书提出的生态水量管控目标,按照"节水优先、空间均衡、系统治理、两手发力"的思路,坚持以节水为基础,巩固水污染防治成效,以节水型社会建设为统揽,落实最严格水资源管理制度,实施水污染防治行动计划和全民节水行动计划,多措并举,各业齐抓,综合施策,提高水资源利用效率和效益,持续改善葫芦河水质,维持葫芦河基本功能。

14.5.3 生态水量调度措施

葫芦河流域气候干旱,水资源总量贫乏,人均水资源量极为有限。流域水库以小型为主,是区域城乡生活及农田灌溉的重要水源。现有水库多数建设年代较早,多数为小型水库,库容有限,且淤积严重,马莲水库、什字水库等部分中型水库几乎淤满。鉴于上述原因,现阶段暂不提出葫芦河流域已建水库生态调度要求。

对于葫芦河流域规划建设的水库,应依据本次确定的生态水量管控目标和水域功能保护要求,科学合理确定水库的下泄生态水量,并加强水库生态水量调度管理,在满足防洪要求和度汛安全的前提下,将下泄生态水量调度要求纳入水库调度规程,确保水库生态水量下泄目标的有效落实,适时开展生态水量调度效果评估。将生态水量纳入水库调度方案,方案经批准后应严格执行,相关单位和部门应服从调度方案,确保调度方案有效落实。加强水库下泄生态水量监管,采用定期及不定期巡查的方法,监督检查水库运用方式及下泄生态水量状况。

14.5.4 生态水量管理要求

针对葫芦河水资源及其开发利用特点,结合生态水量管理目标要求,按照"节水优先、空间均衡、系统治理、两手发力"的治水方针,以维持葫芦河基本生态功能为目标,以节水型社会建设为统揽,落实最严格水资源管理制度,实施水污染防治行动计划和全民节水行动计划。优化区域水资源配置,加强水资源高效利用与管理,落实生态水量保障主体责任,建立健全生态水量保障机制,加强生态水量监控监管,落实生态水量保障措施,维护葫芦河基本功能。

14.5.4.1 坚持生态优先,优化流域水资源配置

统筹兼顾流域经济社会发展和维持葫芦河生态安全的各方需求,协调好生活、生产、生态用水的关系,实现流域水资源可持续利用,上、中、下游统筹,左右岸兼顾,优化流域水资源配置,促进生态环境可持续发展。根据河流自身健康需求,将葫芦河生态水量管控指标作为流域区域水资源配置的控制性条件和水资源开发利用的关键约束性指标,以生态水量的保障倒逼水资源配置的优化和水资源开发利用效率的有效提升。坚持根据区域水资源条件和生态环境保护要求,发挥生态水量的红线作用,落实以水定城、以水定地、以水定人、以水定产的原则,持续优化调整产业结构布局,建立水资源承载能力调控预警机制,强化水资源承载能力的刚性约束,实行水资源总量消耗和强度双控。坚持因地制宜,开源与节流并举,加大非常规水源利用程度,持续优化用水结构,严控高耗水行业建设,全面强化用水监管,推进水权确权和交易,充分发挥水资源的政府主导和市场优化配置作用。

14.5.4.2 坚持节水优先,大力加强工农业节水

(1)农业节水增效

以西吉县农业节水增效为重点,大力加强葫芦河流域节水型社会建设。大力推进节水灌溉,加快库井灌区现代化节水改造,推进高效节水灌溉。结合高标准农田建设,加大田间节水设施建设力度。开展农业用水精细化管理,科学合理确定灌溉定额,推进灌溉试验及成果转化。推广喷灌、微灌、滴灌、低压管道输水灌溉、集雨补灌、水肥一体化、覆盖保墒等技术。

根据水资源条件,推进适水种植、量水生产。加快发展旱作农业,实现以旱补水,适度压减高耗水作物,扩大低耗水和耐旱作物种植比率,选育推广耐旱农作物新品种,积极发展集雨节灌,增强蓄水保墒能力,创建旱作农业节水示范区。

(2)工业节水减排

大力推进葫芦河流域工业节水改造。完善供用水计量体系和在线监测系统,强化生产用水管理。支持企业开展节水技术改造及再生水回用改造,重点企业要定期开展水平衡测试、用水审计及水效对标。对超过取水定额标准的企业分类分步限期实施节水改造。

强化推动葫芦河流域高耗水行业节水增效。实施节水管理和改造升级,采用差别水价以及树立节水标杆等措施,促进高耗水企业加强废水深度处理和达

标再利用。严格控制高耗水新建、改建、扩建项目，推进高耗水企业向水资源条件允许的工业园区集中。对采用列入淘汰目录工艺、技术和装备的项目，不予批准取水许可；未按期淘汰的，有关部门和地方政府要依法严格查处。推进高耗水行业节水型企业建设。

（3）推进节水创新

加强再生水和雨水等非常规水多元、梯级和安全利用。强制推动非常规水纳入水资源统一配置，逐年提高非常规水利用比例，并严格考核。统筹利用好再生水、雨水、微咸水等用于农业灌溉和生态景观。因地制宜配套建设雨水集蓄利用设施。严禁盲目扩大景观、娱乐水域面积，生态用水优先使用非常规水，建议严格取水许可管理，具备使用非常规水条件但未充分利用的建设项目不得批准其新增取水许可。

深入推进农业水价综合改革，同步建立农业用水精准补贴。建立健全充分反映供水成本、提升供水质量、促进节约用水的城镇供水价格形成机制和动态调整机制，适时完善居民阶梯水价制度，全面推行城镇非居民用水超定额累进加价制度。

加强用水计量统计，提高农业灌溉、工业和市政用水计量率。完善农业用水计量设施，配备工业及服务业取用水计量器具，全面实施城镇居民"一户一表"改造。建立节水统计调查和基层用水统计管理制度，加强对农业、工业、生活、生态环境补水4类用水户涉水信息管理。推进大中型灌区渠首和干支渠口门取水计量和监控平台建设。

推进水权水市场改革，建立农业水权制度。加强水权交易监管，规范交易平台建设和运营。推行水效标识建设，对节水潜力大、适用面广的用水产品施行水效标识管理。开展产品水效检测，确定水效等级，分批发布产品水效标识实施规则，强化市场监督管理，加大专项检查抽查力度，逐步淘汰水效等级较低产品。

推动合同节水管理。创新节水服务模式，建立节水装备及产品的质量评级和市场准入制度，完善工业水循环利用设施、集中建筑中水设施委托运营服务机制，在公共机构、公共建筑、高耗水工业、高耗水服务业、农业灌溉、供水管网漏损控制等领域，引导和推动合同节水管理。实施水效领跑和节水认证。在用水产品、用水企业、灌区、公共机构和节水型城市开展水效领跑者引领行动。

14.5.4.3 坚持保护优先,全面加强水域空间管控

划定葫芦河管理保护范围和管理界线,严格水域岸线用途管制,严守生态保护红线,留足河流及河滨带的管理和保护范围。统筹葫芦河沿线产业布局、城镇建设和生态环境保护,在沿岸两侧一定范围,划定生产、生活、生态空间开发管制界限,明确准入条件,规范土豆淀粉加工企业建设,依法依规管控河道内建设活动。严格自然生态空间征(占)用管理,防止以城市建设、景观建设、河湖治理等名义盲目裁弯取直、围垦水面和侵占河道滩地。加强涉河建设项目和河道采砂管理,严格限制建设项目侵占或损害河湖生态空间,新建项目一律不得违规占用水域,持续开展"乱占、乱采、乱堆、乱建"等河湖管理保护突出问题专项清理整治行动,严格落实河长制,建立河湖管理保护的长效机制。加大城镇涉水河段管控力度,确保葫芦河生态水流连续性。

14.5.4.4 落实主体责任,建立健全生态水量保障机制

葫芦河流域所在市、县政府应落实生态水量保障的主体责任,在制定发展规划、工程建设布局、水资源开发利用及生态环境保护规划等方面,应以生态水量作为重要的约束条件,将生态用水纳入水资源配置和管理,加大资金投入,建立生态水量保障机制。各部门各司其职,强化水污染防治和节水型社会建设,实施生态水量适应性管理,探索建立葫芦河生态水量补偿机制和跨界协商沟通机制,构建生态水量监测监控系统平台及预警机制,逐步建立并完善葫芦河生态水量保障制度,提升葫芦河生态水量保障能力。

14.5.4.5 加强监控监管,保障葫芦河生态水量

依托河长制、最严格水资源管理制度、水污染防治行动计划等相关工作,依据葫芦河生态水量管控目标,开展生态水量保障日常监督管理和年度考核。

结合葫芦河的特点,建议进一步加强农业节水管理、河流水质监测、排污口监管等相关监督管理工作,改善葫芦河水质,保障葫芦河生态水量。

建立生态水量预警机制,设置预警等级和预警阈值,根据来水丰枯变化情况进行动态调整。按照预警层级,采取控制河道外用水、应急调度、生态补水等措施。

14.5.4.6 适时开展评估工作,持续优化生态水量管控

根据实际工作需要,开展葫芦河流域水资源、水环境和水生态基础调查工作,构建葫芦河流域河流健康评估指标体系和生态水量效果监测评估方法体系,定期开展葫芦河、健康评估工作和生态水量管控效果监测评估工作。根据

评估结果,持续调整优化葫芦河生态水量管控指标,开展生态水量适应性管控,有序推进葫芦河流域生态水量管控工作。

14.5.4.7 加大宣传引导力度,营造保护河流生态的社会氛围

把生态文明建设同水利改革发展有机结合起来,加强水资源管理保护、水环境保护及自治区水情知识和节水知识的宣传教育,逐步纳入国民素质教育和中小学教育活动,向全民普及节水和河流生态保护知识。丰富宣传载体形式和途径,利用世界水日、中国水周、全国城市节水宣传周等形式多样的主题宣传活动,倡导简约适度的消费模式,普及河流生态保护的理念,提高社会公众对经济社会发展和环境保护客观规律的认识,提高全民节水和生态保护意识。鼓励各相关领域开展节水型社会、节水型单位等创建活动。积极倡导广大群众树立节水生活理念,增强爱水、护水意识,自觉遵守涉水法律法规,促进葫芦河流域生态环境共享共治,为节水型社会建设和河流生态保护贡献自己的力量。

第十五章

沙湖生态水量管理

15.1 流域概况

沙湖位于宁夏引黄灌区,区域气候干旱,水资源贫乏,生态环境脆弱。宁夏沙湖属于西北干旱半干旱区典型的湖泊湿地生态系统,具有防沙降尘、改善局地气候、维持生物多样性等重要功能,是当地生态安全体系的重要组成部分,在维持区域生态环境平衡、维护区域生态安全等方面具有独特作用,已建立省级自然保护区。沙湖属于黄河上游河道外湖泊,依靠农灌退水或引黄河水补给水量,沙湖形成演变与灌区发展和黄河水资源支撑条件关系密切,对黄河依赖程度较高。沙湖是该区域独特的沙漠湿地生态系统,维持一定的湖泊湿地水域规模,有利于维持湖泊生态系统基本稳定,沙湖实景图如图15-1所示:

图 15-1 沙湖实景图

15.1.1 自然概况

15.1.1.1 地理位置

沙湖地处贺兰山东麓,银川平原中北部,沙湖中心地理坐标为 $106°20'E$, $38°49'N$。沙湖流域是指以沙湖为核心的银川平原灌溉绿洲区,其流域范围起于青铜峡库区,经银川艾依河、阅海、鸣翠湖至平罗县境内沙湖湖面及沙湖旅游区陆域,止于石嘴山市星海湖和贺兰山地及其洪积平原地区等沿线流域,总面积 39915 平方千米。沙湖位于宁夏回族自治区石嘴山市平罗县西南部,沙湖原名红渠注,又称鱼湖,为一蝶形浅水湖泊。

15.1.1.2 沙湖形成

沙湖原为银川平原西大滩的一处蝶形洼地,早在公元 407 年就有了屯垦戍边的记录。黄河古河道洼地经过风蚀至地下水面,地下水溢出并汇集,同时接受大气降水和地表水补给,便形成了沙湖。至 20 世纪 50 年代具备雏形以来,湖泊水环境与补水条件关系密切。80 年代以前,第三排水沟农田灌溉退水是沙湖主要补给水源,地下水和黄河水为辅助补给水源。1971 年,前进农场成立了渔场,以养捕结合的模式在湖区进行经济生产。至 90 年代,区域经济发展快速增长,第三排水沟工业、生活污水排入量随之不断增加,造成湖泊补给水质明显下降。同时,艾依河接引了沿岸洪水、沟水和农田排水,与沙湖连通,在水资源供给紧张时,也成为沙湖的补给水源。2000 年后,开始引黄河水补给湖泊。为保护湖泊生态环境,2012 年后,自治区相关部门叫停了除黄河水之外的其他湖泊补给,并完成了黄河输水渠—东干渠的修整工程,黄河已成为湖泊唯一的人工补给水源。

15.1.1.3 地形地貌

沙湖流域处于鄂尔多斯西缘拗陷带,属银川盆地。银川盆地为夹持在贺兰山与鄂尔多斯盆地西缘断褶带之间的断陷盆地,是在贺兰山构造带的基础上演化形成的地堑式盆地。周边地层自老而新有太古界,元古界,古生界的寒武系、奥陶系、泥盆系、石炭系、二叠系,中生界的三叠系、侏罗系及新生界的古近系、新近系、第四系。盆地基底地层由古生界和前古生界组成。地表第四系分布广泛,盆地内新生界沉积厚度大。

沙湖流域坐落在贺兰山东麓中部的洪积平原下,西部为阻隔腾格里沙漠东移的贺兰山,西高东低。地面坡度为 1/26—1/118,属于银川平原"湖滩地竹西大滩碟形洼地"地貌,由全新统冲积湖积物堆积而成。自全新世以来,受新构造运动的影响剧烈下沉,沉积了巨厚的第四系松散物质,此外还有第四系全新统风积物堆积而成的沙丘地貌。

沙湖位于银川断陷盆地的中心地带,堆积了巨厚的河湖相物质,下伏地层为细沙、黏土和湖相地层。南端有一面积约22.52平方千米的沙地,由流动沙丘和固定、半固定沙丘、新月形沙丘、蜂窝状沙丘、垅岗状沙丘和平沙地等组成。沙湖的周围有大面积的盐碱滩地和洼地,总面积约122平方千米,海拔在1088~1099米之间,遇暴雨洪水易积水成湖。

15.1.1.4 河流水系

沙湖周边水系图见图15-2。其中,东一支渠为沙湖黄河水补水渠,也是沙湖西侧农田的退水渠;第三排水沟通过中心沟与沙湖连通,平时中心沟闸门关闭,防止老三排水进入沙湖。2014年,在艾依河与沙湖之间修建了拦水坝,将艾依河与沙湖运河隔断,目前艾依河水经洪广营闸控制,全部流入三排。

图15-2 沙湖周边水系图

15.1.1.5 气候气象

沙湖流域地处内陆深处,为典型的大陆性气候,根据温度带划分属中温带,按降雨和干湿地区划分属半干旱荒漠地区,由于贺兰山的屏障作用,西北的冷空气难以长驱直入,形成了热量丰富、日照充足、干旱少雨、多风、蒸发量大、冬季寒冷漫长、夏季炎热短促、降雨集中、昼夜温差大、无霜期短的气候特征。

沙湖流域年平均气温7.6℃,多年平均月最低气温(1月)零下11.9℃,多年平均最高气温(7月)24℃,无霜期154～171天。5月下旬到10月上旬湖面水温在14℃以上,11月下旬水面结冰,次年3月解冻,冰层厚约20厘米。

沙湖流域全年降水量约181.1毫米,年均蒸发量约1105.5毫米,蒸发量约为降水量的6倍以上。降水量分布不均,年、月变化大,多雨年的降水量是少雨年的3～4倍,7、8、9三个月的降水量占全年降水量的66.6%。冬季雨雪极少,多干旱。

15.1.1.6 水文水资源

沙湖位于贺兰山前洪积倾斜平原前缘的洼地区域,即西大滩,是一个由北向东微倾的碟形洼地区,其中心部位即为沙湖,因此沙湖是区域地势低洼之所在,是一封闭型湖泊。沙湖及其周边地带属于地下水停滞带,径流不畅,地下水几乎无法排泄。沙湖年平均降雨量不足200毫米,蒸发量却高达1000毫米以上。蒸发量为降雨量的6倍,沙湖水面的维持对水资源补给依赖程度高。沙湖自然保护区水资源来源主要是降水、渠水、农田排水等地表水和地下水。

(1) 地表水

目前沙湖地表水主要来源为黄河补水,此外,农田退水、渠道渗漏水也是补给来源。

黄河水通过唐徕渠干渠引入沙湖自然保护区,保护区水源主要包括:一是黄河灌区东一支渠的黄河水及汇入东一支渠的沙湖西侧农田退水,为沙湖主要补水来源;二是与之连通的艾依河,艾依河自身在汇集农田灌溉退水的同时,补给沙湖;三是第三排水沟,通过中心沟与沙湖连通;四是间歇性洪水和沙湖周围的侧渗水。

各水源及补水量如下:

① 位于保护区西部的东一支渠引水补水,为沙湖黄河水补水渠,也是沙湖西侧农田的退水渠;年引水量600—700立方米,是沙湖湖水的主要源,在入湖处由一条长约100米的引水渠引入湖泊;

② 位于保护区东部的八一支渠引水补水,年引水量600—800万立方米,是沙湖湖水的次要源;

③ 艾伊河从沙湖南部经过,在进入沙湖段开口80米,河道宽50米,连通沙湖南运河,进入沙湖前设置了控制水闸,以调控进湖补水量,按艾伊河的规划为

"三闸"。2014年,在艾依河与沙湖之间修建了拦水坝,将艾依河与沙湖运河隔断,目前艾依河水经洪广营闸控制,全部流入三排,不进入沙湖。

(2) 地下水

保护区位于西大滩封闭碟形洼地中,地下水位较高,地下水埋深小于1.8米的土地占总面积的61.9%。保护区浅层地下水位埋深变化范围在0.61—2.47米之间,两个年度的月变动分别在0.61—2.47米、0.80—2.14米,年度变幅在1.34—1.86米,不同年份同月份的水位变幅在-0.52—0.75米。浅层地下水矿化度变化范围为1.5克/升—2.0克/升。

地下水的补给来源主要有:大气降水入渗补给、侧向径流补给、引黄渠系渗漏及灌溉入渗补给、洪水散失补给。其中引黄渠系渗漏及灌溉入渗补给是地下水最主要的补给源,其补给量约占到了地下水总补给量的80%。地下水的排泄方式主要有4种:蒸发、人工开采、侧向径流及向排水沟和黄河的排泄,其中蒸发排泄是主要的排泄方式,其排泄量占到了总排泄量的50%以上。

沙湖及其周边地带属于地下水停滞带,地下径流不畅,沙湖就成为地下水排泄的重要通道。通过湖面蒸发使地下水垂直向上排泄。对调控湖泊周围土地的地下水位,特别是湖泊西南和西侧的地下水位起到重要作用。

(3) 湖盆、水位、水量

沙湖湖盆呈元宝形,湖底平坦,坡降1‰～2‰,是宁夏最大的微咸水湖泊。沙湖湖面水位1097.00米,最高测得1099.05米;湖泊枯水深1.0米,丰水深2.4米,平水深1.7米;最大水深3.0米,平均水深2.2米。湖泊蓄水量约4000万立方米。沙湖南部在沼泽灌丛湿地和沙地的东、南、西部修建了约8千米长、100—200米宽的环湖区运河。

15.1.2 经济社会概况

15.1.2.1 行政区划

沙湖流域范围内主要辖区(县级市、县、区)包括:

(1) 石嘴山市大武口区、平罗县。平罗县下辖镇(乡)有崇岗镇、姚伏镇、城关镇、高庄乡。

(2) 银川市金凤区、西夏区、兴庆区、贺兰县、永宁县。贺兰县下辖镇(乡)有洪广镇、常信乡;永宁县下辖镇(乡)有杨和镇、李俊镇、望洪镇、望远镇、胜利乡。

15.1.2.2 人口分布

流域总人口 230.16 万人,占全宁夏人口总数的 41.95%,人口密度为 239 人/平方千米,其中银川市三区(兴庆区、金凤区和西夏区)是宁夏人口密度最高的区域。流域总人口中非农人口为 143.31 万人,占区域总人口的 62.27%;农业人口为 86.85 万人,占 37.73%。

15.1.2.3 经济状况

沙湖流域实现地区生产总值 1312.35 亿元,占全自治区 GDP 总额的 47.7%。其中,第一产业完成增加值 57.4 亿元,第二产业完成增加值 380.64 亿元,第三产业完成增加值 372.63 亿元。第一产业产值主要由农业、林业、牧业、渔业构成,其中种植业和畜牧业产值占该产业总产值的 64% 以上;第二产业产值主要由工业和建筑业构成,其中工业的产值占第二产业总产值的 71% 以上;第三产业产值主要由交通运输业、旅游业、批发零售业和房地产业等构成。

15.1.3 生态环境特征

沙湖流域位于宁夏北部引黄灌区平原绿洲生态区,是重点开发区和国家农产品主产区,属典型的中温带大陆性干旱气候,干旱少雨、蒸发强烈、风大沙多、日照充足。

沙湖流域是集湖泊、沼泽、盐碱低洼地等为一体的湿地类型,地理环境独特,气候特殊。沙湖流域植物区系成分复杂多样,形成了盐生植被、沙生植被、水生植被和落叶阔叶林等多种植被类型,地带性植被是荒漠草原,被人工植被及芦苇、香蒲等水生、沼生植被所替代。在沙湖南端沙漠的丘间平地,主要分布着柽柳、盐生草、水珠子、芦苇、角果碱蓬、白刺等盐生植被与流动沙丘复合的植被类型;在沙湖周边的低洼盐碱湿地分布着芦苇、柽柳、盐爪爪等草甸、沼泽、盐生和水生植物群落;在沙湖北部的湖泊、沼泽中分布着片状芦苇、狭叶香蒲等沼泽植被。常见的有猪毛菜属、沙蓬属、棘豆属、蒺藜属等植物,反映出沙湖周边生境的干旱及盐碱化特征。

沙湖流域的土壤类型是淡灰钙土,其沙性大、肥力低,持水保肥性差。隐域性土壤主要有风沙土、盐碱土、沼泽土、潮土和灌溉农业形成的灌淤土。

根据相关调查资料,流域湿地生物主要以鱼类和水禽为主,共有脊椎动物 5 纲 27 目 50 科 143 种,鱼类 5 目 6 科 17 种,鸟类 14 目 30 科 107 种。其中,国家一级保护动物 5 种,有黑鹳、中华秋沙鸭、大鸨、小鸨、白尾海雕,国家二级保护动物19种,有鸊鷉、白琵鹭、大天鹅、小天鹅、鸳鸯、草原雕、红脚隼、灰鹤、蓑羽鹤等。

15.1.4 保护区

15.1.4.1 自然保护区

沙湖自然保护区位于宁夏回族自治区石嘴山市平罗县西南部,东北距平罗县城19千米,南距银川市区56千米,北距石嘴山市26千米。沙湖自然保护区西至东干渠,南与贺兰县洪广镇接壤,东南至八一渠,东至西一支渠—第三排水沟,北至沙湖景观大道—世纪大道—东干渠,总面积42.48平方千米,其中核心区面积11.34平方千米,占保护区面积的26.70%;缓冲区面积6.93平方千米,占保护区面积的16.31%;实验区面积24.21平方千米,占保护区面积的56.99%。沙湖自然保护区于1997年1月由宁夏回族自治区人民政府同意成立。

沙湖是典型的内陆干旱、半荒漠地区的湿地生态系统类型,地理位置独特,生态区位重要,具有重要的保护功能。沙湖自然保护区保护对象为湿地生态系统及珍稀动物及其栖息地。

(1) 湿地生态系统

主要包括湖泊湿地、沼泽湿地及其湿地生物多样性。沙湖为典型的干旱区微咸水湖,湖泊生态功能重要,水资源的生态价值和景观价值高,但生态系统较脆弱;沼泽位于湖泊与沙地的过渡地带,有丰富的生物多样性,分布有多种国家和宁夏重点保护野生动植物,具有较强的典型性和示范性。

(2) 珍稀动物及其栖息地

沙湖自然保护区分布有国家一级保护鸟类:黑鹳、中华秋沙鸭、白尾海雕、大鸨4种,国家二级保护动物有大鲵、角鸊鷉、大天鹅、小天鹅、鸳鸯、白琵鹭、灰鹤、红隼、猎隼、苍鹰、大鵟、长耳鸮、纵纹腹小鸮等。沙湖自然保护区处于国际上东亚—澳大利亚和中亚二条鸟类迁徙路线,鸟类有178种,是候鸟的重要栖息繁衍地。鸟类等动物栖息地和珍稀动物是自然保护区的主要保护对象。

(3) 以湿地和沙地为主的自然景观

沙湖自然保护区内湖泊和沙地相连,形成了奇特少有的自然景观。湖泊芦苇呈簇状、点状、块状分布,沙丘傍水,形状多异,景观独特。

沙湖自然保护区功能区划如图15-3所示。

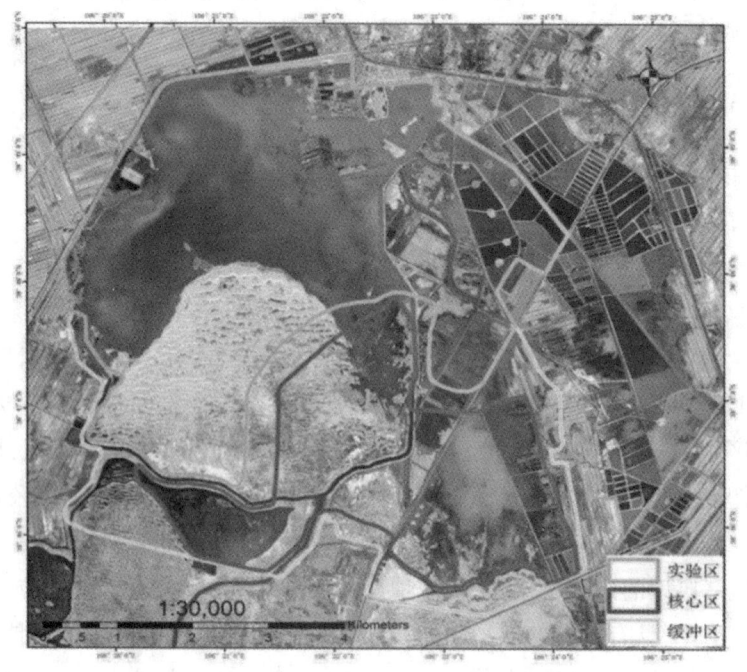

图15-3 沙湖自然保护区功能区划图

核心区位于保护区的东南部,面积1134.3公顷,占保护区总面积的26.70%。它是我国乃至世界上不可多得的研究温带半干旱荒漠地区湿地生态系统多样性、稳定性和演替规律的良好场所,同时也是半干旱荒漠区特殊生态系统的典型代表,具有较高的科研价值;还是珍稀濒危鸟类及其他野生动物栖息地或繁殖期的滞留地,有多种国家和宁夏重点保护野生动物,具有较高的保护价值。该区域保护湖泊湿地中的水资源、植物资源和鸟类栖息地,沼泽湿地中的生物多样性,以及沙地中的生物和自然景观。

缓冲区面积692.7公顷,占保护区总面积的16.31%。其范围为:东以八一支渠向西500米为界,西以东一支渠向东300米为界,南北及其余均以核心区边界向外扩展300米到1000米。该区包括部分湖泊湿地和沼泽湿地,以及沙地。

实验区面积2420.7公顷,占保护区总面积的56.99%。该区主要包括沙湖湖面水域,以及部分沼泽湿地和沙丘。

15.1.4.2 水产种质资源保护区

沙湖特有鱼类国家级水产种质资源保护区的总面积为 6126 公顷,保护区的核心区面积为 1523 公顷,实验区面积为 4603 公顷。特别保护期为每年的 4 月 1 日至 7 月 1 日。主要保护对象为兰州鲶和黄河鲤,其他保护对象还有中华多刺鱼、瓦氏雅罗鱼、赤眼鳟、红鳍原鲌、黄河鮈、棒花鱼、鲫、泥鳅、波氏栉鰕虎鱼。

15.1.4.3 风景名胜区

沙湖自治区级风景名胜区位于宁夏回族自治区北部石嘴山市境内,距石嘴山市经济文化中心的大武口区 20 千米,距宁夏首府银川市 56 千米,是一处融江南水乡与大漠风光为一体的"塞上明珠"。1995 年经过自治区政府批准为风景名胜区,为首批国家 5A 级旅游景区、全国 35 个王牌景点之一、"中国十大魅力休闲旅游湖泊"和"中国十大魅力湿地"等。景区以自然景观为主体,资源蕴藏量丰富,"沙、水、苇、鸟、山"5 大景源有机结合,构成独具特色的秀丽景观。

15.1.5 水资源特点

沙湖流域位于宁夏北部引黄灌溉区,属于温带大陆性干旱气候,流域干旱少雨,蒸发强烈。沙湖是区域地势低洼之所在,为一封闭型湖泊。沙湖年平均降雨量不足 200 毫米,蒸发量却高达 1000 毫米以上。蒸发量为降雨量的 6 倍以上,沙湖水面的维持对水资源补给依赖程度高。

15.2 沙湖生态现状调查与评价

15.2.1 水功能区区划

根据《宁夏回族自治区水功能区划》(宁政发〔2003〕158 号),沙湖有 1 个一级水功能区——沙湖平罗开发利用区和 1 个水功能区二级区——沙湖平罗景观娱乐用水区,水质目标为Ⅳ类。水功能区具体信息如表 15-1 所示。根据《水利部办公厅关于印发全国重要江河湖泊水功能区水质达标评价技术方案的通知》(办资源〔2014〕54 号),沙湖平罗景观娱乐用水区为国家考核的重要江河湖泊水功能区。

表 15-1 沙湖水功能区基本情况

河湖水系	一级区名称	二级区名称	范围	水质目标
沙湖	沙湖平罗开发利用区	沙湖平罗景观娱乐用水区	沙湖	Ⅳ

根据《宁夏回族自治区水污染防治工作方案》(宁政发〔2015〕106号)确定的沙湖2020年水质目标为Ⅲ类,达标期限为2017年。

15.2.2 水功能区水质评价

15.2.2.1 水质评价方法

(1) 资料来源

项目收集了宁夏水环境监测中心2015—2017年近3年完整的水功能区水质监测成果资料。本次水质评价以2016年水质监测数据为基础,分全年、汛期和非汛期开展水质评价,判断水质类别。

(2) 水质评价标准

评价标准采用《地表水环境质量标准》(GB3838—2002),评价方法采用《地表水资源质量评价技术规程》(SL395—2007)。

(3) 水质评价指标

选用钾、钠、钙、镁、重碳酸盐、氯化物、硫酸盐、碳酸盐等项目,采用阿列金分类法划分水化学类型,分析总硬度和矿化度。采用全指标开展水质类别评价。评价指标为《地表水环境质量标准》(GB3838—2002)基本监测项目,其中总氮不参与评价,具体评价指标包括:水温、pH、溶解氧、高锰酸钾指数、COD、BOD_5、氨氮、总磷、铜、锌、氟化物、硒、砷、汞、镉、六价铬、铅、氰化物、挥发酚、石油类、阴离子表面活性剂、硫化物和粪大肠菌群等项目。

(4) 水质达标评价方法

依据《地表水资源质量评价技术规程》(SL395—2007),单次水功能区达标评价参照水功能区水质目标进行,水质类别符合或优于该目标的为达标,劣于该目标的为不达标。

沙湖现状年2016年监测频次为12次,采用频次法进行年度水功能区达标评价。在水质评价的基础上,对单个水功能区进行全年水功能区达标评价,达标率按照水功能区达标个数进行统计。年度水功能区达标评价应在各水功能区单次达标评价成果基础上进行,采用测次法,进行年度水质状况评价,水功能区年度测次达标率大于等于80%的为达标。

15.2.2.2 水功能区水质现状

2016年沙湖水功能区水质状况如表15-2所示。沙湖平罗景观娱乐用水区全年水质和非汛期水质为Ⅳ类,汛期水质为Ⅲ类。

表15-2 沙湖水功能区水质类别状况

河湖水系	一级区名称	二级区名称	全年水质	汛期水质	非汛期水质
沙湖	沙湖平罗开发利用区	沙湖平罗景观娱乐用水区	Ⅳ	Ⅲ	Ⅳ

15.2.2.3 水功能区水质达标状况

2016年沙湖水功能区水质达标状况评价结果如表15-3所示,沙湖平罗景观娱乐用水区达标次数为6次,达标率仅为50%。

按照《宁夏回族自治区水污染防治工作方案》确定的沙湖2020年水质目标为Ⅲ类要求,沙湖水体水质尚未达到水质目标要求。

表15-3 沙湖水功能区水质达标状况

河湖水系	一级区名称	二级区名称	达标次数	达标率
沙湖	沙湖平罗开发利用区	沙湖平罗景观娱乐用水区	6	50%

15.2.3 湖泊营养状态评价

(1) 评价方法

沙湖营养状态评价采用综合营养状态指数法,相关权重选取如表15-4所示。

表15-4 沙湖营养状态指数相关权重

参数	叶绿素(chla)	总磷(TP)	总氮(TN)	透明度(SD)	高锰酸盐指数(COD_{Mn})
W_j	0.266	0.188	0.179	0.183	0.183

其中,单个项目营养状态指数计算公式如下:

$$TLI(chla) = 10(2.5 + 1.086 \ln chla);$$
$$TLI(TP) = 10(9.436 + 1.624 \ln TP);$$
$$TLI(TN) = 10(5.453 + 1.694 \ln TP);$$
$$TLI(SD) = 10(5.118 - 1.940 \ln TP);$$
$$TLI(CODMn) = 10(0.109 - 2.661 \ln CODMn)。 \quad 公式(15.1)$$

式中，chla 单位为毫克/立方米，SD 单位为米；其他项目单位均为毫克/升。

(2) 评价因子

评价因子包括叶绿素、总磷、总氮、透明度和高锰酸盐指数。

(3) 评价标准

综合营养状态指数法的评价标准见表 15-5。

表 15-5　湖泊富营养状态分级

参数	TLI(Σ)<30	30≤TLI(Σ)≤50	TLI(Σ)>50
状态	贫营养	中营养	富营养
参数	50<TLI(Σ)≤60	60<TLI(Σ)≤70	TLI(Σ)>70
状态	轻度富营养	中度富营养	重度富营养

(4) 评价结果

采用综合营养状态指数法对沙湖水体 2016 年富营养化程度进行评价，评价结果见表 15-6。2016 年沙湖水体综合营养指数在 53.52~57.98 之间，属于轻度富营养。

表 15-6　2016 年沙湖综合营养指数评价成果

透明度（米）	叶绿素（毫克/立方米）	高锰酸盐指数（毫克/升）	总磷（毫克/升）	总氮（毫克/升）	TLI(Σ)	营养状态
0.49	15.07	8.5	0.070	1.708	57.98	轻度富营养

15.2.4　水生态状况

15.2.4.1　水生态现状

沙湖范围内湿地类型主要有 3 种，即湖泊湿地、沼泽湿地和人工湿地，其中人工湿地主要为沟渠等。湿地总面积2567.8公顷,湿地面积占保护区总面积的60.45%。其中湖泊湿地面积1702公顷,占保护区面积的40.07%,占湿地面积的66.28%。东部及北部分布有块、片状芦苇丛,芦苇面积302.1公顷。周边农田排水,以及艾伊河的补水等形成汇水区域;沼泽面积718.0公顷,占保护区面积的16.90%,占湿地面积的27.96%,属草本沼泽以及季节性沼泽,主要由沼泽地、湿草甸构成,处于湖泊与沙地的过渡地带。沙湖环湖人工运河和纵横交错的沟渠面积147.8公顷,占保护区面积的3.48%,占湿地面积的5.76%。

沙湖湿地水生植物有芦苇、蒲草、荆三棱、三棱草、荷花、栖绿萍、茨菇、黑菇子等,挺水植物较多。保护区植被呈现出湿地植被与沙生植被交错分布的特征,湖泊水域与沙地交接过渡是保护区湿地的空间结构特征之一,湿地区域因而出现众多的沙生植物群系,如黑沙蒿群系、蓼子朴群系、灌木亚菊群系、沙蓬群系、沙蒿群系、沙芥群系等,呈现沙生植被与湿地植被交错分布的特征。

15.2.4.2 生态保护目标

宁夏沙湖自然保护区于1997年1月经宁夏回族自治区政府同意成立,其主要保护对象为湿地生态系统及珍稀动物及其栖息地。

(1)湿地生态系统。该系统主要包括湖泊湿地、沼泽湿地及其湿地生物多样性。沙湖为典型的干旱区微咸水湖,湖泊生态功能重要,水资源的生态价值和景观价值大,但生态系统较脆弱;沼泽位于湖泊与沙地的过渡地带,有丰富的生物多样性,分布有多种国家和宁夏重点保护野生动植物,具有较强的典型性和示范性。

(2)珍稀动物及其栖息地。沙湖有国家一级保护鸟类和国家二级保护动物,沙湖处于国际上东亚—澳大利亚和中亚二条鸟类迁徙路线,是候鸟的重要栖息繁衍地。

(3)以湿地和沙地为主的自然景观

沙湖湖泊和沙地相连,形成了奇特的自然景观。湖泊中生长的芦苇呈簇状、点状、块状分布,沙丘傍水,形状多异,景观独特。

15.2.5 主要生态环境问题

沙湖地处西北内陆干旱荒漠区域,生态系统脆弱,本书在河湖生态环境现状调查的基础上,从湖泊水质、湿地生态等方面识别沙湖存在的主要生态环境问题如下。

(1) 水资源短缺,沙湖生态环境脆弱

沙湖地处西北内陆干旱荒漠区域,区域降雨量少,蒸发量大,加之沙湖排水不畅,流域土壤盐渍化突出,生态系统脆弱。

(2) 沙湖水质问题突出,污染风险高

沙湖位于青铜峡引黄灌区下部,沙湖水体难以外排,水体流动性差,荡湖作用小,内部微循环弱,湖体自净能力较差。受农田灌溉退水、湖泊自净能力弱、旅游开发污染等多种因素综合影响,沙湖水质尚未达到水污染防治要求的Ⅲ类水质目标,沙湖处于轻度富营养状态,沙湖水质存在较高的富营养化风险。

15.3 沙湖湖泊水面面积演变分析

15.3.1 沙湖水面面积遥感解译

利用 Landsat 卫星长系列遥感数据,基于 11 期 TM、ETM+和 OLI 传感器影像,根据沙湖自然保护区边界范围,开展了 1977 年、1989 年、1992 年、1996 年、2000 年、2003 年、2005 年、2009 年、2014 年、2016 年和 2018 年水面面积演变情况。

(1) 1977 年 9 月 22 日沙湖遥感影像如图 15-4 所示,根据自然保护区边界,解译沙湖水面面积为 8.98 平方千米。

图 15-4 沙湖 1977 年遥感影像及遥感解译水面面积情况

(2) 1989 年 8 月 24 日沙湖遥感影像如图 15-5 所示,根据自然保护区边界,解译沙湖水面面积为 9.66 平方千米。

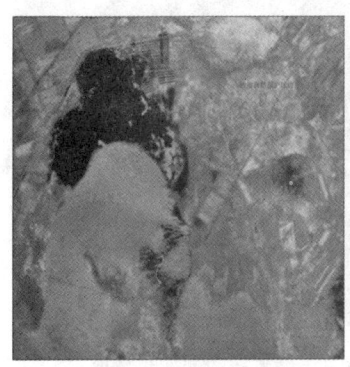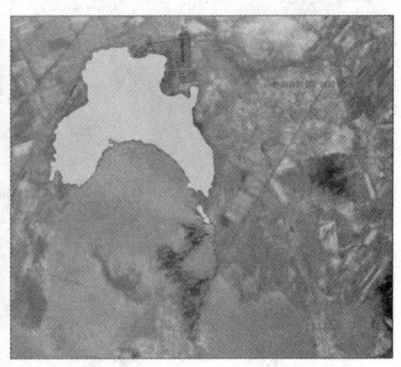

图 15-5　沙湖 1989 年遥感影像及遥感解译水面面积情况

(3) 1992 年 9 月 1 日沙湖遥感影像如图 15-6 所示,根据自然保护区边界,解译沙湖水面面积为 11.58 平方千米。

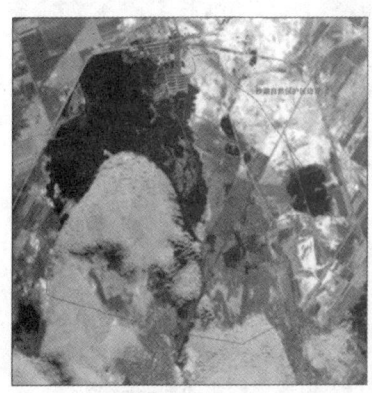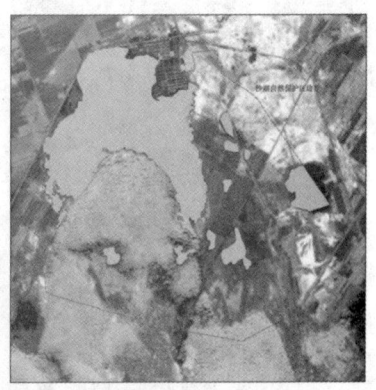

图 15-6　沙湖 1992 年遥感影像及遥感解译水面面积情况

(4) 1996 年 8 月 2 日沙湖遥感影像如图 15-7 所示,根据自然保护区边界,解译沙湖水面面积为 14.85 平方千米。

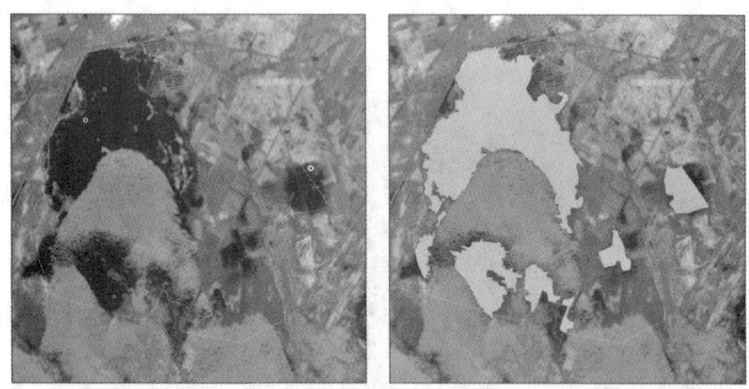

图 15-7　沙湖 1996 年遥感影像及遥感解译水面面积情况

(5) 2000 年 8 月 22 日沙湖遥感影像如图 15-8 所示,根据自然保护区边界,解译沙湖水面面积为 10.23 平方千米。

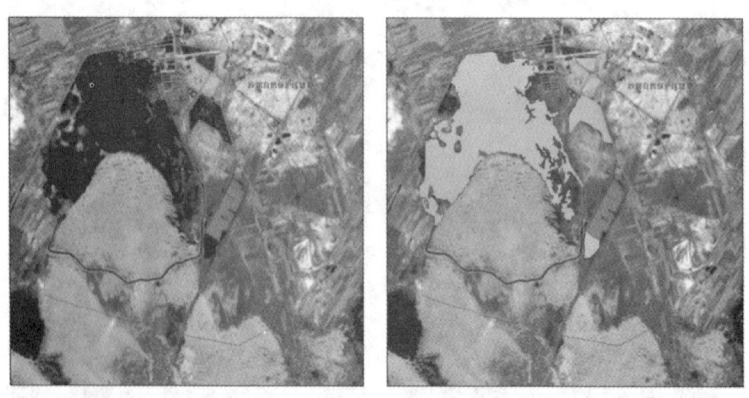

图 15-8　沙湖 2000 年遥感影像及遥感解译水面面积情况

(6) 2003 年 8 月 15 日沙湖遥感影像如图 15-9 所示,根据自然保护区边界,解译沙湖水面面积为 15.59 平方千米。

图 15‑9　沙湖 2003 年遥感影像及遥感解译水面面积情况

(7) 2005 年 7 月 10 日沙湖遥感影像如图 15‑10 所示，根据自然保护区边界，解译沙湖水面面积为 13.26 平方千米。

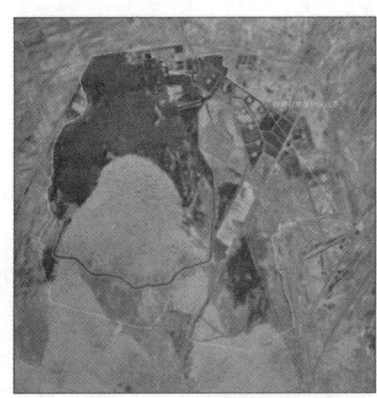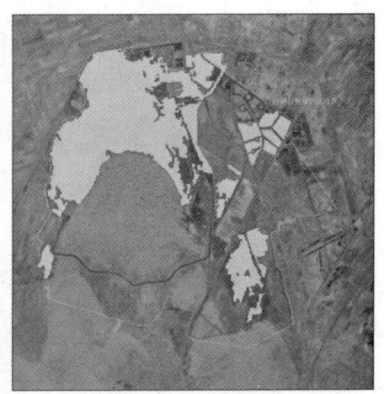

图 15‑10　沙湖 2005 年遥感影像及遥感解译水面面积情况

(8) 2009 年 11 月 3 日沙湖遥感影像如图 15‑11 所示，根据自然保护区边界，解译沙湖水面面积为 10.23 平方千米。

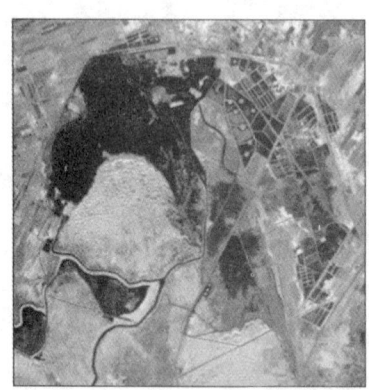 

图 15-11 沙湖 2009 年遥感影像及遥感解译水面面积情况

(9) 2014 年 7 月 28 日沙湖遥感影像如图 15-12 所示,根据自然保护区边界,解译沙湖水面面积为 16.53 平方千米。

 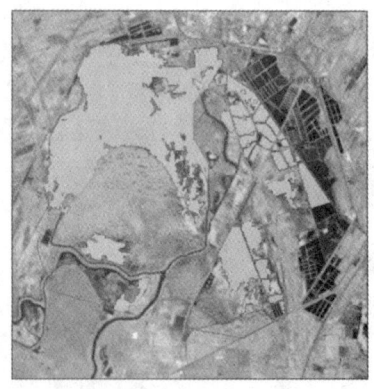

图 15-12 沙湖 2014 年遥感影像及遥感解译水面面积情况

(10) 2016 年 4 月 12 日沙湖遥感影像如图 15-13 所示,根据自然保护区边界,解译沙湖水面面积为 20.69 平方千米。

第十五章 沙湖生态水量管理

图 15-13 沙湖 2016 年遥感影像及遥感解译水面面积情况

(11) 2018 年 4 月 18 日沙湖遥感影像如图 15-14 所示，根据自然保护区边界，解译沙湖水面面积为 15.63 平方千米。

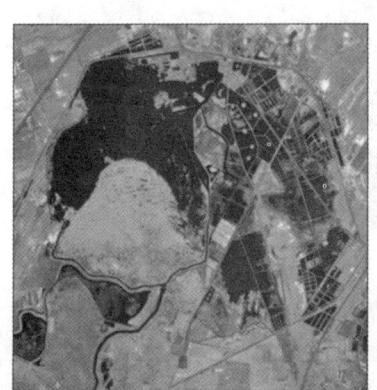 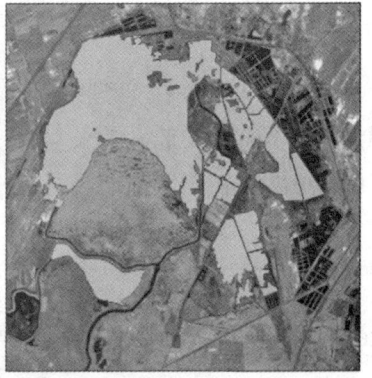

图 15-14 沙湖 2018 年遥感影像及遥感解译水面面积情况

15.3.2 沙湖水面面积历史演变

利用 Landsat 卫星长系列遥感解译的水面面积，分析沙湖水面面积历史演变变化如表 15-7 和图 15-15 所示。

表 15-7 基于遥感解译的沙湖水面面积演变

湖泊	年份	面积(平方千米)	数据来源			
			卫星	日期	行号	列号
沙湖	1977	8.98	Landsat 2	1977/9/22	33	139
	1989	9.66	Landsat 5	1989/8/24	33	129
	1992	11.58	Landsat 5	1992/9/1	33	129
	1996	14.85	Landsat 5	1996/8/2	33	130
	2000	10.23	Landsat 5	2000/8/22	33	129
	2003	15.59	Landsat 5	2003/8/15	33	129
	2005	13.26	Landsat 5	2005/7/10	33	130
	2009	15.30	Landsat 5	2009/11/3	33	129
	2014	16.53	Landsat 8	2014/7/28	33	129
	2016	20.69	Landsat 8	2016/4/12	33	129
	2018	15.63	Landsat 8	2018/4/18	33	129

20 世纪 70 年代以来，沙湖水面面积变化如图 15-15 所示，湖泊水面面积 70 年代和 80 年代为 9 平方千米左右；此后水面面积有所增加，在 10 平方千米以上；其中 2015 年以后水面面积基本维持在 15 平方千米以上。

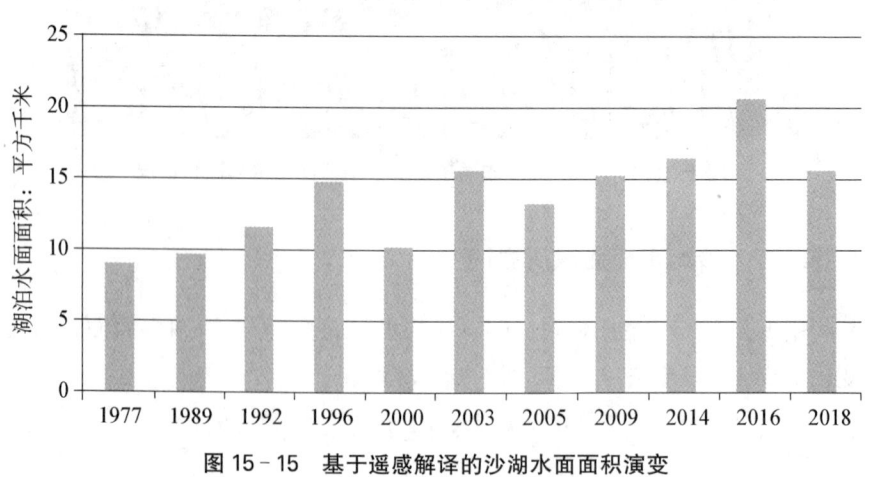

图 15-15 基于遥感解译的沙湖水面面积演变

15.4　生态水量综合核算

15.4.1　功能定位及保护要求

依据《全国主体功能区划》《全国生态功能区划》《全国生态脆弱区保护规划纲要》《黄河流域综合规划》《宁夏回族自治区主体功能区划》等在国家、流域和自治区层面对沙湖流域的功能定位和生态保护要求，结合沙湖水资源禀赋条件及生态环境特征，分析国家、流域和区域对于沙湖流域的功能定位及保护要求。

15.4.1.1　国家层面

(1)《全国主体功能区规划》

依据《全国主体功能区划》，沙湖流域位于国家重点开发区的宁夏沿黄经济地区和国家重点农产品主产区的河套灌区农产品主产区。

宁夏沿黄经济地区的功能定位是"全国重要的能源化工、新材料基地，清真食品及穆斯林用品和特色农产品加工基地，区域性商贸物流中心"。该区域的生态环境保护要求是"推进节水型灌区建设，加强农田设施建设和盐碱地改造，调整农牧业结构，稳定粮食生产。保护和合理利用沙区资源，建设全国防沙治沙示范区，构建以贺兰山防风防沙生态屏障、黄河湿地生态带，以及自然保护区、湿地公园、国家森林公园等为主体的生态格局"。

河套灌区农产品主产区的发展重点是建设以优质强筋、中筋小麦为主的优质专用小麦产业带。该区域涉及生态环境保护要求的发展方向和开发原则是建设节水农业，推广节水灌溉，发展旱作农业。加强农业面源污染防治。

(2)《全国生态功能区划》

根据《全国生态功能区划》，沙湖流域位于鄂尔多斯高原防风固沙重要区等全国重要生态功能区内。

鄂尔多斯高原防风固沙重要区属内陆半干旱气候，发育了以沙生植被为主的草原植被类型，土地沙漠化敏感程度极高，是我国防风固沙重要区域，该区域主要生态问题是土地沙漠化程度加重。主要生态保护措施是建立以"带、片、网"相结合为主的防风固沙体系和农田防护体系，严格限制人为破坏活动，加大植被生态修复力度。

(3)《全国生态脆弱区保护规划纲要》

依据《全国生态脆弱区保护规划纲要》，沙湖流域位于西北荒漠绿洲交接生态脆弱区，属于贺兰山及宁蒙河套平原外围荒漠绿洲生态脆弱重点区域，该区域主要生态问题是土地过垦，草地过牧，植被退化，水土保持能力下降，土壤次生盐渍化加剧，水资源短缺。该区域发展方向是禁止破坏林木资源，严格控制水土流失，发展节水农业，提高水资源利用效率，防治土壤次生盐渍化。具体保护措施是以水资源承载能力评估为基础，重视生态用水，合理调整绿洲区产业结构，以水定绿洲发展规模，限制水稻等高耗水作物的种植。严格保护自然本底，禁止毁林开荒、过度放牧，突出生态保育，积极采取生态移民、禁牧休牧、围封补播措施，严格保护绿洲外围脆弱荒漠生态系统。

15.4.1.2 流域层面

沙湖流域位于黄河上游引黄灌溉区。依据《黄河流域综合规划》，黄河上游位于全国农产品提供等生态功能区、生态脆弱区，水资源贫乏，生态、生产用水矛盾极为突出，水生态保护应根据国家生态保护的战略要求，根据水资源条件以水定保护规模，严格限制人工湿地规模和数量，将生态用水纳入省（区）水资源配置，协调农业发展与生态用水之间的关系。

15.4.1.3 自治区层面

根据《宁夏回族自治区主体功能区规划》，沙湖流域位于重点开发区的银—吴核心区，限制开发区的宁夏北部平原引黄灌区现代农业示范区以及宁夏平原绿洲生态带。

银—吴核心区重点开发区部分区域的发展方向是发展现代农业和都市农业，建成现代农业示范区。依托宁夏平原引黄灌区实施绿洲生态系统建设工程和湖泊湿地保护恢复工程。

宁夏北部引黄灌区是国家级限制开发的农产品主产区，功能定位是"保障农产品供给安全的重要区域，农民安居乐业的美好家园，社会主义新农村建设的示范区"。区域发展方向是建设以优质中强筋为主小麦产业带、优质粳稻产业带和优质专用玉米产业带，培育壮大枸杞、清真牛羊肉、奶牛养殖、水产、红枣、葡萄等特色产业，提高蔬菜、园艺、花卉、养殖等产业的质量和水平。培育壮大一批农产品加工、流通企业，加快农产品加工转化，加强无公害农产品生产区建设，强化动植物重大疫病检疫防控，使引黄灌区成为引领西北、示范周边、面向全国的现代农业示范区。

根据国家、流域及区域相关规划区划对沙湖流域的功能定位要求,具体如表 15-8 所示。

表 15-8 沙湖流域涉及的相关规划功能定位

涉及的河湖	所在区域	全国主体功能区规划	全国生态功能区划	全国生态脆弱区保护规划纲要	宁夏主体功能区规划
沙湖	北部引黄灌溉区	宁夏沿黄经济带、河套灌区农产品主产区	西鄂尔多斯—贺兰山—阴山生物多样性与防风固沙重要生态功能区	西北荒漠绿洲交接生态脆弱区	宁夏沿黄经济带、银—吴城市圈、北部宁夏平原引黄灌区现代农业示范区、宁夏平原绿洲生态带、贺兰山防风防沙生态屏障

15.4.1.4 生态保护对象

根据沙湖自然保护区、沙湖特有鱼类国家级水产种质资源保护区和沙湖自治区级风景名胜区等相关规划要求,识别宁夏沙湖主要生态保护对象为湿地生态系统,珍稀动物及其栖息地,以湿地、沙地为主的自然景观和兰州鲶、黄河鲤等鱼类资源。沙湖保护对象的有效保护,需要维持一定的湖泊湿地水域规模,有利于维持以水面为核心的湖泊湿地生态系统基本稳定。

15.4.1.5 生态保护要求

根据国家及省区相关规划、区划对沙湖的功能定位及保护要求,沙湖涉及北部引黄灌溉区,位于全国主体功能区划确定的宁夏沿黄经济地区和河套灌区农产品主产区,也属于全国生态功能区规划的西鄂尔多斯—贺兰山—阴山生物多样性与防风固沙重要生态功能区和全国生态脆弱区保护规划纲要的西北荒漠绿洲交接生态脆弱区,同时地处宁夏主体功能区规划确定的宁夏沿黄经济带、银—吴城市圈、北部宁夏平原引黄灌区现代农业示范区、宁夏平原绿洲生态带和贺兰山防风防沙生态屏障。根据国家相关功能定位,维持沙湖基本生态功能对于稳固我国西北生态屏障、保护干旱区湖泊湿地及生态系统具有重要的意义。沙湖水资源禀赋条件差,生态环境脆弱,因此,沙湖生态水量保护要求以维持湖泊基本功能为主。

15.4.2 功能需水分析

根据国家、流域以及自治区层面对沙湖的功能定位和保护要求,沙湖位于宁夏北部引黄灌区,属于温带大陆性干旱气候,流域干旱少雨,蒸发强烈,水资源禀赋条件差,湖泊水体水质污染风险高。根据全国主体功能区规划等相关区划规划,属于宁夏沿黄经济地区、河套灌区农产品主产区、西鄂尔多斯—贺兰山—阴山生物多样性与防风固沙重要生态功能区、西北荒漠绿洲交接生态脆弱区、银—吴城市圈、北部宁夏平原引黄灌区现代农业示范区、宁夏平原绿洲生态带和贺兰山防风防沙生态屏障等国家和区域相关规划确定的重要生态功能区、农产品主产区和重点开发区。结合沙湖水资源禀赋条件及生态环境特征,沙湖生态水量的保护要求是维持湖泊基本生态功能,生态水量主要是湖泊基本功能维持需水,沙湖生态水量是在污染源有效治理的前提下,维持湖泊基本功能所需水面面积。

沙湖属于黄河上游河道外湖泊,依靠农灌退水或引黄河水补给水量,沙湖形成演变与灌区发展和黄河水资源支撑条件关系密切,对黄河依赖程度较高。沙湖是该区域独特的沙漠湿地生态系统,维持一定的湖泊湿地水域规模,有利于维持湖泊生态系统基本稳定。

表 15-9 沙湖生态功能需水组成分析

区域	涉及的河湖	生态水量内涵	功能性需水组成
北部引黄灌区	沙湖	在污染源有效治理的前提下,维持河湖基本的生态功能	维持河流基本生态功能维持所需的基本生态水量

15.4.3 生态水量指标确定

沙湖流域位于宁夏北部引黄灌溉区,属于宁夏沿黄经济带、河套灌区农产品主产区等国家和区域相关规划确定的重点开发区和农产品主产区。根据国家及区域相关区划和规划确定的功能定位,本书提出的沙湖生态水量是指在污染源有效治理的前提下,维持沙湖基本功能所需要的水面面积及对应的基本生态水量。

15.4.4 生态水量确定原则

15.4.4.1 科学合理性原则

根据国家及流域相关功能定位及沙湖水域功能保护要求，按照《河湖生态环境需水计算规范》等相关规范的技术规定，充分考虑沙湖湖泊生态环境特征及水资源禀赋条件，尤其是沙湖水面的维持对水资源补给依赖程度高的实际，开展沙湖生态水量计算方法适用性分析，科学选择生态水量计算方法，合理确定沙湖生态水量指标。

15.4.4.2 有限目标原则

根据国家、流域及区域对沙湖流域功能定位及流域生态保护要求，结合沙湖作为西北干旱地区湖泊，水资源禀赋条件差，沙湖生态水量应根据补水水源条件，坚持有限目标，量水而行，以水量确定保护规模。结合沙湖实际，现阶段沙湖生态水量应在污染源有效治理的前提下，以维护沙湖基本功能为目标，以维持沙湖现状最小水面面积为基础，确定沙湖基本生态水量。

15.4.4.3 适应性管理原则

本书提出的沙湖生态水量是基于一定的水域功能保护要求，在一定条件下、一定阶段内和一定保证率下的生态水量。在生态水量管理中，应进一步根据沙湖补水条件、水资源配置和管理实践、水资源重大配置工程及调度运行等实际进行动态调整，实施沙湖生态水量适应性管理。

15.4.5 生态水量计算方法

15.4.5.1 《河湖生态环境需水计算规范》

根据《河湖生态环境需水计算规范》(SL/Z 712—2014)，湖泊生态环境需水量计算应根据湖泊生态环境保护目标对应的水文过程要求，选择合适的计算方法，分别计算湖泊的基本生态环境需水量和目标生态环境需水量。

湖泊生态环境需水计算包括基本生态环境需水量年最小值、年内不同时段值和全年值计算等。其中，年最小值计算根据资料系列采用不同的方法，有长系列（n 大于 30 年）水位资料的湖泊，可采用 Qp 法；缺乏长系列水位资料的湖泊，可采用近 10 年最枯月平均水位法，比较分析多种方法计算结果，合理确定基本生环境需水量最小值。

基本生态环境需水量年内不同时段值计算可采用"频率曲线法"，通过分析生态—水文过程,按汛期、非汛期或逐月计算基本生态环境需水量的年内不同时段平均水位。也可根据保护目标所对应的生态环境功能,分别计算维持各项功能不丧失需要的水量,取外包值作为年内不同时段值。维持湖泊形态功能不丧失的水量,可采用"湖泊形态分析法"。维持生物栖息地功能不丧失的水量,可采用"生物空间法";当生物保护物种为多个时,应分别计算各保护物种的水位,并取外包值。维持自净功能基本要求的水量可按照纳污能力计算的相关规定计算。全年值计算可以用水位表示,也可以用水量表示。

15.4.5.2 《河湖生态需水评估导则》

根据《河湖生态需水评估导则》(SL/Z 479—2010),湖泊生态需水在空间上应分为入湖生态需水、湖区生态需水和出湖生态需水等三个方面。其中湖区生态需水包括湖泊生态水位和湖区生态耗水。湖区生态耗水是为维持湖泊一定生态水位,湖区所需要消耗的水量。湖泊生态耗水由湖区植物蒸散发、水面蒸发量和湖泊渗漏量组成。计算湖泊最低生态水位的方法有天然水位资料法、湖泊形态分析法、最小生物空间分析法等。湖区生态耗水等于湖区水面蒸发量减去湖区水面降雨量加上湖泊渗漏量。

15.4.5.3 《河湖生态修复与保护规划编制导则》

根据《河湖生态修复与保护规划编制导则》(SL709—2015),湖泊湿地最低生态水位是指维持湖泊湿地基本形态与基本生态功能的湖区最低水位,是保障湖泊湿地生态系统结构和功能的最低限值。湖泊湿地最低生态水位计算方法可以采用频率分析法、湖泊形态法、生物空间最小需求法等。最低生态水位不能小于90%保证率最枯月平均水位。适宜生态水位是指满足湖区和出湖下游敏感生态需水(与河流连通时)的水位及过程,是保障湖泊湿地生物多样性的基本限值。对闭口型湖泊,要考虑湖区生态需水,根据湖区水生生态保护目标要求,结合湖泊常水位和水面面积、湿地面积等,采用生物空间法等确定适宜水位及其过程。对吞吐型湖泊,除考虑湖区生态需水外,还需满足湖口下游敏感生态需水的湖泊下泄水量及过程。

15.4.5.4 《水资源保护规划编制规程》

根据《水资源保护规划编制规程》(SL613—2013),湖泊生态需水指入湖生态需水量及过程,其水量由湖区生态需水量和出湖生态需水量确定。对吞吐型湖泊,入湖生态需水量为湖区生态需水量和出湖生态需水量之和;闭口型湖泊入湖生态需水量即湖区生态需水量。湖区生态需水量包含两部分:湖区生态蓄水变化量和湖区生态耗水量。前者采用最小生态水位法计算;后者采用水量平衡法计算。

15.4.5.5 《水工程规划设计生态指标体系与应用指导意见》(水总环移〔2010〕248号)

该指导意见提出湖泊生态需水指入湖生态需水量及过程,其水量由湖区生态需水量和出湖生态需水量确定。对吞吐型湖泊,入湖生态需水量为湖区生态需水量和出湖生态需水量之和;闭口型湖泊入湖生态需水量即湖区生态需水量。湖区生态需水量包含两部分:湖区生态蓄水变化量和湖区生态耗水量。前者采用最小生态水位法计算,后者采用水量平衡法计算。

15.4.5.6 《水域纳污能力计算规程》(GB/T 25173—2010)

该规程明确计算湖泊水域纳污能力,应采用近10年最低月平均水位或90%保证率最枯月平均水位相应的蓄水量作为设计水量。

15.4.5.7 《全国水资源调查评价生态水量调查评价补充细则》

全国第三次水资源调查评价工作印发了《全国水资源调查评价生态水量调查评价补充细则》,用于指导河湖水系生态水量调查评价工作。

该细则规定基本生态环境需水量是指维持河湖给定的生态环境保护目标对应的生态环境功能不丧失,需要保留在河道内的最小水量(水位、水深)及其过程。基本生态环境需水量是河湖生态环境需水要求的底限值,包括生态基流、敏感期生态需水量、不同时段需水量和全年需水量等指标。其中,生态基流是其过程中的最小值,一般用月均流量(或水量)表征;敏感期生态需水量是维持河湖生态敏感对象正常功能的基本需水量及其需水过程;不同时段需水量可分为汛期、非汛期两个时段,对于东北、西北等封冻期较长的地区,还应包括冰冻期时段。湖泊生态水量的计量单位主要用水位、水量等指标。

根据上述有关导则、规范等规定的湖泊生态环境需水计算要求,总结湖泊生态水量计算方法如表15-10所示。

表15-10 湖泊生态水量计算方法

序号	方法	方法类别	指标表达	适用条件及特点
1	90%保证率法（Qp法）	水文学法	90%保证率最枯月平均水位	要求拥有长系列水文资料

续表

序号	方法	方法类别	指标表达	适用条件及特点
2	近10年最枯月水位法	水文学法	近10年最枯月水位	与90%保证率法相同，均用于纳污能力计算
3	频率曲线法	水文学法	用长系列水文资料的月均水位的历史资料，构建各月水位频率曲线，将95%频率相应的月平均水位作为对应月份的节点基本生态环境需水量控制指标，组成年内不同时段值，用汛期、非汛期各月的平均水位复核汛期、非汛期的基本生态环境需水量控制指标	要求拥有长系列水文资料，考虑了各个月份湖泊水位的差异
4	水量平衡法	整体法	按照水量平衡原理，根据湖泊水面面积保护要求，确定湖泊的生态水量	需要湖泊区域的降水、蒸发及渗透以及出入径流量等
5	最小生态水位法	整体法	湖泊湿地最低生态水位计算方法可以采用频率分析法、湖泊形态法、生物空间最小需求法等综合确定。最低生态水位不能小于90%保证率最枯月平均水位	需要长系列水位数据、湖泊形态数据及生物资料等
6	功能分析法	整体法	可根据保护目标所对应的生态环境功能，分别计算维持各项功能不丧失需要的水量，取外包值作为年内不同时段值。维持湖泊形态功能不丧失的水量，可采用"湖泊形态分析法"计算。维持生物栖息地功能不丧失的水量，可采用"生物空间法"计算；当生物保护物种为多个时，应分别计算各保护物种的水位，并取外包值。维持自净功能基本要求的水量可按照纳污能力计算的相关规定计算	需要长系列水位数据、湖泊形态数据及生物资料等

15.4.6 生态水量综合核算

15.4.6.1 保护规模确定

沙湖属于自治区级自然保护区，其主要保护对象是湿地生态系统、珍稀动物及其栖息地和以湿地和沙地为主的自然景观。维持沙湖一定规模的水面面积对于保护湿地生态系统、维持水生生物及其栖息地和以湿地和沙地为主的自然景观具有关键性作用,也是维持沙湖生态水量的重要保护目标。

沙湖位于宁夏引黄灌区,区域气候干旱,水资源贫乏,生态环境脆弱。宁夏沙湖属于西北干旱半干旱区典型的湖泊湿地生态系统,具有防沙降尘、改善局地气候、维持生物多样性等重要功能,是当地生态安全体系的重要组成部分,在维持区域生态环境平衡、维护区域生态安全等方面具有独特作用,已建立省级自然保护区。沙湖属于黄河上游河道外湖泊,依靠农灌退水或引黄河水补给水量,沙湖形成演变与灌区发展和黄河水资源支撑条件关系密切,对黄河依赖程度较高。沙湖是该区域独特的沙漠湿地生态系统,维持一定的湖泊湿地水域规模,有利于维持以水面为核心的湖泊湿地生态系统基本稳定和自然保护区主要保护对象结构与功能。

根据国家相关功能定位,维持沙湖基本生态功能对于稳固我国西北生态屏障、保护干旱区湖泊湿地及生态系统具有重要的意义,但沙湖水资源禀赋条件差,因此科学合理界定沙湖基本生态功能保护所需的水面面积是维持沙湖生态功能关键。通过长系列 Landsat 卫星长系列遥感数据解译分析,根据 1977 年至今 11 期沙湖水面面积变化情况,当水面面积维持在 10 平方千米以上,湿地生态系统和水生动物栖息地没有受到不可逆破坏,沙湖基本生态功能能得到维持。因此,确定沙湖应维持的最小水面面积不应低于 10 平方千米,适宜水面面积按照现状水面面积进行确定,水面面积应在 15 平方千米以上。

15.4.6.2 计算方法选用

按照《河湖生态环境需水计算规范》等相关计算规范要求,湖泊生态水量的计算方法主要有 90% 保证率法(Qp 法)、近 10 年最枯月水位法、频率曲线法、水量平衡法、最小生态水位法和功能分析法等。根据相关规范中湖泊生态水量计算的适用条件及其特点,目前沙湖尚未开展水位观测,结合沙湖的实际,本书选用水量平衡法开展沙湖生态水量计算。

15.4.6.3 沙湖水量平衡组成

沙湖属于我国西北干旱半干旱地区的封闭型湖泊,根据水量平衡原理,其进入沙湖水体的水量平衡组分包括降水、地表及地下入湖径流;沙湖出湖水量的平衡组分包括蒸发、渗漏补给等。根据沙湖生态水量平衡需求,沙湖基本生态水量计算是在沙湖一定水面面积条件下,考虑到沙湖位于平原灌溉区域,地形较为平缓,地下径流流场中侧向流动微弱,以垂直径流为主,地下径流侧向流动总体上达到出入平衡的状态,因此沙湖生态水量采用降水量与沙湖蒸发量和渗漏补给量的差值,如图 15-16 所示。

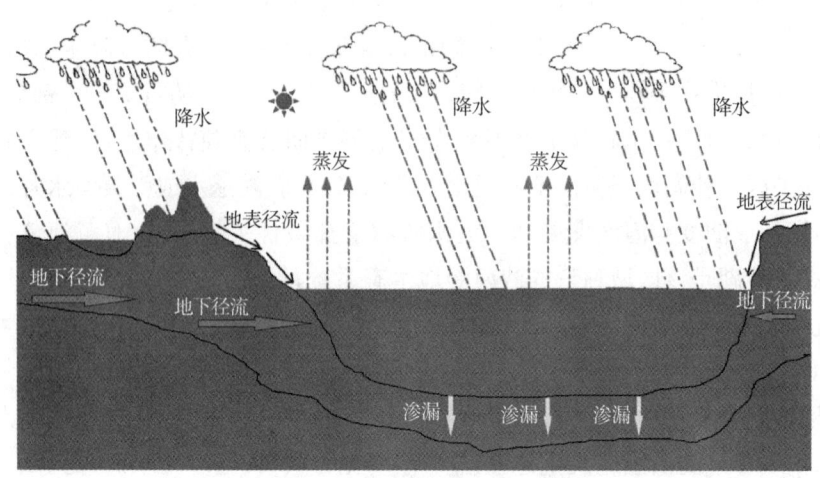

图 15-16　沙湖水体水量平衡示意图

15.4.6.4　水量平衡要素计算

(1) 降水量

降水是沙湖的重要补给来源之一,沙湖地处宁夏引黄灌区腹地,降水量少且时空分布不均。根据石嘴山市达家梁子雨量代表站 1956—2016 年长系列降水量观测成果资料,沙湖区域多年平均降水量为 181.1 毫米。按照沙湖水面面积 10 平方千米核算,多年平均条件下降水进入沙湖的水量为 181.1 万立方米;当沙湖水面面积为 15 平方千米时,降水进入沙湖的水量 271.7 万立方米。

沙湖区域 50% 保证率条件下降水量为 176.9 毫米。按照沙湖水面面积为 10 平方千米核算,降水进入沙湖的水量为 176.9 万立方米;当沙湖水面面积为 15 平方千米时,降水进入沙湖的水量为 265.4 万立方米。

沙湖区域 75% 保证率条件下降水量为 127.7 毫米。按照沙湖水面面积 10 平方千米核算,降水进入沙湖的水量为 127.7 万立方米;当沙湖水面面积为 15 平方千米时,降水进入沙湖的水量为 191.6 万立方米。

沙湖区域 90% 保证率条件下降水量为 104.7 毫米。按照沙湖水面面积 10 平方千米核算,降水进入沙湖的水量为 104.7 万立方米;当沙湖水面面积为 15 平方千米时,降水进入沙湖的水量为 157.1 万立方米。

表 15-11　不同保证率条件下降水进入沙湖的水量　　　　单位：万立方米

水面面积	多年平均	50%保证率	75%保证率	90%保证率
10平方千米	181.1	176.9	127.7	104.7
15平方千米	271.7	265.4	191.6	157.1

(2) 蒸发量

蒸发是沙湖水量损失的重要途径之一，沙湖位于我国西北干旱半干旱地区，区域蒸发强烈。根据石嘴山市平罗蒸发代表站采用 E-601 型蒸发皿测定的 1980—2016 年长系列蒸发观测成果资料，核算多年平均蒸发量为 1105.5 毫米。根据 E-601 型蒸发皿和实际水体蒸发量的换算关系，系数取值 0.9。按照沙湖水面面积 10 平方千米核算，沙湖蒸发水量为 995 万立方米；当沙湖水面面积为 15 平方千米时，本书核算的沙湖蒸发水量为 1492.4 万立方米。

(3) 渗漏补给量

本书按照达西定律进行计算沙湖渗漏补给量，由渗透系数、过水断面面积和水力坡度共同决定。结合沙湖潜水流场分布，沙湖周边区域潜水径流整体上由西南向东北方向流动，以及地下水流滞缓，可知，沙湖西南部地下水对湖泊有补给作用，沙湖东北部湖泊水排泄渗入地下水。

结合沙湖实际情况，渗漏补给计算分段如图 15-17 所示。其中，A—B 和 B—C 段为地下水侧向径流补给沙湖的边界，C—D 和 A—H 为零流量边界，D—E、E—F、F—G 和 G—H 为沙湖水排泄进入地下水的边界，沙湖湖泊水面为沙湖水垂直渗漏进入地下水的边界。具体边界根据沙湖不同面积所对应的沙湖边界形态在 GIS 进行测定。

本书中侧向径流渗漏补给的渗透系数采用注水法测定了沙湖周边区域的 8 个点位的渗透系数，具体的地点、坐标及渗透系数和钻孔深度，如表 15-12 所示。根据渗透系数测定的数值，考虑到采样点在沙湖周边分布较为均匀，因此采用点位平均的渗透系数作为沙湖渗透水量计算的渗透系数，渗透系数数值为 0.68 米/天。根据有关研究成果，侧向水力梯度数值为 0.00456，沙湖垂向渗漏系数采用 0.0001 米/天，垂向渗漏的水力梯度采用湖泊平均水位与地下水平均水位差，为 1.06。

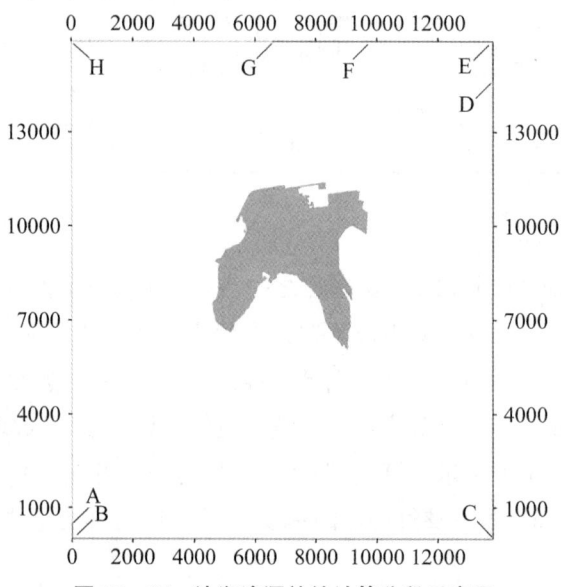

图 15-17 沙湖渗漏补给计算分段示意图

表 15-12 沙湖周边区域土壤渗透系数测试成果表

编号	地点	东经	北纬	渗透系数米/天	钻孔深度
1	贺兰县二十六弯桥	106.3742	38.6982	0.53	1.65
2	平罗姚伏镇姚伏 3 队	106.4634	38.7497	0.60	1.60
3	平罗姚伏镇姚伏 7 队	106.4605	38.7546	0.47	3.10
4	平罗周城乡沈渠 4 队	106.4687	38.7943	0.53	1.65
5	平罗姚伏镇许家桥村	106.4925	38.8503	0.55	1.40
6	崇岗镇下庙乡长支村 7 队	106.2147	38.8418	1.60	1.30
7	平罗崇岗长青 4 队	106.2176	38.8482	0.60	2.30
8	平罗崇岗右岸 60 米	106.2688	38.9012	0.56	1.46

基于达西定律原理，当沙湖水面面积为 10 平方千米时，沙湖侧向补给水量为 3.2 万立方米，侧向渗漏水量为 1.0 万立方米，垂向渗漏水量为 38.65 万立方米，综合核算沙湖水面面积维持在 10 平方千米时，每年渗漏水量为 36.45 万立方米，见表 15-13；当沙湖水面面积为 15 平方千米时，沙湖侧向补给水量为

3.3万立方米,侧向渗漏水量为1.1万立方米,垂向渗漏水量为57.98万立方米,综合核算沙湖15平方千米时,每年渗漏水量为55.78万立方米,见表15-14。

表15-13 沙湖水面面积为10平方千米时渗漏补给水量计算成果表

计算项	断面长度(米)	断面深度(米)	断面面积(平方千米)	渗透系数(米/天)	水力梯度	水量(万立方米)
侧向补给	14951	1.9	0.28	0.68	0.00456	3.2
侧向渗漏	4928	1.8	0.09	0.68	0.00456	1.0
垂向渗漏	—	—	10	0.0001	1.06	38.65

表15-14 沙湖水面面积为15平方千米时渗漏补给水量计算成果表

计算项	断面长度(米)	断面深度(米)	断面面积(平方千米)	渗透系数(米/天)	水力梯度	水量(万立方米)
侧向补给	15187	1.9	0.29	0.68	0.00456	3.3
侧向渗漏	5541	1.8	0.1	0.68	0.00456	1.1
垂向渗漏	—	—	15	0.0001	1.06	57.98

15.4.6.5 生态水量确定

计算沙湖生态水量时,根据水量平衡的原理,考虑在沙湖一定水面面积条件和特定的降水保证率水平下,满足沙湖蒸发、渗漏需求。生态水量计算如表15-15所示。

根据本次计算成果,在多年平均条件下,沙湖基本生态水量为850万立方米,适宜生态水量为1276万立方米。

15.4.6.6 合理性与可达性分析

(1) 合理性分析

沙湖生态水量计算采用水平衡原理,统筹考虑降水、蒸发和渗漏要素,通过长期观测数据确定不同降水保证率水平下的生态水量,较为科学合理。根据宁夏水利厅批复的沙湖取水许可[取水(宁水)字(2010)第001号],沙湖可在唐徕渠平罗段引取黄河水1600万立方米/年,超过了本书确定的沙湖生态水量需

表 15-15 不同保证率条件下沙湖生态水量计算成果

单位：万立方米

内涵	水面面积	降水量				蒸发量	渗漏量	生态水量			
		多年平均	50%	75%	90%			多年平均	50%	75%	90%
基本生态水量	10 平方千米	181.1	176.9	127.7	104.7	995	36.45	850.35	854.55	903.75	926.75
适宜生态水量	15 平方千米	271.7	265.4	191.6	157.1	1492.4	55.78	1276.48	1282.78	1356.58	1391.08

求,在水污染有效防治的前提下,可满足沙湖生态状况维持需求。

(2)可达性分析

根据本书提出的沙湖生态水量成果,在多年平均条件下沙湖基本生态水量为850万立方米,适宜生态水量为1276万立方米。根据近年来沙湖补水量数据,沙湖基本生态水量和适宜生态水量满足程度如图15-18所示。其中,2004年、2005年、2006年、2009年和2013—2016年基本生态水量得到满足,2005年、2006年2014—2016年适宜生态水量基本得到满足,近3年生态水量满足状况较好。

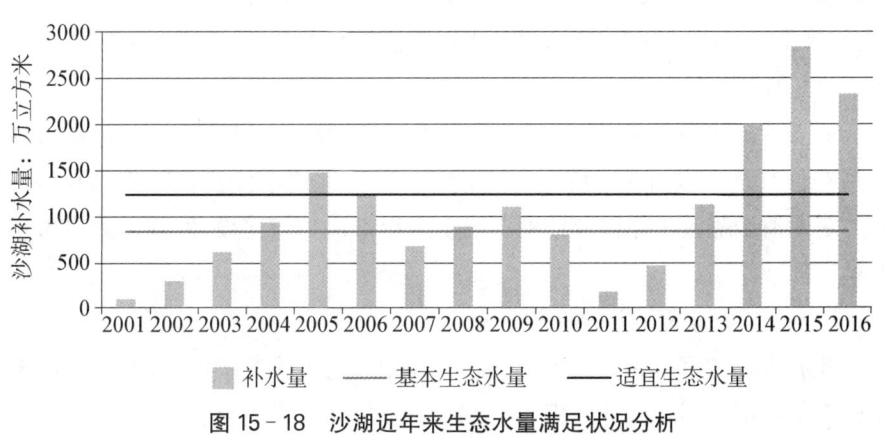

图 15-18 沙湖近年来生态水量满足状况分析

15.5 生态水量保障对策措施

15.5.1 生态水量保障思路

综合沙湖流域的实际情况,现状条件下沙湖生态水量的管控目标为基本生态水量。为实现本书提出的沙湖基本生态水量目标,按照"节水优先、空间均衡、系统治理、两手发力"的思路,坚持以节水减污为基础,加大水污染防治力度,以节水型社会建设为统揽,落实最严格水资源管理制度,实施水污染防治行动计划和全民节水行动计划,多措并举,各业齐抓,综合施策,提高水资源利用效率和效益,促进沙湖水质改善,维持沙湖基本生态功能。

15.5.2 生态水量管控要求

针对沙湖水资源及其开发利用特点,结合生态水量管控目标要求,在实施沙湖水生态综合整治的基础上,应进一步强化水污染防治,加强污染源控制和废污水处理,实施湖泊生态修复,严格管控人为干扰,加强流域工农业节水,落实生态水量监控和生态水量管控责任。

15.5.2.1 加强水污染治理,改善沙湖水质

沙湖水质污染问题突出,现状水质仍不达标。为改善沙湖水质,要严格落实沙湖水体达标方案提出的各项水污染防治工程及管理措施,全面落实保护措施,积极推进点面源污染防治,提升水污染治理水平,促进沙湖水质改善。

(1) 加强内源污染防治

加强沙湖内源污染防治,严控沙湖人类旅游范围及影响,进一步推进沙湖水系连通工程,增强水动力和水循环条件,防治湖泊水体富营养化。开展沙湖底泥定期清淤疏浚工作以及沙湖湖泊生态岸带保护与建设,发挥河湖岸带植被污染物削减作用。

(2) 开展农业面源污染防治

开展青铜峡河西灌区农田面源污染防治,优化调整种植结构与布局,推进化肥农药施用控制与治理工程,加大生物肥料、有机无机复合肥、缓释控释肥料等环境友好型肥料的应用。推行测土配方、平衡施肥、水肥一体化、精准施肥施药和养分控释技术,加强施肥科学化管理。加强农田退水污染治理,按照源头控制、过程阻断、末端治理的技术路线,利用农田减氮控磷清洁化生产关键技术,降低入沙湖氮磷等浓度。

(3) 强化养殖业污染防治

以贺兰中地生态牧场有限公司为重点,加强畜禽养殖业污染防治。针对畜禽养殖污染现象,应科学划定畜禽养殖禁养区和限养区,依法关闭或搬迁禁养区内的畜禽养殖场地。规模化畜禽养殖场应配套建设粪便污水储存、处理和利用设施,提高粪便水资源化利用水平,新建、改建和扩建的畜禽养殖场地应实施雨污分流。加强水产养殖污染治理,推进养殖区规模化改造和尾水污染处置工程,严格控制污染严重区域养殖强度,科学调整养殖种类,逐步开展退渔还田、退渔还湿。

（4）推进工业污染防治

以暖泉工业园区为重点，推进工业污染防治。以淘汰落后工业产能，取缔高污染、高耗水等不符合国家产业政策的小型造纸、制革、印染、电镀、农药等严重高污染水环境的"九小企业"或生产企业。根据沙湖水质要求，严格工业项目准入条件，建立工业项目准入制度和负面清单管理，严格控制污染物排放总量和浓度。推行工业聚集区企业废水量、水污染物纳污总量双控制度，重点行业企业工业废水实行"分类收集、分质处理、一企一管"。加快已建工业污水处理的提标改造，全面达到一级 A 排放标准。

（5）生活污染防治

因地制宜采取集中与分散相结合的方式处置沙湖补水沟道沿线农村生活污水，靠近城镇建成区的居民区生活污水能接入城镇污水收集管网的，首先考虑接入城市污水收集管网；不能接入的，对规模以上乡镇村庄加快污水处理能力建设，加快配套建设污水收集管网和小型污水处理厂，统一收集处理。分散居住的村庄，采取集中与分散相结合的灵活方式，分区域建设污水处理设施进行收集处理，避免污水直接入沟、入河。对于城镇污水处理设施进行扩容、新建和提标改造工程，出水水质达到一级 A 排放标准。

15.5.2.2 坚持节水优先，大力加强工农业和生活节水

沙湖作为人工渠道，主要依靠沟道和渠道进行补水，补水量总体有限，水资源短缺，且沿线连通众多湖泊湿地。因此，必须坚持节水优先，全面提高用水效率，确立沙湖用水效率控制红线，实行水资源消耗总量和强度双控行动，严格限制发展高耗水项目，加快实施农业、工业和城乡节水技术改造，坚决遏制用水浪费。

（1）加快推进农业节水。以提高灌溉水利用率和发展高效节水农业为核心，优化调整农业种植结构，改进耕作制度，推广和普及田间高效节水技术，增加高效节水灌溉面积，全面提高农业节水水平。

（2）强化工业节水增效。合理调整工业布局，设定工业项目耗水量准入红线，启动节水型工业园区建设，实施石嘴山工业园区等老工业企业节水改造，鼓励工业利用再生水等非常规水源，推进企业和工业园区循环用水系统建设提升。

（3）宣传普及生活节水。大力开展节水型城市、节水型县（区）建设，加快流域内供水管网更新改造，降低管网漏损率，逐步完善城市供水设施。大力推广

普及节水器具,逐步规范节水产品市场。广泛开展节水宣传教育和节水公益性活动,充分利用互联网、媒体等进行节水文化宣传,鼓励社会组织和志愿者参与节水宣传活动,强化节水社会监督。

15.5.2.3 坚持保护优先,积极保护沙湖生态空间

加强沙湖生态空间保护,科学划定并严守生态保护红线。加强沙湖水体、湿地和植被等水源涵养空间建设与保护,多措并举,科学开展湿地保护与修复,加大退耕还湿、退渔还田、退渔还湿力度。严格湖泊水域岸线用途管制,加强湖滨带生态保护和恢复力度,建设植被缓冲带和隔离带,严格遵守自然保护区管理要求,保护珍稀濒危生物多样性和生态系统。

15.5.2.4 落实主体责任,建立健全生态水量保障机制

宁夏农垦集团应落实生态水量保障的主体责任,在制定发展规划、工程建设布局、水资源开发利用及生态环境保护规划等方面,应以生态水量作为重要的约束条件,将生态用水纳入水资源配置和管理,加大资金投入,建立生态水量保障机制。各部门各司其职,强化水污染防治和节水型社会建设,实施生态水量适应性管理,探索建立生态水量补偿机制,构建生态水量监测监控系统平台及预警机制,逐步建立并完善生态水量保障制度,提升生态水量保障能力。

15.5.2.5 加强监控监管,保障沙湖生态水量

开展沙湖水位观测和沙湖补水量观测,实施沙湖水面面积定期遥感监测,因地制宜布设地下水位观测井,开展沙湖周边地下水位和盐度监测,适时开展沙湖生态补水效果监测评估。

依托河长制、最严格水资源管理制度、水污染防治行动计划等相关工作,开展生态水量保障的日常监督管理和年度考核。

结合沙湖的特点,建议进一步加强工农业节水管理、退水污染控制监管、河流及退水沟渠水质监测、湿地生态监管等相关监督管理工作,改善沙湖水质,保障沙湖生态水量。

第十六章

星海湖生态水量管理

16.1 流域概况

星海湖位于宁夏引黄灌区,区域气候干旱,水资源贫乏,生态环境脆弱。宁夏星海湖属于西北干旱半干旱区典型的湖泊湿地生态系统,具有防沙降尘、改善局地气候、维持生物多样性等重要功能,已建立国家湿地公园。星海湖属于黄河上游河道外湖泊,主要依靠贺兰山山洪和引黄河水补给水量,星海湖的形成演变与灌区发展和黄河水资源支撑条件关系密切,对黄河依赖程度较高。星海湖是该区域独特的城市湿地生态系统,维持一定的湖泊湿地水域规模,有利于维持湖泊生态系统基本稳定。

16.1.1 自然概况

16.1.1.1 地理位置

星海湖位于宁夏回族自治区石嘴山市大武口区境内,距银川市区约70千米,距北武当生态旅游区5千米。星海湖总面积约43平方千米,地理位置介于东经$105°58'\sim106°59'$,北纬$38°22'\sim39°23'$,地理位置如图16-1所示。

16.1.1.2 湖泊形成

星海湖位于贺兰山东麓山前洪积扇裙前缘地下水溢出带,是古黄河自西向东游移过程中所形成的自然湖泊湿地,星海湖原为长胜墩拦蓄洪库。由于多年淤积和占用,区域内沙丘林立,沼泽遍布,自然环境十分恶劣。经过多年恢复整治,特别是2003年以来对星海湖湿地进行恢复性综合整治,形成以星海湖北域、东域、中域、南域、西域、新月海等为主体的市区水系格局。

图 16-1　星海湖各水域分布

16.1.1.3　地形地貌

星海湖坐落在贺兰山东麓中部的洪积平原下,西部为阻隔腾格里沙漠东移的贺兰山,西高东低。地面坡度为 1/26～1/118,属于银川平原"湖滩地竹西大滩碟形洼地"地貌,由全新统冲积湖积物堆积而成。自全新世以来,受新构造运动的影响剧烈下沉,沉积了巨厚的第四系松散物质,此外还有第四系全新统风积物堆积而成的沙丘地貌。

16.1.1.4　湖泊水系

星海湖由东域、南域、西域、北域、中域及新月海共 6 个区域组成。除西域和新月海外,其他 4 个水域均承担防洪任务。

星海湖主要汇集大、小风沟、归德沟、韭菜沟、大武口沟 6 条沟道的雨洪水,集水面积 927.3 平方千米,分别流入星海湖的南域、中域和北域。其中,大武口沟最大,位于贺兰山东麓中段,集水面积 574 平方千米。这些山洪沟道为季节性沟道,地面径流多以暴雨洪水形式出现,通过计算,大武口沟多年平均径流量 2123 万立方米,洪水携带的泥沙至库区多年平均泥沙量为 39.30 万立方米,见表 16-1。

表 16-1　星海湖周边主要沟道特征表

序号	沟道名称	集水面积(平方千米)	沟长(千米)	平均比降	流向
1	小风沟	29.8	14.1	38.0‰	南域
2	大风沟	154.0	36.6	20.3‰	南域
3	归德沟	74.3	22.0	18.9‰	中域
4	韭菜沟	15.4	8.2	63.4‰	中域
5	大武口沟	574.0	36.0	11.5‰	北域
	合计	847.5			

16.1.1.5　气候气象

(1) 气候

星海湖流域地处内陆深处,为典型的大陆性气候,根据温度带划分属中温带,按降雨和干湿地区划分属半干旱荒漠地区,由于贺兰山的屏障作用,西北的冷空气难以长驱直入,形成了热量丰富、日照充足、干旱少雨、多风、蒸发量大、冬季寒冷漫长、夏季炎热短促,降雨集中,昼夜温差大,无霜期短的气候特征。

(2) 气温

星海湖流域年平均气温7.6℃,多年平均月最低气温(1月)零下11.9℃,多年平均最高气温(7月)24℃,无霜期154~171天。5月下旬到10月上旬湖面水温在14℃以上,11月下旬水面结冰,次年3月解冻,冰层厚约20厘米。

(3) 降雨

星海湖流域全年降雨量约172.5毫米,年均蒸发量约1756.8毫米,蒸发量约为降雨量的10倍。降雨量分布不均,年、月变化大(见表16-1),多雨年的降雨量是少雨年的3~4倍,7、8、9三个月的降雨量占全年降雨量的66.6%,雨热同期利于水生生物及鸟类的繁殖。冬季雨雪极少,多干旱。星海湖流域平均蒸发量较大,是全国蒸发量最大的地区之一。蒸发量随季节而变化,11月到翌年2月各月的蒸发量较小,12月中旬出现最小值,在100毫米以下;5月到7月较大,各月均在300毫米以上,6月上旬出现最大值。由于蒸发量大,导致流域内土壤盐碱化严重,分布大量无法利用的白僵土和盐土。

16.1.1.6 水文水资源

(1) 水资源

星海湖流域所在石嘴山市的地表水体主要是黄河以及黄河为水源的农田灌溉的渠道及排水沟。境内的干渠有惠农渠、唐徕渠和唐徕渠的主支渠——第二农场渠,引水量历年约10亿立方米左右,是石嘴山市的主要农业灌溉水源。主要排水沟为第三排水沟和第五排水沟,是农田退水、雨洪水的主要排放通道,上游及境内的部分工业、生产、生活污水也排入了排水沟,导致排水沟的污染严重。

地下水类型有基岩裂隙水、碎屑岩类裂隙孔隙水和第四系松散岩类孔隙水,平原区第四系松散岩类孔隙水最丰富,地下水开采资源0.5亿立方米。贺兰山区及山前倾斜平原和石嘴山盆地水质最好,多为淡水,银川平原水质变化大,从小于1克/升的淡水,到大于6克/升的咸水均有分布。陶乐高阶地水质差,溶解性总固体大于3克/升。石嘴山市城市生活、工业和农村人畜用水多为地下水。地下水开采形式有自来水公司集中供水和自备井分散供水,自备井供水占70%以上。有些自备井水源地形成降落漏斗,有些地方处于超采状态。

(2) 防洪

星海湖西域、北域、中域、南域组成拦洪库,设计堤顶高程1102米,汛限水位1098米;50年一遇设计水位1099.60米,设计库容3140万立方米,100年一遇设计水位1100.60米,设计库容4547万立方米;东域为滞洪区,设计堤顶高程1100米,汛限水位1096.50米;50年一遇设计、100年校核水位1098.6米,总库容1740万立方米。

(3) 库容

星海湖的南域、北域、中域、西域和东域的汛限库容为1698.36万立方米,最高水位时的库容为6176.53万立方米。由于近年来星海湖流域降雨量较少,出于兴利目的,星海湖常水位在汛限水位之上。根据2015年星海湖各域平均水位,计算出包括新月海等在内的星海湖实际总库容为3031万立方米。

16.1.2 社会经济

星海湖流域范围位于石嘴山市大武口区西北部。石嘴山市现辖大武口、惠农区、平罗县两区一县,土地总面积5309.5平方千米。星海湖所属石嘴山市总人口73万,非农业人口占全市人口的58.2%,有汉、回、蒙、满等24个民族,回族人口占20.3%,呈现民族团结,社会稳定,经济发展的良好局面。

星海湖流域主要发展生态旅游、地产开发、水产品开发等产业类型。星海湖各域的养殖主要集中在东域、中域、北域、南域4个区域,养殖鲢鳙鱼、草鱼、鲤鱼、鲫鱼种、夏花鱼种,采取"以渔养水"生态渔业模式,实行天然养殖、轮捕轮放的绿色渔业生产模式。

16.1.3 生态环境特征

星海湖域内除湖泊湿地外,大部分为荒地、沙地,有部分鱼池和农田。在低洼地区,土壤的次生盐碱化现象比较突出,盐碱土地面积相对较大。沿第二农场渠分布有人工种植的沙枣、柳树、臭椿等落叶乔木,在湿地边缘分布有芦苇和菖蒲等,植物种类较少,覆盖度低,生物多样性相对匮乏。湿地有鸟类11目24科98种,其中国家一级保护鸟类有中华秋沙鸭、大鸨、黑鹳,国家二级保护鸟类有灰鹤、小天鹅、白额雁、鸳鸯、蓑羽鹤等13种。有鱼类20余种。

16.1.4 保护区

石嘴山星海湖国家湿地公园位于石嘴山市大武口城市区东部,原为大武口滞洪区。自2003年以来,市委、市政府科学决策,大力实施星海湖湿地生态环境综合整治工程。经过全市上下5年多的努力,开发建设了百鸟鸣、金西域、南沙海、鹤翔谷、新月海、白鹭洲6大景区,使星海湖总面积达到43平方千米,形成山、水、沙、苇相映,林荫草茂、景色宜人的综合性旅游景观区。

16.1.5 水资源特点

星海湖位于宁夏北部引黄灌溉区,属于温带大陆性干旱气候,流域干旱少雨,蒸发强烈。星海湖年平均降雨量约为172.5毫米,蒸发量却高达1756.8毫米。蒸发量为降雨量的10倍,星海湖水面的维持对水资源补给依赖程度高。

16.2 星海湖生态现状调查与评价

16.2.1 水环境调查评价

(1)资料来源

本次水质评价以2016年星海湖6个水域不同月份水质监测数据为基础,

开展水质评价,判断水质类别。

(2) 评价方法

采用单因子评价法进行水质类别及达标率评价,得到主要超标因子和超标程度。单因子评价法是将某种污染物实测浓度与该种污染物的评价标准进行比较以确定水质类别的方法,即将每个水质监测参数与《地表水环境质量标准》(GB 3838—2002)进行比较,确定水质类别,最后选择其中最差级别作为该区域的水质状况类别。

(3) 评价结果

2016 年整体水质类别为Ⅳ类水质。主要污染指标为氟化物、化学需氧量、高锰酸盐指数、总氮和总磷,2016 年星海湖水质检测结果统计见表 16-2。

星海湖南域水质类别为Ⅲ类良好水质;星海湖中域水质类别为Ⅳ类轻度污染水质,主要污染指标为总磷、化学需氧量和氟化物;星海湖北域水质类别为劣Ⅴ类重度污染水质,主要污染指标为总磷、氟化物、化学需氧量和高锰酸盐指数;星海湖东域水质类别为劣Ⅴ类重度污染水质,主要污染指标为氟化物、化学需氧量、高锰酸盐指数和总磷;星海湖西域水质类别为劣Ⅴ类重度污染水质,主要污染指标为化学需氧量、氟化物、高锰酸盐指数和总磷;新月海水质类别为劣Ⅴ类重度污染水质,主要污染指标为总磷、化学需氧量、氟化物和高锰酸盐指数,详见图 16-2。

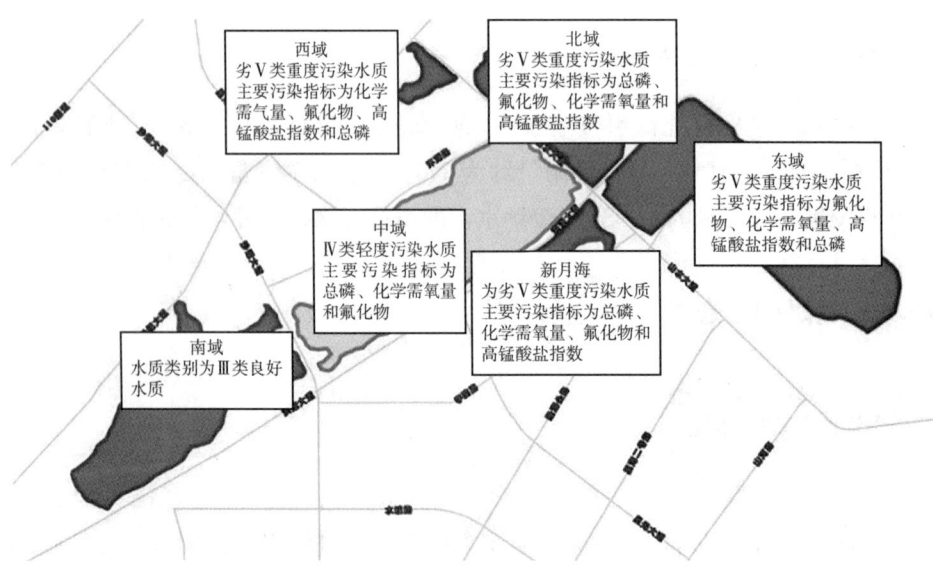

图 16-2　星海湖不同水域水质情况图

表16-2　2016年星海湖水质检测结果统计表

水体名称	采样点位	采样时间月日	氟化物	pH	化学需氧量	透明度	溶解氧	高锰酸盐指数	五日生化需氧量	氨氮	石油类	总氮	总磷	叶绿素a
星海湖	北域	3月	2.31	8.73	36	35	10.3	7.1	1.7	0.067	0.05	0.48	0.09	12.2
		4月	2.2	8.57	32	38	8.97	6.8	2	0.067	0.04	1.02	0.14	12.5
		5月	2.41	8.82	37	43	12.3	6.5	2.7	0.161	0.04	1.06	0.15	54.5
		6月	1.82	8.93	43	31	12.1	10.5	2.5	0.208	0.04	2.16	0.28	82.5
		7月	1.83	8.8	35	19	7.9	10.8	2.6	1.4	0.05	2.41	0.3	119.7
		8月	1.99	8.83	42	36	6.3	9.7	4.7	0.375	0.04	2.28	0.46	46.1
		9月	1.95	8.72	28	20	8	6.7	3.8	0.27	0.04	1.65	0.27	30.7
		10月	2.25	8.7	36	25	20.1	7.1	1.9	0.15	0.03	1.42	0.21	29.7
		11月	2.28	8.54	37	30	7.6	7.9	4	0.283	0.04	1.44	0.18	35
		12月	1.92	8.77	28	40	7.4	5.9	3.2	0.051	0.04	0.83	0.08	15
	南域	8月	0.91	8.17	20	98	9.7	5	2.4	0.157	0.03	2.85	0.04	9
		9月	0.9	8.63	20	80	10.2	5.1	3.6	0.062	0.03	0.83	0.05	9.8
		10月	0.96	8.62	20	50	10.9	4.1	1.5	0.09	0.03	0.83	0.04	17
		11月	0.98	8.47	20	25	10.5	5.2	2.3	0.163	0.04	1.67	0.04	15.5
		12月	0.98	8.4	25	40	14	5.6	2	0.033	0.03	0.58	0.06	9.2
	中域	8月	0.8	8.24	19	36	4.8	4	2.9	0.201	0.04	1.98	0.09	9.2
		9月	0.87	8.2	20	46	8.9	43	3.6	0.066	0.04	1.76	0.07	15.4
		10月	1.03	8.58	28	55	13.9	4.7	1.8	0.1	0.02	1.16	0.09	15.9
		11月	1.15	8.89	29	40	7.5	6	3.9	0.155	0.04	1.49	0.1	19.6
		12月	1.02	8.25	38	30	10.9	5.4	2.4	0.03	0.03	1.18	0.09	15

续表

水体名称	采样点位	采样时间 月日	氟化物	pH	化学需氧量	透明度	溶解氧	高锰酸盐指数	五日生化需氧量	氨氮	石油类	总氮	总磷	叶绿素a
星海湖	西域	11月12日	2.10	8.78	49	20	7.7	10.8	4.0	2.13	0.07	4.55	0.08	27.5
星海湖	西域	12月28日	1.92	8.94	50	25	11.0	12.5	3.7	4.16	0.03	4.86	0.36	70.8
星海湖	东域	11月12日	4.63	8.82	35	64	10.9	9.8	3.4	0.099	0.02	1.49	0.08	14.1
星海湖	东域	12月28日	4.00	8.91	30	32	11.2	6.9	1.6	0.18	0.03	1.42	0.12	15.1
星海湖	新域	11月12日	2.26	8.92	47	18	10.0	10.0	3.9	0.094	0.05	1.87	0.21	35
星海湖	新域	12月28日	1.40	8.94	38	30	3.1	8.9	2.8	0.438	0.03	1.87	0.28	32.2
	Ⅲ类标准		1	6~9	20		5	6	4	1	0.05	1	0.05	
	Ⅳ类标准		1.5	6~9	30		3	10	6	1.5	0.5	1.5	0.1	
	Ⅴ类标准		1.5	6~9	40		2	15	10	2	1	2	0.2	

16.2.2　水生态状况

16.2.2.1　水生态现状

2016年调查结果显示,星海湖浮游植物73种,隶属于7门58属,秋季种类数最多,冬季最少,夏季浮游植物密度最高,蓝藻占绝对优势,冬季密度最低,绿藻占优势;浮游动物31种,其中轮虫18种,枝角类10种,桡足类3种,春季出现的种类最多,冬季最少,夏季生物量高,冬季较低;底栖动物共25种,隶属3门4纲16科,昆虫纲种类最多共9种,夏季密度最高,冬季最低,生物量秋季最高,冬季最低;水生维管束植物33种,分别隶属于23科,生物量夏季最高,冬季最低。

16.2.2.2　保护目标

2009年星海湖被国家林业局确定为国家湿地公园,其主要保护对象为湿地生态系统、珍稀动物及其栖息地以及自然景观。

(1) 湿地生态系统。星海湖湿地主要是由滞洪蓄水和第二农场渠水注入,形成了以湖泊水面、滩涂沼泽等组成的湿地,由于成湖时间较短,生物资源还不丰富,局部地区有芦苇、香蒲等水生植物以及耐盐碱干旱的多种杂草。星海湖湿地生态功能多样,主要包括调蓄洪水、城市小气候调节以及鸟类重要的栖息地等。

(2) 珍稀动物及其栖息地。星海湖有国家一级保护鸟类:中华秋沙鸭、大鸨、黑鹳,国家二级保护鸟类有灰鹤、小天鹅、白额雁、鸳鸯、蓑羽鹤等13种,是鸟类的重要栖息繁衍地。

(3) 自然景观。近几年,通过疏浚航道、清理湖面、退田还湖等恢复治理措施,星海湖流域生态环境得到极大的改善,形成了集奇山、秀水、滩涂、鸟岛等景观于一体的湿地生态景区,已逐步建设成为集拦洪、蓄水、调节气候、生态园林景观和水产养殖为一体的城市标志性工程。

16.2.3　存在的主要生态环境问题

星海湖流域主要水环境问题包括:

(1) 资源性缺水

星海湖流域降雨量少,蒸发量大,需要进行补水。星海湖的补水水源主要是依靠农业结余的黄河水。黄河水资源紧缺问题突出,导致星海湖面临资源性缺水问题。

(2) 污染严重

尽管星海湖已阻断了工业污染和农田面源污染，但是渔业养殖、生活污水仍带来了大量的污染负荷。星海湖局部有机物、总氮和总磷超标，湖水处于轻度或中度富营养化状态，部分区域为劣Ⅴ类水体。

(3) 泥沙淤积

黄河水和山洪水流入星海湖，带来了大量的泥沙。目前，星海湖个别补水口处已形成大量的泥沙淤积。星海湖汇水区域为贺兰山东麓，大部分为石山区，土层较薄。山洪水带入的多年平均泥沙量为 39.30 万立方米。泥沙淤积直接影响到星海湖湖水的库容，使水域水深降低，直接影响水域开发利用。

(4) 自净能力差

星海湖无外排水，湖底高程不合理导致各区域分隔，水文动力条件差，水体交换能力和生态功能弱，生物多样性较差，自我净化和修复能力弱。

16.3 星海湖湖泊水面面积演变分析

16.3.1 星海湖水面面积历史演变

利用 Landsat 卫星长系列遥感数据，基于 11 期 TM、ETM+和 OLI 传感器影像，开展了 1977 年、1989 年、1992 年、1996 年、2000 年、2003 年、2005 年、2009 年、2014 年、2016 年和 2018 年水面面积演变情况。分析星海湖水面面积历史演变变化如表 16-3 和图 16-3 所示。

表 16-3 基于遥感解译的星海湖水面面积演变

湖泊	年份	面积（平方千米）	数据来源			
			卫星	日期	行	列
星海湖	1977	11.984	Landsat 2	1977/9/22	33	139
	1989	6.049	Landsat 5	1989/8/24	33	129
	1992	8.795	Landsat 5	1992/9/1	33	129
	1996	5.206	Landsat 5	1996/8/2	33	130

续表

湖泊	年份	面积(平方千米)	数据来源			
			卫星	日期	行	列
星海湖	2000	7.792	Landsat 5	2000/8/22	33	129
	2003	6.815	Landsat 5	2003/8/15	33	129
	2005	10.607	Landsat 5	2005/7/10	33	130
	2009	20.007	Landsat 5	2009/11/3	33	129
	2014	15.196	Landsat 8	2014/7/28	33	129
	2016	18.873	Landsat 8	2016/4/12	33	129
	2018	19.529	Landsat 8	2018/4/18	33	129

20世纪70年代,湖泊水面面积为12平方千米左右,80年代和90年代,湖泊水面面积有所减少,为5—9平方千米。2003年,实施了星海湖湿地恢复整治工程后,水面面积有所增加,达到了18平方千米,2009年则超过了20平方米,2014年以后水面面积基本维持在15平方千米以上(如图16-3)。

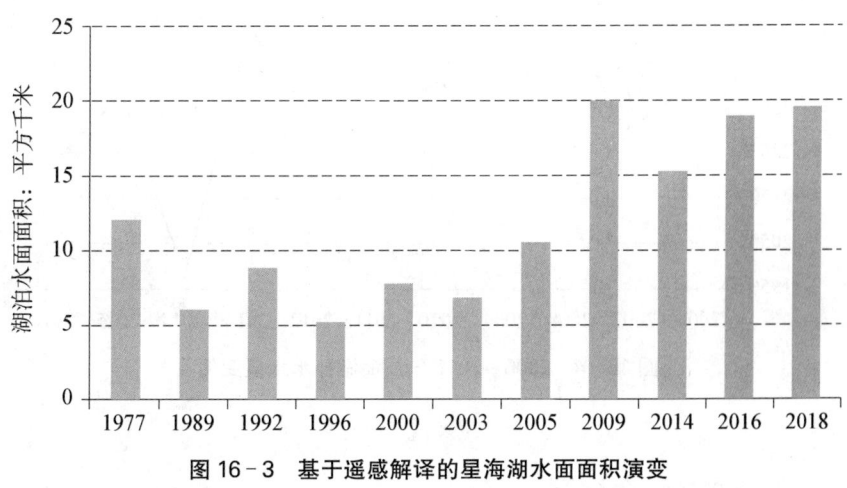

图16-3 基于遥感解译的星海湖水面面积演变

16.3.2 星海湖补水规模变化

16.3.2.1 水资源结构分析

星海湖的水源补给由四部分组成:一是第二农场渠输送的黄河水;二是山

洪水,主要有贺兰山东侧大武口沟(进北域)、北武当沟(进中域)、大小风沟及汝汲沟(进南域)四条沟道来水;三是雨水;四是地下水。近年来,降雨量较少,导致山洪水量小,其在星海湖上游就已经被拦洪坝拦截,很少进入星海湖。另外,即使降雨量大,导致山洪水量大,但是由于山洪水较为集中,出于防洪目的,在大量山洪水入湖时,星海湖需要按照防洪预案及时排水。星海湖四周大部分区域已进行砌护。通过历年水量平衡发现地下水净补给量较少。因此,星海湖的主要补水来源为经第二农场渠输入的黄河水和雨水。

16.3.2.2 补水量分析

星海湖目前的补给水源主要为黄河水,从第二农场渠补给。2006—2016年,星海湖年均补水量为2363万立方米,其中2008年最高,为2813万立方米,2014年最低,为1980万立方米,如图16-4。

图16-4 2006～2016年星海湖补水水量变化

16.4 生态水量综合核算

16.4.1 功能定位及保护要求

依据《全国主体功能区划》《全国生态功能区划》《全国生态脆弱区保护规划

纲要》《黄河流域综合规划》《宁夏回族自治区主体功能区划》等在国家、流域和自治区层面对星海湖流域的功能定位和生态保护要求，结合星海湖水资源禀赋条件及生态环境特征，分析国家、流域和区域对于星海湖湖流域的功能定位及保护要求。

16.4.1.1 国家层面

(1)《全国主体功能区规划》

依据《全国主体功能区划》，星海湖流域位于国家重点开发区的宁夏沿黄经济地区和国家重点农产品主产区的河套灌区农产品主产区。

宁夏沿黄经济地区的功能定位是"全国重要的能源化工、新材料基地，清真食品及穆斯林用品和特色农产品加工基地，区域性商贸物流中心"。该区域的生态环境保护要求是"推进节水型灌区建设，加强农田设施建设和盐碱地改造，调整农牧业结构，稳定粮食生产。保护和合理利用沙区资源，建设全国防沙治沙示范区，构建以贺兰山防风防沙生态屏障、黄河湿地生态带，以及自然保护区、湿地公园、国家森林公园等为主体的生态格局"。

河套灌区农产品主产区的发展重点是建设以优质强筋、中筋小麦为主的优质专用小麦产业带。该区域涉及生态环境保护要求的发展方向和开发原则是建设节水农业，推广节水灌溉，发展旱作农业。加强农业面源污染防治。

(2)《全国生态功能区划》

根据《全国生态功能区划》，星海湖流域位于鄂尔多斯高原防风固沙重要区内。

鄂尔多斯高原防风固沙重要区属内陆半干旱气候，发育了以沙生植被为主的草原植被类型，土地沙漠化敏感程度极高，是我国防风固沙重要区域，该区域主要生态问题是土地沙漠化程度加重。主要生态保护措施是建立以"带、片、网"相结合为主的防风固沙体系和农田防护体系，严格限制人为破坏活动，加大植被生态修复力度。

(3)《全国生态脆弱区保护规划纲要》

依据《全国生态脆弱区保护规划纲要》，星海湖流域位于西北荒漠绿洲交接生态脆弱区，属于贺兰山及宁蒙河套平原外围荒漠绿洲生态脆弱重点区域，该区域主要生态问题是土地过垦，草地过牧，植被退化，水土保持能力下降，土壤次生盐渍化加剧，水资源短缺。该区域发展方向是禁止破坏林木资源，严格控制水土流失，发展节水农业，提高水资源利用效率，防治土壤次生盐渍化。具体保护措施是以水资源承载能力评估为基础,重视生态用水,合理调整绿洲区产业结构,以水定绿洲发展规模,限制水稻等高耗水作物的种植。严格保护自然本底,禁止毁林开荒、过度放牧,突出生态保育,积极采取生态移民、禁牧休牧、围封补播措施,严格保护绿洲外围脆弱荒漠生态系统。

16.4.1.2 流域层面

星海湖位于黄河上游引黄灌溉区地区。依据《黄河流域综合规划》,黄河上游位于全国农产品提供等生态功能区、生态脆弱区,水资源贫乏,生态、生产用水矛盾极为突出,水生态保护应根据国家生态保护的战略要求,根据水资源条件以水定保护规模,严格限制人工湿地规模和数量,将生态用水纳入省(区)水资源配置,协调农业发展与生态用水之间的关系。

16.4.1.3 自治区层面

根据《宁夏回族自治区主体功能区规划》,星海湖位于重点开发区的石嘴山市、限制开发区的宁夏北部平原引黄灌区现代农业示范区以及宁夏平原绿洲生态带。

宁夏北部引黄灌区是国家级限制开发的农产品主产区,功能定位是:"保障农产品供给安全的重要区域,农民安居乐业的美好家园,社会主义新农村建设的示范区。"区域发展方向是建设以优质中强筋为主小麦产业带、优质粳稻产业带和优质专用玉米产业带,培育壮大枸杞、清真牛羊肉、奶牛养殖、水产、红枣、葡萄等特色产业,提高蔬菜、园艺、花卉、养殖等产业的质量和水平。培育壮大一批农产品加工、流通企业,加快农产品加工转化,加强无公害农产品生产区建设,强化动植物重大疫病检疫防控,使引黄灌区成为引领西北、示范周边、面向全国的现代农业示范区。根据国家、流域及区域相关规划区划对星海湖流域的功能定位要求,具体如表16-4所示。

表16-4 星海湖流域涉及的相关规划功能定位

涉及的河湖	所在区域	全国主体功能区规划	全国生态功能区划	全国生态脆弱区保护规划纲要	宁夏主体功能区规划
北部引黄灌溉区	星海湖	宁夏沿黄经济带、河套灌区农产品主产区	西鄂尔多斯—贺兰山—阴山生物多样性与防风固沙重要生态功能区	西北荒漠绿洲交接生态脆弱区	重点开发区的石嘴山市、北部宁夏平原引黄灌区现代农业示范区、宁夏平原绿洲生态带、贺兰山防风防沙生态屏障

16.4.1.4 生态保护对象

根据星海国家湿地公园等相关规划要求,识别星海湖主要生态保护对象为湿地生态系统及珍稀动物及其栖息地。星海湖保护对象的有效保护,需要维持一定的湖泊湿地水域规模,有利于维持以水面为核心的湖泊湿地生态系统基本稳定。

16.4.1.5 生态保护要求

根据国家及省区相关规划、区划对星海湖的功能定位及保护要求,星海湖涉及北部引黄灌溉区,位于全国主体功能区划确定的宁夏沿黄经济地区和河套灌区农产品主产区,也属于全国生态功能区规划的西鄂尔多斯—贺兰山—阴山生物多样性与防风固沙重要生态功能区和全国生态脆弱区保护规划纲要的西北荒漠绿洲交接生态脆弱区,同时地处宁夏主体功能区规划确定的宁夏沿黄经济带。维持星海湖基本生态功能对于稳固我国西北生态屏障、保护干旱区湖泊湿地及生态系统具有重要的意义。星海湖水资源禀赋条件差,生态环境脆弱,因此,星海湖生态水量的保护要求主要是维持湖泊基本功能。

16.4.2 生态水量指标确定

星海湖位于宁夏北部引黄灌溉区,属于宁夏沿黄经济带、河套灌区农产品主产区等国家和区域相关规划确定的重点开发区和农产品主产区。根据国家及区域相关区划和规划确定的功能定位,本书提出的星海湖生态水量是指在污染源有效治理的前提下,维持湖泊基本功能所需要的水面面积及对应的基本生态水量。

16.4.3 生态水量确定原则

16.4.3.1 科学合理性原则

根据国家及流域相关功能定位,按照《河湖生态环境需水计算规范》等相关规范的技术规定,充分考虑星海湖湖泊生态环境特征及水资源禀赋条件,尤其是星海湖水面的维持对水资源补给依赖程度高的实际,开展星海湖生态水量计算方法适用性分析,科学选择生态水量计算方法,合理确定星海湖生态水量指标。

16.4.3.2 有限目标原则

根据国家、流域及区域对星海湖功能定位及流域生态保护要求,结合星海湖作为西北干旱地区湖泊，水资源禀赋条件差，星海湖生态水量应根据补水水源条件，坚持有限目标，量水而行，以水量确定保护规模。结合星海湖实际，现阶段星海湖生态水量应在污染源有效治理的前提下，以维护星海湖基本功能为目标，以维持星海湖现状最小水面面积为基础，确定星海湖基本生态水量。

16.4.3.3 适应性管理原则

本书提出的星海湖生态水量是基于一定的水域功能保护要求，在一定条件下、一定阶段内和一定保证率下的生态水量。在生态水量管理中，应进一步根据星海湖补水条件、水资源配置和管理实践、水资源重大配置工程及调度运行等实际进行动态调整，实施星海湖生态水量适应性管理。

16.4.4 生态水量综合核算

16.4.4.1 保护规模确定

星海湖属于国家湿地公园，其主要保护对象是湿地生态系统、珍稀动物及其栖息地和自然景观。维持一定规模的水面面积对于保护湿地生态系统、维持水生生物及其栖息地和自然景观具有关键性作用，也是维持星海湖生态水量的重要保护目标。

根据国家相关功能定位，维持星海湖基本生态功能对于稳固我国西北生态屏障、保护干旱区湖泊湿地及生态系统具有重要的意义，但星海湖水资源禀赋条件差，因此，科学合理界定星海湖基本生态功能保护所需的水面面积是维持星海湖生态功能关键前提。本书通过长系列 Landsat 卫星遥感数据解译分析，1977 年至今 11 期星海湖水面面积变化情况。当水面面积维持在 10 平方千米以上，湿地生态系统和水生动物栖息地没有受到不可逆破坏，星海湖基本生态功能得到稳定维持。因此，本书确定星海湖应维持的最小水面面积不应低于 10 平方千米，适宜水面面积按照现状水面面积进行确定，为 19 平方千米以上。

16.4.4.2 计算方法选用

按照《河湖生态环境需水计算规范》等相关计算规范要求，湖泊生态水量的计算方法主要有 90% 保证率法（Q_p 法）、近 10 年最枯月水位法、频率曲线法、水量平衡法、最小生态水位法和功能分析法等。根据相关规范中湖泊生态水量计算的适用条件及其特点，目前星海湖尚未开展水位观测，结合星海湖的实际，本书选用水量平衡法开展星海湖生态水量计算。

16.4.4.3 星海湖水量平衡组成

星海湖是我国西北干旱半干旱地区的封闭型湖泊，根据水量平衡原理，其进入湖泊水体的水量平衡组分包括降水、地表及地下入湖径流；出湖水量的平衡组分包括蒸发、下渗等。根据星海湖生态水量平衡需求，星海湖基本生态水量计算是在一定水面面积条件下，考虑到星海湖位于平原灌溉区域，地形较为平缓，地下径流流场中侧向流动微弱，以垂直径流为主，地下径流侧向流动总体上达到出入平衡的状态，因此，星海湖生态水量采用降雨量与星海湖蒸发量和渗漏量的差值。

16.4.4.4 水量平衡要素计算

（1）降水量

降水是星海湖的重要补给之一，星海湖地处宁夏引黄灌区腹地，降水量少，根据石嘴山市达家梁子雨量代表站1956—2016年长系列降雨量观测成果资料，星海湖区域多年平均降雨量为181.1毫米，见表16-5。

表16-5 不同保证率条件下星海湖湖区降水量　　　　单位：毫米

	多年平均	50%保证率	75%保证率	90%保证率
降雨量	181.1	176.9	127.7	107.7

按照星海湖水面面积10平方千米核算，多年平均条件下降水进入星海湖的水量为181.1万立方米；当星海湖水面面积为19平方千米时，降水进入星海湖的水量为344.1万立方米。

星海湖区域50%保证率条件下降雨量为176.9毫米。按照星海湖水面面积10平方千米核算，降水进入星海湖的水量为176.9万立方米；当星海湖水面面积为19平方千米时，降水进入星海湖的水量336.1万立方米。

星海湖区域75%保证率条件下降雨量为127.7毫米。按照星海湖水面面积10平方千米核算，降水进入星海湖的水量为127.7万立方米；当星海湖水面面积为19平方千米时，降水进入星海湖的水量242.6万立方米。

星海湖区域90%保证率条件下降雨量为104.7毫米。按照星海湖水面面积10平方千米核算，降水进入星海湖的水量为104.7万立方米；当星海湖水面面积为19平方千米时，降水进入星海湖的水量198.9万立方米，见表16-6。

表 16-6　不同保证率条件下降水进入星海湖的水量　　单位：万立方米

水面面积	多年平均	50%保证率	75%保证率	90%保证率
10 平方千米	181.1	176.9	127.7	104.7
19 平方千米	344.1	336.1	242.6	198.9

(3) 蒸发量

蒸发是星海湖水量损失的重要途径之一，星海湖位于我国西北干旱半干旱地区，区域蒸发强烈。根据石嘴山市平罗蒸发代表站采用 E-601 型蒸发皿测定的 1980—2016 年长系列蒸发观测成果资料，核算多年平均蒸发量为 1105.5 毫米。根据 E-601 型蒸发皿和实际水体蒸发量的换算关系，系数取值 0.9。按照星海湖水面面积为 10 平方千米核算，星海湖蒸发水量为 995 万立方米；当星海湖水面面积为 19 平方千米时，核算的星海湖蒸发的水量为 1890.5 万立方米。

(3) 渗漏量

渗漏是星海湖水量减少的一个关键途径，为了准确计算星海湖渗漏水量，按照达西定律进行计算星海湖渗漏补给量，由渗透系数、过水断面面积和水力坡度共同决定。渗漏量计算公式为：

$$Q = K \times A \times J \qquad 公式(16.1)$$

其中：Q 为渗漏量；K 为渗透系数，米/天；A 为渗透面积，平方米；J 为水力坡度，无量纲。

按照宁夏相关湖泊相关研究成果，星海湖渗透系数数值取 0.0001 米/天，水力坡度为 1。按照星海湖水面面积为 10 平方千米核算，渗漏水量为 36.7 万立方米；当星海湖水面面积为 19 平方千米时，星海湖渗漏的水量为 69.7 万立方米。

16.4.4.5　生态水量确定

星海湖生态水量计算，根据水量平衡的原理，考虑在星海湖一定水面面积和特定的降水保证率水平下，满足星海湖蒸发和渗漏需求。生态水量计算成果如表 16-7 所示。

根据本次计算成果，在多年平均条件下，星海湖基本生态水量为 850 万立方米，适宜生态水量为 1616 万立方米。

表 16-7　不同保证率条件下星海湖生态水量计算成果

单位:万立方米

内涵	水面面积	降水量				蒸发量	渗漏量	生态水量			
		多年平均	50%	75%	90%			多年平均	50%	75%	90%
基本生态水量	10 平方千米	181.1	176.9	127.7	104.7	995	36.7	850.6	854.8	904.0	927.0
适宜生态水量	19 平方千米	344.1	336.1	242.6	198.9	1890.5	69.7	1618.1	1624.1	1717.6	1761.3

16.4.4.6 合理性与可达性分析

(1) 合理性分析

星海湖生态水量计算采用水平衡原理,统筹考虑降水、蒸发和渗漏要素,通过长期观测数据确定不同降水保证率水平下的生态水量,较为科学合理。

(2) 可达性分析

根据本研究提出的星海湖生态水量成果,在多年平均条件下星海湖基本生态水量为 850 万立方米,适宜生态水量为 1616 万立方米。根据近年来星海湖补水量数据,星海湖基本生态水量和适宜生态水量满足程度如图 16-5 所示。星海湖近年来基本生态水量和适宜生态水量均能得到较好满足。

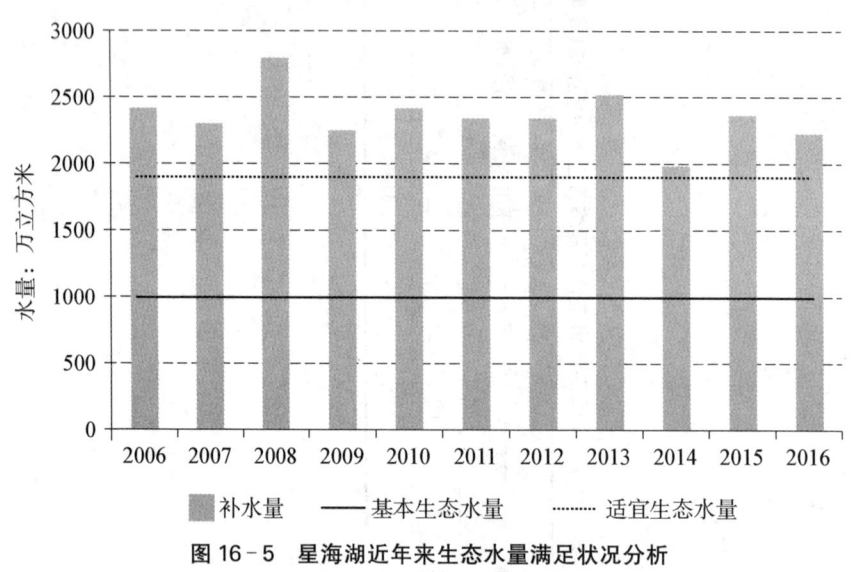

图 16-5 星海湖近年来生态水量满足状况分析

16.5 生态水量保障对策措施

16.5.1 生态水量保障思路

综合星海湖流域的实际情况,现状条件下星海湖生态水量的管控目标为基本生态水量。为实现本研究提出的星海湖基本生态水量目标,按照"节水优先、空间均衡、系统治理、两手发力"的思路,坚持以节水减污为基础,加大水污染防治力度,以节水型社会建设为统揽,落实最严格水资源管理制度,实施水污染防治行动计划和全民节水行动计划,多措并举,各业齐抓,综合施策,提高水资源利用效率和效益,促进星海湖水质改善,维持星海湖基本生态功能。

16.5.2 生态水量管控要求

针对星海湖水资源及其开发利用特点,结合生态水量管控目标要求,在实施星海湖水生态综合整治的基础上,应进一步强化水污染防治,加强污染源控制和废污水处理,实施湖泊生态修复,严格管控人为干扰,加强流域工农业节水,落实生态水量监控和生态水量管控责任。

16.5.2.1 加强水污染治理,改善星海湖水质

星海湖现状水质为地表水Ⅲ类水,水污染问题突出,其主要污染源为湖泊内源释放、东域、北域和南域养殖业以及北域生活污水排放。为改善星海湖水质,要严格落实星海湖水体达标方案提出的各项水污染防治工程及管理措施,全面落实保护措施,积极推进点源污染河内源污染共同防治,提升水污染治理水平,促进星海湖水质改善。

(1) 加强内源污染防治

加强星海湖内源污染防治,需进一步推进星海湖—沙湖水系连通工程以及星海湖内部各水域之间的水系连通工程,增强水动力和改善水循环条件,防治湖泊水体富营养化。开展星海湖湖泊生态岸带保护与建设,发挥河湖岸带植被污染物削减作用。此外,在科学研究内源污染特征的前提下,有针对性地采取内源污染治理措施。同时开展星海湖底泥定期清淤疏浚工作,重点对污染严重的东域、新月海、西域和中域开展清淤和湖水置换工程。

(2) 强化养殖业污染防治

星海湖及周边水域均开展水产养殖,养殖的主要是鲢鱼、鲤鱼、草鱼等。在鱼类养殖过程中,通常需要投放氮肥、磷肥以利于藻类或水草的生长,为鱼类提供饵料。所以星海湖综合治理应加强水产养殖污染治理,推进养殖区规模化改造和尾水污染处置工程,严格控制污染严重区域养殖强度,科学调整养殖种类,逐步开展退渔还田、退渔还湿。

(3) 生活污染防治

生活污水对星海湖的北域、中域、东域和南域均有影响,其中受影响最大的是东域。北域、中域和南域主要是少量餐饮污水及厕所废水。输入至东域的生

活污水主要来自星海湖北侧湖泊富营养化防控和水生植物种植保护工程(处理的是一污尾水、大武口乡等部分生活污水)的出水。星海湖生活污水应因地制宜采取集中与分散相结合的方式处置,靠近城镇建成区的居民区生活污水能接入城镇污水收集管网的,首先考虑接入城市污水收集管网;不能接入的,对规模以上乡镇村庄加快污水处理能力建设,加快配套建设污水收集管网和小型污水处理厂,统一收集处理。分散居住的村庄,采取集中与分散相结合的灵活方式,分区域建设污水处理设施进行收集处理,避免污水直接入沟、入河。对于城镇污水处理设施进行扩容、新建和提标改造工程,出水水质达到一级A排放标准。

16.5.2.2　坚持节水优先,大力加强水资源综合利用

星海湖主要依靠经第二农场渠输入的黄河水,补水量总体有限,水资源短缺。因此,必须坚持节水优先,实现水资源高效、充分的梯级利用模式。星海湖水资源梯级利用是按照水质不同逐级利用水资源的一种方式。黄河水是星海湖的主要补水水源,利用的是大武口区农业用水结余。星海湖的目标水质是《地表水环境质量标准》(GB 3838—2002)Ⅲ类,当前为劣Ⅴ类。农田灌溉对水质的要求较低,执行的是《农田灌溉水质标准》(GB 5084—2005),其限值要远低于《地表水环境质量标准》(GB 3838—2002)Ⅲ类的限值。因此,星海湖水质改善后,将其作为农田灌溉水是完全符合要求的。通过星海湖内部水系连通工程,将补水依次流经中域、西域和北域,先作为星海湖的生态补水,最后自北域流回至第二农场渠中,作为下游农田的灌溉水。而且,星海湖也可作为森林公园的生态用水水源地。

16.5.2.3　坚持保护优先,积极保护星海湖生态空间

加强星海湖生态空间保护,科学划定并严守生态保护红线。加强星海湖水体、湿地和植被等水源涵养空间建设与保护,多措并举,科学开展湿地保护与修复,加大退耕还湿、退渔还田、退渔还湿力度。严格湖泊水域岸线用途管制,加强湖滨带生态保护和恢复力度,建设植被缓冲带和隔离带,严格遵守自然保护区管理要求,保护珍稀濒危生物多样性和生态系统。

16.5.2.4　落实主体责任,建立健全生态水量保障机制

落实生态水量保障的主体责任,在制定发展规划、工程建设布局、水资源开发利用及生态环境保护规划等方面,应以生态水量作为重要的约束条件,将生态用水纳入水资源配置和管理,加大资金投入,建立生态水量保障机制。各部门各司其职,强化水污染防治和节水型社会建设,实施生态水量适应性管理,探

索建立生态水量补偿机制,构建生态水量监测监控系统平台及预警机制,逐步建立并完善生态水量保障制度,提升生态水量保障能力。

16.5.2.5　加强监控监管,保障星海湖生态水量

开展星海湖水位观测和星海湖补水量观测,实施星海湖水面面积定期遥感监测,因地制宜布设地下水位观测井,开展星海湖周边地下水位和盐度监测,适时开展星海湖生态补水效果监测评估。依托河长制、最严格水资源管理制度、水污染防治行动计划等相关工作,开展生态水量保障的日常监督管理和年度考核。

参考文献

汤姆·蒂坦伯格,琳恩·刘易斯. 环境与自然资源经济学(第十版)[M]. 北京:中国人民大学出版社,2016.

汤姆·泰坦伯格. 自然资源经济学[M]. 北京:人民邮电出版社,2012.

ARTHINGTON A H. Environmental flows: History of assessment methods, ecosystem framework and global uptake[J]. Reference Module in Earth Systems and Environmental Sciences, 2020, 1—19.

ARTHINGTON A H. Environmental flows: History of assessment methods, ecosystem framework and global uptake[J]. Reference Module in Earth Systems and Environmental Sciences, 2020, 1—19.

LI R, CHEN Q, TONINA D, CADI D. Effects of upstream reservoir regulation on the hydrological regime and fish habitats of the Lijiang River, China[J]. Ecological Engineering, 2015, 76: 75—83.

PANG M Y, YANG S Y, ZHANG L X, LI Y, KONG F L, WANG C B. Understanding the linkages between production activities and ecosystem degradation in China: An ecological input-output model of 2012[J]. Journal of Cleaner Production, 2019, 218: 975—84.

REINFELDS I, HAEUSLER T, BROOKS A J, WILLIAMS S. Refinement of the wetted perimeter breakpoint method for setting cease-to-pump limits or minimum environmental flows[J]. River Resources Applications, 2004, 20(6): 671—685.

THARME R E. A global perspective on environmental flow assessment: emerging trend in the development and application of environmental flow methodologies for rivers[J]. River Research and Applications, 2003, 19: 397—442.

UNEP (United Nations Environment Programme). Multiple Pathways to

Sustainable Development: Initial Findings from the Global South[R]. Nairobi: UNEP, 2015.

WEN X, FANG G H, GUO Y X, ZHOU L. Adapting the operation of cascaded reservoirs on Yuan River for fish habitat conservation[J]. Ecological Modelling, 2016, 337: 221—230.

YIN X A, YANG Z F, ZHANG E Z, XU Z H, CAI Y P, YANG W. A new method of assessing environmental flows in channelized urban rivers[J]. Engineering, 2018, 4: 590—596.

ZHANG X H, WANG Y Q, QI Y, WU J, LIAO W J, SHUI W, et al. Evaluating the trends of China's ecological civilization construction using a novel indicator system[J]. Journal of Cleaner Production, 2016, 133: 910—923.

白夏,汪艳芳,武心嘉.基于正态云模型及熵权法的区域水资源承载力评估[J].赤峰学院学报(自然科学版),2018,34(9):86—89.

白杨,黄宇驰,王敏,黄沈发,沙晨燕,阮俊杰.我国生态文明建设及其评估体系研究进展[J].生态学报,2011,31(20):6295—6304.

蔡守秋.明确水资源权责　促进依法治水[N].中国水利报,2015-11-12(005).

曹学章,董文君,黄强,等.白洋淀流域湿地生态水权的实证研究[J],资源科学,2011,33(8):1431—1437.

常文娟,马海波.国内水资源优化配置研究综述[J].黑龙江水专学报,2009,36(03):18—20.

常正乾.区域水资源承载力概念及研究方法的探讨[J].居舍,2020(03):177+194.

陈进.水生态文明建设的方法与途径探讨[J].中国水利,2013(4):4—6.

陈明忠.关于水生态文明建设的若干思考[J].中国水利,2013(15):1—5.

陈盼,施晓清.基于文献网络分析的生态文明研究评述[J].生态学报,2019,39(10):3787—3795.

陈硕.坚持和完善生态文明制度体系:理论内涵、思想原则与实现路径[J].新疆师范大学学报(哲学社会科学版),2019,40(06):18—26.

陈伟.水资源承载力的研究进展[J].纳税,2017(012).

陈旭升.中国水资源配置管理研究[D].哈尔滨:哈尔滨工程大学,2009.

陈雪松.浅谈水资源的合理配置[C].重庆市水利学会"合理配置和高效利用水资源服务城乡发展"专题研讨会,2013:5.

仇相玮,韩若冰,胡继连.黄河下游生态水权侵蚀与保障制度研究[J].农业经济与管理.2018,(6):78—87.

丛振涛,倪广恒.生态水权的理论与实践[J].中国水利.2006,(19):21—24.

单平基.论我国水资源的所有权客体属性及其实践功能[J].法律科学(西北政法大学学报),2014,32(01):68—69.

党丽娟,徐勇.水资源承载力研究进展及启示[J].水土保持研究,2015,22(3):341—348.

第三次全国水资源调查评价技术工作会在嘉兴召开[J].水利规划与设计,2019(02):83.

杜龙飞,侯泽林,李彦彬,张泽中,徐建新.城市河流生态需水量计算方法研究[J].人民黄河.2020,42(2):34—38.

冯奎,李庆.以水定城的系统视角与实施路径[J].区域经济评论,2019(03):118—123.

冯夏清,章光新,尹雄锐.基于生态水权分配的太子河河道内生态需水量计算[J].生态学杂志.2010,29(7):1398—1402.

冯夏清.面向生态水权分配的大凌河生态需水量计算[J].水利发展研究,2019,24—27.

傅伯杰.构建统一的自然资源调查监测体系支撑"山水林田湖草沙统一管理与系统治理"[EB/OL].[2020-11-4].http://www.mnr.gov.cn/gk/zcjd/202011/t20201104_2581812.html.

甘富万,金彩平,倪倩等.基于多层次模糊综合评判法的南宁市水资源承载能力现状评价[J].水利水电技术,2018,49(9):56—63.

高而坤.中国水权制度建设[M].北京:中国水利水电出版社,2007.

高杨."河长制"推进水生态文明建设的探索与实践[J].建材与装饰,2017(26):281—282.

顾洪.基于最严格水资源管理制度的淮河流域水生态文明建设的几点思考[J].治淮,2014(12):4—6.

管桂玲,徐向阳,徐磊.水资源"三条红线"管理评价系统研究[J].人民长江,

2013,44(7):64—66.

国务院.水污染防治行动计划[EB/OL].(2015-04-16).http://www.gov.cn/xinwen/2015-04/16/content_2847709.htm.

韩桂兰,孙建光.塔河流域生态水权和可转让农用水权分配的经济转型效益研究[J].节水灌溉,2019(10):93—96.

韩桂兰,孙建光.塔里木河流域绿洲维持恢复生态水权需求计量研究[J].中国水利.2014:11—14.

何锦峰,陈国阶,苏春江.水资源持续利用的价值评价与配置问题[J].重庆环境科学,2000,22(3):14—17.

贺欣悦,刘国东,胡月等.基于云理论的成都市水资源承载力评价[J].中国农村水利水电,2018(9):58—63.

洪旗等.健全自然资源产权制度研究[M].北京:中国建筑工业出版社,2017.

胡凤启.水资源调查评价的内容及其存在的问题[J].河南水利,2004(1).

胡锦涛.坚定不移沿着中国特色社会主义道路前进为全面建成小康社会而奋斗——在中国共产党第十八次全国代表大会上的报告[M].北京:人民出版社,2012:41.

胡魁德,邢久生,龙兴.江西省水资源调查评价概况[J].江西水利科技,2005(2):110—112.

黄茁.水生态文明建设的指标体系探讨[J].中国水利,2013(6):17—19,9.

贾绍凤,梁媛.新形势下黄河流域水资源配置战略调整研究[J].资源科学,2020(01):1—8.

洪旗、陈韦、陈华飞.健全自然资源产权制度研究[M].北京:中国建筑工业出版社,2017.

姜青新.看懂"水十条"[J].WTO经济导刊,2015(5):70—71.

蒋琪.解读"水十条":2020年7大重点流域水质改善[J].化工管理,2015(13):20—22.

焦艳鹏.自然资源的多元价值与国家所有的法律实现——对宪法第9条的体系性解读[J].法制与社会发展,2017,23(1):128—141.

解决中国水资源问题的重要举措——水利部副部长胡四一解读《国务院关于实行最严格水资源管理制度的意见》[J].中国水利,2012(7):4—8.

孔雷,刘文国,张良,王海亮.县域生态文明建设评价指标体系的构建研究——

以普洱市为例[J].林业经济,2016,38(3):30—33.

李昌新,陈晓,张辉,郑华伟.基于灰色关联模型的江苏省农村生态文明建设水平研究[J].水土保持通报,2017,37(3):107—112.

李娟芳,王文川,薛建民.基于水质—水量—水生态—社会—经济指标体系的洛阳市水资源承载力分析[J].水利规划与设计,2019(01):34—39.

李丽琴,王志璋,贺华翔,马真臻,谢新民,魏传江.基于生态水文阈值调控的内陆干旱区水资源多维均衡配置研究[J].水利学报,2019,50(03):377—387.

李巧玲.价值的源泉是劳动还是效用——劳动价值论与效用价值论之比较[J].新西部,2019(26):76—77.

李遥.基于节水优先的水资源配置模式研究[J].黑龙江水利科技,2019,47(04):31—33.

李轶.湖长制的缘起、推行及其与河长制的异同[J].环境保护,2018,46(08):7—10.

李永健.河长制:水治理体制的中国特色与经验[J].重庆社会科学,2019(05):51—62.

李云玲,谢永刚,谢悦波.生态环境用水权的界定和分配[J].河海大学学报(自然科学版),2004,32(2):229—232.

联合国教科文组织,世界气象组织.水资源评价活动——国家评价手册[M].郑州:黄河水利出版社,2001.

刘定湘,刘敏.物权法视角下的水资源使用权确权登记初探[J].水利发展研究,2014,14(04):5—7+20.

刘磊,张振华.以最严格水资源管理制度推动水生态文明建设[C].科技创新与水利改革——中国水利学会2014学术年会,2014:4.

刘觅颖,王继龙.我国生态文明建设评价标准及评价指标体系研究[J].北京联合大学学报,2016,30(3):15—23.

刘哲."河长制"推进水生态文明建设的探索与实践[J].中国科技投资,2018(12):116.

刘治兰.关于自然资源价值理论的再认识[J].北京行政学院学报,2002(5):47—50.

卢风等.生态文明新论[M].北京:中国科学技术出版社,2013.

罗丽艳.自然资源价值的理论思考——论劳动价值论中自然资源价值的缺失

[J].中国人口·资源与环境,2003(6):19—22.

吕翠美,吴泽宁,胡彩虹.水资源价值理论研究进展与展望[J].长江流域资源与环境,2009(6).

马怀森.外调水对受水区水资源配置效果影响的系统分析[J].南方农机,2019,50(05):254.

马建华.推进水生态文明建设的对策与思考[J].中国水利,2013(10):1—4.

马永欢,吴初国,曹清华.生态文明视角下的自然资源管理制度改革研究[M].北京:中国经济出版社,2017.

聂新华,肖树和.基于水资源的合理配置[J].黑龙江水利科技,2011,39(05):125—126.

曲格平.重视水资源价值研究推动我国水资源保护——简评《水资源价值论》[J].中国人口·资源与环境,1999(02):108.

任丹丽.论水权的性质[J].武汉理工大学学报(社会科学版),2006(03):320—324.

任珅.浅谈水资源合理配置及优化配置[J].科技创新导报,2012(21):151—151.

任兴华.基于水资源管理"三条红线"的水资源配置模式研究[D].太原:太原理工大学,2015.

石效卷.落实"水十条"全力推动水环境管理战略转型[J].环境影响评价,2016,38(2):32—35.

水权分配、管理及交易——理论、技术与实务[M].北京:中国水利水电出版社,2019.

宋旭,孙士宇,张伟等."水污染防治行动计划"实施背景下我国水环境管理优化对策研究[J].环境保护科学,2017,43(02):51—57.

苏心玥,于洋,赵建世,李铁键.南水北调中线通水后北京市辖区间水资源配置的博弈均衡[J].应用基础与工程科学学报,2019,27(02):239—251.

孙鸿烈等.地学大辞典[M].北京:科学出版社,2017.

唐新明.浅读《水污染防治行动计划》[J].资源节约与环保,2016,0(4).

王白陆,张建中,毛慧慧.基于公共属性的水资源配置方案探讨——以大清河流域为例[J].海河水利,2018(06):5—6+16.

王福林.区域水资源合理配置研究[D].武汉:武汉理工大学,2013.

王海蕴."水十条"剑指污染排放[J].财经界,2015(05):84—85.

王浩,陈敏建,秦大庸.西北地区水资源合理配置和承载能力研究[M].郑州:黄河水利出版社,2003.

王浩,王建华,胡鹏.实行最严格水资源管理制度关键技术支撑探析[J].中国水利,2011(6):28—29,32.

王浩,游进军.水资源合理配置研究历程与进展[J].水利学报,2008(10):20—27.

王浩,游进军.中国水资源配置30年[J].水利学报,2016,v.47;No.474(03):19—25+36.

王浩,游进军.中国水资源如何实现优化配置[J].河北水利,2016(03):20+29.

王浩.等流域初始水权分配理论与实践[M].北京:中国水利水电出版社,2008.

王浩.我国水资源合理配置的现状和未来[J].水利水电技术,2006(02):7—14.

王乐飞.黄河流域水生态文明建设的探索与实践[J].环境与发展,2017,29(7):195—196.

王敏.论生态文明是人类文明演进的必然趋势[J].社会科学研究,2010:167—168.

王新友.流域水资源合理配置与规划分析研究[J].黑龙江水利科技,2019,47(01):26—29.

王亚华.水权解释[M].上海:上海人民出版社,2005.

王彦梅.浅谈水资源价值的内涵、构成及其影响因素[J].宿州教育学院学报,2008,11(04):160—162.

王亦宁.基于博弈论的城市水源地水资源分配模式和相关政策分析[J].水利经济,2019,37(04):48—55+78.

王悠,易伟斌.论"水十条"对中国水体污染防治的意义[J].环境科学与管理,2016,41(08):192—194.

王钊.简论水污染防治存在的问题及水污染防治行动计划[J].建筑工程技术与设计,2015(30):1709—1709.

魏传江,韩俊山,韩素华.流域/区域水资源全要素优化配置关键技术及示范[M].北京:中国水利水电出版社,2012.

魏婧,梅亚东,杨娜,许银山.现代水资源配置研究现状及发展趋势[J].水利水电科技进展,2009,29(04):73—77.

魏晓双. 中国省域生态文明建设评价研究[D]. 北京:北京林业大学,2013.

文传浩. 流域经济评论(第三辑)[M]. 北京:科学出版社,2018.

翁文斌,蔡喜明. 京津唐水资源规划决策支持系统研究[J]. 水科学进展,1992,3(3):190—198.

吴季松. 从扎龙湿地补水探讨生态水权的问题[J]. 理论探讨. 2004,(6):19—22.

吴健. 环境和自然资源的价值评估与价值实现[J]. 中国人口·资源与环境,2007(6):13—17.

吴玫. 水资源使用权及其制度构建[D]. 武汉:华中科技大学,2005.

习近平. 决胜全面建成小康社会夺取新时代中国特色社会主义伟大胜利——在中国共产党第十九次全国代表大会上的报告[M]. 北京:人民出版社,2017:23—24.

项赟,刘晓文,张剑鸣,张玉环,李宇,温勇,方晓航. 我国生态文明建设成效评估指标体系的研究[J]. 生态经济,2015,31(8):14—19.

谢元鉴,周莹. 江西省水资源确权登记方案设计研究[J]. 水利发展研究,2014(10):70—73.

许力飞. 我国城市生态文明建设评价指标体系研究——以武汉市为例[D]. 武汉:中国地质大学,2014.

严耕,林霞,吴明红. 中国省域生态文明建设的进展与评价[J]. 中国行政管理,2013,(10):7—12.

晏智杰. 自然资源价值刍议[J]. 北京大学学报(哲学社会科学版),2004(6):70—77.

杨朝霞. 生态文明建设观的框架和要点——兼谈环境、资源与生态的法学辨析[J]. 环境保护,2018,46(13):47—52.

杨杰,陈丽萍. 全球资源治理:对象、主题与行动[M]. 北京:中央编译出版社,2018.

杨玫等. 生态文明与美丽中国建设研究[M]. 北京:中国水利水电出版社. 2017:1.

杨薇,赵彦伟,刘强,孙涛. 白洋淀生态需水:进展与展望[J]. 湖泊科学. 2020,32(2):294—308.

杨艳霞. 对海河流域生态修复需水量问题的思考[J]. 海河水利,2004:21—24.

杨义芹,何爱国. 挑战与机遇:中国生态现代化之路[J]. 理论与现代化,2012(05):14—24.

杨志峰,崔保山,刘静玲,等. 生态环境需水量理论、方法与实践[M]. 北京:科学出版社,2003.

叶永毅,黄守信等. 水资源大系统优化规划与优化调度经验汇编[M]. 北京:中国科学技术出版社,1995.

余祥,周玉洁,吕娜. 四川省大桥水库灌区二期工程水资源配置分析[J]. 四川水利,2019,40(01):86—88.

岳东霞,陈冠光,朱敏翔,郭晓娟,周妍妍,李凯,王东,郭建军,曾建军. 近20年疏勒河流域生态承载力和生态需水研究[J]. 生态学报. 2019,39(14):5178—5187.

扎玛,赵远玢. 水资源价值理论及其应用[J]. 内蒙古农业大学学报(社会科学版),2003(04):31—33.

詹卫华,邵志忠,汪升华. 生态文明视角下的水生态文明建设[J]. 中国水利,2013(4):7—9.

詹卫华,汪升华,李玮等. 水生态文明建设"五位一体"及路径探讨[J]. 中国水利,2013(9):4—6.

张海潮. 生产实践与生态文明——关于环境问题的哲学思考[M]. 北京:中国农业出版社. 1992:4.

张欢,成金华,陈军,倪琳. 中国省域生态文明建设差异分析[J]. 中国人口·资源与环境,2014,24(6):22—29.

张欢,成金华,冯银,陈丹,倪琳,孙涵. 特大型城市生态文明建设评价指标体系及应用——以武汉市为例[J]. 生态学报,2015,35(2):547—556.

张建功,孙锋,张帆. 从节水型社会建设到最严格水资源管理再到水生态文明建设[J]. 水利发展研究,2013,13(09):10—14.

张建云,王小军. 关于水生态文明建设的认识和思考[J]. 中国水利,2014(7):1—4.

张珮纶,王浩,雷晓辉,王旭. 湿地生态补水研究综述[J]. 人民黄河. 2017,39(9):64—69.

张守平,魏传江,王浩等. 流域/区域水量水质联合配置研究Ⅰ:理论方法[J]. 水利学报,2014,45(7):757—766.

张彦英.生态文明时代的资源环境价值理论[N].中国国土资源报,2012-3-15.

赵好战.县域生态文明建设评价指标体系构建技术研究——以石家庄市为例[D].北京:北京林业大学,2014.

赵明钰.谈谈水资源的合理配置[J].科技创新与应用,2012(15):145.

赵义平,于向前,刘伟等.基于投影寻踪模型的镶黄旗水资源承载力评价及其在水源调配中的应用[J].水文,2018,38(6):72—76.

赵勇,裴源生,王建华.水资源合理配置研究进展[J].水利水电科技进展,2009,29(03):78—84.

赵志慧.马克思劳动价值论及当代价值探析[J].中国商论,2019(20):238—239.

中共中央宣传部.习近平总书记系列重要讲话读本[M].北京:学习出版社,人民出版社,2016:240.

中华人民共和国国家发展改革委员会.关于印发《绿色发展指标体系》《生态文明建设考核目标体系》的通知[EB/OL].[2016-12-22].http://www.gov.cn/xinwen/2016-12/22/content_5151575.htm.

中华人民共和国环境保护部.关于印发《国家生态文明建设试点示范区指标(试行)》的通知[EB/OL].[2013-05-23].http://www.mee.gov.cn/xxgk2018/xxgk/xxgk03/201909/t20190919_734509.html.

中华人民共和国宪法[M].北京:中国法制出版社,2007.

中华人民共和国中央人民政府.关于印发国家生态文明先行示范区建设方案(试行)的通知[EB/OL].[2013-12-13].http://www.gov.cn/zwgk/2013-12/13content_2547260.htm.

衷平,杨志峰,崔保山,刘静玲.白洋淀湿地生态环境需水量研究[J].环境科学学报.2005,25(8):1119—1126.

周宏春.建设资源节约型社会:中国现代化的唯一出路[N].中国经济时报,2005-05-26.

周琳.当代中国生态文明建设的理论与路径选择[M].北京:中国纺织出版社.2019:16.

周元顺.水资源合理配置的思考[J].黑龙江水利,2016(1):91—94.

朱福惠.世界各国宪法文本汇编[M].厦门:厦门大学出版社,2013.

自然资源部.自然资源调查监测体系构建总体方案[EB/OL].[2020-01-17]. http://www.gov.cn/zhengce/zhengceku/2020-01/18/content_5470398.htm.

左其亭,张志强.人水和谐理论在最严格水资源管理中的应用[J].人民黄河,2014(8):47—51.

左其亭.水生态文明建设几个关键问题探讨[J].中国水利,2013(4):1—3,6.